掺气设施与强迫掺气水流

苏沛兰　著

ZHEJIANG UNIVERSITY PRESS
浙江大学出版社

图书在版编目（CIP）数据

掺气设施与强迫掺气水流 / 苏沛兰著. —杭州：浙江大学出版社，2012.5

ISBN 978-7-308-10009-0

Ⅰ. ①掺… Ⅱ. ①苏… Ⅲ. ①掺气水流—研究 Ⅳ. ①TV131.3

中国版本图书馆 CIP 数据核字（2012）第 101928 号

掺气设施与强迫掺气水流

苏沛兰 著

责任编辑 许佳颖
文字编辑 陈静毅
封面设计 黄晓意
出版发行 浙江大学出版社
（杭州市天目山路 148 号 邮政编码 310007）
（网址：http://www.zjupress.com）
排　　版 杭州中大图文设计有限公司
印　　刷 浙江省邮电印刷股份有限公司
开　　本 710mm×1000mm 1/16
印　　张 17.5
字　　数 314 千
版 印 次 2012 年 5 月第 1 版 2012 年 5 月第 1 次印刷
书　　号 ISBN 978-7-308-10009-0
定　　价 52.00 元

前　言

目前，国内有一大批高水头、大流量和大单宽泄洪功率的工程相继兴建，随着高坝建设的兴起，水工建筑物的空化与空蚀问题以及掺气设施的设计选型问题被提到了研究日程。

本书对强迫掺气水流、空化与空蚀、掺气设施的基本概念及原理进行了详尽的阐述，并通过理论分析、模型试验及数值模拟，系统地研究了强迫掺气水流的水力特性、小底坡低 Fr 数条件下掺气设施空腔的回水问题，并用正交设计法对小底坡低 Fr 数泄洪洞的掺气坎体型进行优化设计。全书共分为8章。第1章与第2章分别介绍了研究掺气减蚀的意义及空化空蚀的概念与原理，第3章与第4章分别介绍了掺气水流的基本概念与特点，以及掺气减蚀设施的原理与方法。第5章至第7章分别介绍了低 Fr 数小底坡泄洪洞空腔回水的原理，利用模型实验与数值方法相结合对掺气坎体型进行选型优化研究。第8章阐述了利用正交设计原理对小底坡低 Fr 数泄洪洞的掺气坎体型进行优化设计的方法。

本书除借鉴已有掺气设施与强迫掺气水流的一些研究成果外，还加入了作者部分博士学位论文的研究成果，具有如下特点：①力求清晰，并尽可能严谨地阐述强迫掺气水流的基本概念、基本特点、主要的水力学特性及分析研究问题的基本方法；②力求在结合理论分析、实验研究与数值方法的基础上，较深入地探讨掺气设施体型设计的优化问题，使读者对影响掺气坎空腔特性的机理有比较深刻的认识。③对于影响掺气坎空腔特性的体型参数，试图引入正交设计方法，对其进行空腔特性的敏感性分析，为小底坡低 Fr 数泄洪洞的掺气坎体型的优化设计选型提供一定的理论依据。

设计小底坡低 Fr 数泄洪洞的掺气坎时，空腔回水是制约有效空腔长度的一个主要因素，有时甚至是决定性因素。因此，如何优化低 Fr 数小底坡泄洪洞上的掺气设施体型，从而很好地抑制空腔回水，是一个非常值得研究的问题。从总体上看，由于影响掺气空腔形成因素的复杂性，以及二相流理论的不成熟性，量测技术也不尽如人意，关于掺气坎体型参数对掺气空腔特性影响的资料数据尚需要更多的积累，现有的研究成果还明显落后于技术进步和工程建设的实际需求。因此，低 Fr 数小底坡泄洪洞上的掺气设施体型设计还需要更为深入的研究。

本书可作为水利、土建类相关学科研究生的参考教材，也可作为与高速水流有关的掺气坎体型设计与科研工作者的参考书。限于作者水平和现阶段对掺气设施与强迫掺气水流的认识，书中在资料引用上难免挂一漏万，衷心希望读者批评指正。

浙江工业大学董志勇教授在百忙之中审阅了书稿并提出了许多宝贵的修改意见。在此，特向董志勇教授表示衷心的感谢！

作　者

2012 年 2 月

目　　录

1

概　述

在泄水建筑物中，当水流流速达到一定程度时，水流压强低于相应的饱和蒸汽压强，常常会产生空化现象，空穴流由低压区向高压区流动的过程中会发生空蚀破坏[1]。国内外高水头泄水建筑物常遭受空蚀破坏，许多试验研究表明，当水流流速超过 12m/s 时就有可能出现空蚀破坏，其破坏强度与水头、流速密切相关：当溢流坝的高度从 50m 增至 100m 时，空蚀破坏强度增加 6～8 倍；当高度增至 150m 时，空蚀破坏强度增加 40 倍以上；当过流面流速从 20m/s 增至 30m/s 时，空蚀破坏强度增加 17 倍[2]。

空蚀涉及许多领域，如宇航、国防、航海、化工、原子能甚至生物和医学等。空蚀现象不仅出现在螺旋桨、水力机械及水工建筑物上，而且出现在闸门、管道、油泵和蒸汽透平等设备，以及在国防工业的鱼雷、潜艇等深水中运动的设备上。空蚀可以破坏任何材料，包括各种金属和非金属材料。目前，空蚀是众多研究领域的学者都在努力探索与研究的一个重点问题[3]。

长期以来，空蚀严重影响泄水建筑物[4～9]、水力机械（水泵[10]、水轮机[11]、闸门[12]）、船舶螺旋桨的性能和使用寿命。国内外大量的水利工程实例说明，在中高水头泄水建筑物中的某些部位，如设计不周或施工不慎，建筑物表面常常出现空蚀破坏，轻则造成斑点麻面，重则形成蜂窝状甚至大洞。空蚀的发生，直接影响建筑物的寿命，甚至造成整个建筑物的失事，已成为水利工作者十分重视的问题。随着水电事业的发展、坝工技术水平的提高和水力资源的开发及利用，高坝建设发展迅速，目前世界上已建、在建和拟建的 200m 以上的高坝约 60 座，坝高已进入 300m 级，这一趋势在中国更为显著。这些高坝的特点是泄量大、流速高，空化空蚀问题突出[13,14]。因此，对空化与空蚀的研究，具有重要的意义。

大中型水利水电工程泄水建筑物的流速一般在 40m/s 以上，高速水流产生空化空蚀而造成建筑物的空蚀破坏已屡见不鲜。随着筑坝技术的发展和高坝的不断兴建，高速水流问题更加突出，如何防止泄水建筑物的空蚀破坏是亟待解决的关键问题之一。

结合我国水电开发和工程运行的实际情况，高坝枢纽的水力学问题比较突出，高速水流极易产生空化，致使泄水建筑物的某些过流部位常常发生严重的空蚀破坏[15]。空蚀不仅破坏泄流建筑物的过流表面，影响泄流能力，严重时影响泄流建筑物的正常运行，甚至引起振动，导致工程破坏等。基于空化空蚀的机理复杂性，迄今为止国内外尚未寻找到成熟有效的防范手段，泄水建筑物发生空蚀破坏事件时有发生，因此高流速条件下泄水建筑物掺气减蚀措施是我国当前水电工程建设中亟待解决的关键性技术难题，针对当前水电开发中出现的关键技术问题开展探索和研究具有重要的现实意义。

如何防止空化与空蚀问题已引起了人们的广泛关注。为了减免空蚀破坏，过去在选择合理体型、控制过流面的不平整度以及采用抗空蚀性能较好的材料等方面做了不少工作[16,17]。60 年代以前，多集中在精心设计建筑物的体型上，特别是溢流坝曲线、反弧段、深水进水口、平板门门槽、鼻坎等部位。一般都通过水工模型试验选型，重要的工程还要进行不同比尺的模型试验。在工程施工中则力求提高表面光洁度使过水边界的不平整度控制在允许的范围之内，并尽量选用抗空蚀的材料，如不锈钢、高标号混凝土、环氧砂浆、辉绿岩柱石等。这些方法对防止空蚀破坏发挥了一定作用，但一些工程的运行实践证明空蚀破坏并未完全消除。

实践证明，即使采取上述措施，水头及相应流速仍不宜超过 75m 和 36m/s[18]。如超过这个界限，特别是当流速超过 40m/s 时，上述措施就难以达到减免空蚀破坏的目的。

国内外在近 30 多年来广泛开展了关于水流底部掺气减蚀的研究工作，并应用于实际工程中，获得了经济、可靠的效果。目前，通过设置掺气设施防止空蚀破坏是主要的工程措施，掺气减蚀能够大大降低对表面不平整度的控制标准。

掺气减蚀的研究和应用逐渐打破了以往泄水建筑物边界必须光滑平顺的传统观念，在溢流面上设置掺气挑坎、掺气槽、突扩突跌错台、闸墩末端不用流线型而用方型甚至加宽尾墩[19]，使水流经过这些边界突变处即脱离边界形成射流。射流水股下面形成空腔，射流水股通过空腔段紊动扩散掺气以后由清水水流变为水气二相混合流。这种近壁流能在沿程相当长的距离内保持其掺气浓度不小于某个防蚀有效的最低浓度值，使这段距离内的边界免受空蚀破坏。

对于一般的泄洪隧洞，由于其 F_r 数大，水流的流速高，使用一般的挑坎、跌坎和通气槽相结合的掺气设施往往能形成足够的空腔，得到很好的掺气减蚀效果。但在缓底坡大单宽流量情况下，往往水深都较大，其断面 F_r 数较小，重力远远大于惯性力。如果用一般的掺气坎，水流经过挑坎或跌坎后，会很快落向隧洞底板，空腔很小；由于底板坡度较缓，落水会堆积在落点处，且具有一定的动能，水流将向上、下游流动，向上游水流动能若是大于缓坡形成的阻力，则空腔内要形成回溯水流，严重时会淹没空腔，达不到掺气减蚀的作用。为了得到较稳定的空腔需要对掺气坎体型进行特殊设计，并通过模型试验不断进行优化。

为了消除小底坡上掺气坎空腔回水，不少学者从空间三维出发，在原来一维掺气坎的基础上，提出了横向、纵向、竖向均变化的掺气坎[20~24]。如：适合大单宽流量的 U 型掺气坎，缓坡条件下凹型掺气坎、V 型掺气坎、齿墩坎及二级坡型式掺气坎。其目的是利用中间 U 型槽射流的冲击作用，将空腔内回漩水流推向主流，从而减少空腔回水。这些研究表明，在小底坡上，与二维连续坎相比，三维掺气坎能在一定程度上减小空腔回水、改善掺气效果。

掺气坎体型的选择不仅与流速、单宽流量和过流面底坡有关，也受来流条件的影响。基于实际工程的需要，针对泄洪洞底坡缓、F_r 数小的一些工程，为了在不同工况下均能保证形成通气顺畅的稳定空腔，需根据不同的实际工程和水力条件，探索合适的掺气设施。

参考文献

[1] 黄委会设计院技术处. 掺气减蚀原理与应用. 黄河水利出版社，1990.

[2] 黄继汤. 空化与空蚀的原理及应用. 北京：清华大学出版社，1989：113－120.

[3] 水利水电科学研究院. 中译本空化与空蚀. 北京：水利出版社，1981：1－100.

[4] R. T. Knapp, J. W. Daily, F. G. Hammitt. Cavitation. New York: McGraw-Hill, 1970.

[5] 吴建华. 水利水电工程中的空化与空蚀问题及其研究//第十八届全国水动力学研讨会文集. 北京：海洋出版社，2004：1－18.

[6] 肖兴斌. 三峡工程泄洪深孔掺气减蚀设施研究述评. 水利水电科技进展，2003，23(2)：51－54.

[7] 肖兴斌. 高坝泄水建筑物高速水流研究概况. 人民珠江,1994(6):23—26.

[8] 张云莲. 泄水建筑物的空蚀破坏和处理方法. 腐蚀与防护,2001,22(8):343—345.

[9] 刘超,张光科,冯凌霄等. 泄洪洞反弧段上游掺气坎对反弧段下游侧墙的减蚀作用. 水利水电科技进展,2007,27(1):46—49..

[10] 赵建东,王立义. 引滦泵站水泵气蚀破坏的修复方案比较. 海河水利,2005(3):51—52.

[11] 段生孝. 我国水轮机空蚀磨损破坏状况与对策. 大电机技术,2001(6):56—59.

[12] 黄金林. 水工闸门的空蚀与防蚀措施. 中国农村水利水电,2004(8):51—53.

[13] 童显武. 中国水工水力学的发展综述. 水力发电,2004,30(1):60—64.

[14] 王海云,戴光清,张建民等. 高水头泄水建筑物掺气设施研究综述. 水利水电科技,2004,24(4):46—48.

[15] 张丽,解伟,黄晓玲. 高水头泄水建筑物的掺气减蚀试验. 华北水利水电学报,1998(1).

[16] 彭程. 21世纪中国水电发展前景展望. 中国农村水电及电气化信息网,2006(2).

[17] 李菊根. 当前水电开发需要解决的技术问题. 中国三峡建设,2004(4).

[18] 邵媖媖. 泄水建筑物掺气减蚀研究的进展. 水利水电科学研究院,1980.

[19] 李隆瑞. 高速水流掺气减蚀措施及工程应用. 西北水资源与水工程,1990,1(2).

[20] 刘超,杨永全. 泄洪洞反弧末端掺气减蚀研究. 水动力学研究与进展:A辑,2004, 19(3): 375—382.

[21] 刘超,杨永全. V型掺气坎体型研究. 水力学与水利信息学进展, 2003(9): 319—322.

[22] 何勇. 构皮滩泄洪洞掺气设施试验研究. 人民长江,2004, 35(11): 53—54.

[23] 王海云,戴光清. V型掺气坎在龙抬头式泄洪洞中的应用. 水利学报, 2005, 36(11): 1371—1374.

[24] 王海云,戴光清. 明流泄洪洞掺气减蚀设施优化试验研究. 水力发电, 2003, 29(11): 54—56.

空化与空蚀

当高速水流通过泄水建筑物时，在过流的某些部位会发生空化现象，且常会造成固体表面的严重破坏和剥蚀。高水头泄水建筑物空蚀破坏的部位常常发生在：泄洪隧洞进口段的收缩部分及隧洞的转弯段；闸门槽后的边墙；溢流坝顶部或坝面不平整处；断面突然扩大但又通气不顺畅的地方；边界突体下游；局部不平整的表面，特别是连接不光滑段下游的粗糙段；消力墩侧面、背面以及附近底板；差动式挑坎的齿坎侧面；高水头底孔闸门下游附近；闸槽下游面；高水头底孔出流与坝面溢流的交汇处。

2.1 空化与空蚀的概念

2.1.1 空化的概念

在一定温度下，水流内部的微小气核由于压力降低而发育成气泡，当压力降低到某一临界数值(一般情况下为水的气化压强)，气泡发生溃灭。由于气泡溃灭历时很短，可以产生很高的冲击压力和高温，并伴随有高频噪声。在产生空化的区域还可以观察到空穴、空洞、空腔和闪光等现象。

由于液流系统中的局部低压(低于相应温度下该液体的饱和蒸汽压)使液体蒸发而引起的微气泡(或称为气核)爆发性生长现象，称之为空化。

空化有很多种类，为了研究方便，人为地为其分类[1]，例如：

(1)游移空化(Travelling Cavitation)：当流动液体中某处的压强降到或低于液体的气化压强时，在该处即会产生许多微小空穴，这些空穴随着液体流动而游移，并在游移过程中膨胀、收缩、溃灭、再生直至溃灭消失。这种空化过程称为游移空化。

(2)固定空化(Fixed Cavitation)：当曲面固体边界处的液体流速高，空化范围大或边界形状易于导致液体分离时，常在液体和固体边界之间形成看来似乎固定的空腔，此种空腔称为固定空穴。固定空穴可以发育增大，如其尾部已发展到物体之后，则称为超空穴。这种空化过程称作固定空化。

(3)漩涡空化(Vortex Cavitation)：当漩涡中心的压强降到或低于临界压强时，则会产生漩涡空穴从而导致空化。这种类型的空化称为漩涡空化。

(4)振荡空化(Vibratory Cavitation)：低幅、高频的振荡在不流动的液体中可以促使某处液体产生一系列连续的，具有高幅、高频的脉动压强。如果脉动压强降低到该液体的饱和蒸汽压强，即会产生振荡空穴，这些空穴在压强增高时就会溃灭。这种由振荡引起的空化过程称为振荡空化。

空化常常伴随着令人不愉快的影响系统正常运转的次生现象，如诱发噪声、激励结构振动、引起固壁剥蚀(即空蚀)等。对空化和空蚀现象作出了杰出贡献的柯乃普教授曾说过[2]："空化是最令人讨厌的水动力现象，其危害既广泛又明显，并且严重地阻碍了科学与工程等多方面的发展"。

2.1.2 空蚀的概念

水流中的气核在随液体流动的过程中，遇到周围压力增大时，体积急剧缩小或溃灭，由于空泡在溃灭时产生很大的瞬时压强，当溃灭发生在固体表面附近时，水流中不断溃灭的空泡所产生的高压强的反复作用，可破坏固体表面，这种现象称为空蚀[1]。空蚀是空化破坏能力和边壁材料抗空蚀强度的综合结果[3]。

近50多年来，国内外大量的工程实例说明[4]，在高、中水头泄水建筑物中的某些部位常常会发生材料剥蚀的现象。空蚀的发生，直接影响建筑物的寿命，甚至造成整个建筑物的失事，因此空蚀问题已成为水利水电工作者值得十分重视的问题。水利工程中对空化空蚀现象的研究虽然已有相当长时间的历史，但到目前为止对空化空蚀进行较准确的定量预报还有一定的困难。

2.1.3 空蚀与空化研究中的重要物理量

为了研究空蚀与空化问题，常采用一个无量纲数作为衡量实际水流是否会发生空化的指标，叫做空化数，以σ表示如下：

$$\sigma=\frac{p-p_{v}}{\rho U_{0}^{2}/2}=\frac{h-h_{v}}{U_{0}^{2}/2g} \tag{2-1}$$

式中：p 和 U_0 为水流未受到边界局部变化影响处的绝对压强及平均流速，p_v 为水的蒸汽压强，ρ 为水的密度，h 为水头。

由式(2-1)可知：绝对压强越低，空化数越小，发生空化的可能性就越大。当 σ 降低至某一数值 σ_i 时即开始发生空化，这个空化数 σ_i 叫做初生空化数。初生空化数的大小随边界条件而异。对于某种边界轮廓，初生空化数是一个固定的值，通常可用试验来确定。

初生空化数 σ_i 越大，空化越容易发生，越小越难发生。将实际水流的空化数 K 和初生空化数 σ_i 比较：当 $\sigma>\sigma_i$ 时，空化不发生；当 $\sigma\leqslant\sigma_i$ 时，水流中将发生空化。所以空化数可以作为是否出现空化的判别指标。

2.2 影响空蚀的因素

水利工程中，对于混凝土过流表面，在高速水流的作用下引起的空蚀破坏，广大水利专家学者大体将其归纳为两方面的原因：①泄水建筑物体型不合理，致使某些局部区域的压强较低，当水流流速较大时，便会发生空化空蚀破坏。像美国的大古力坝，伊朗的卡伦坝的泄水建筑物体型。②由于混凝土表面局部不平整，引起水流发生局部分离，形成局部低压区，引起空蚀破坏。

目前的研究成果表明[5,6]，影响空蚀的因素包括：

1. 流速

实践证实，空蚀量与流速的 n 次方成正比。在多数情况下，$n=6$，在文德里管内出现过 $n<1$，在转盘试验中出现过 $n=10$。在众多影响空蚀的因素中，首推流速。但因 n 值变化范围较大，在估算时可应用 6 次方律（即与水头的 3 次方成比例），对重要工程还应进行相应的试验。

2. 压强

空蚀率 $MDPR$ 的峰值位于压强变化的中间值。即空化数 K 很大时，$MDPR=0$，因为此时无空化。当 K 很小时，$MDPR$ 也为零，因为此时即使有很多空泡，但空泡的溃灭压强也不足以导致空蚀破坏。

3. 尺寸（直径）

一般认为过流物体的尺寸大时，空泡就能充分成长，因而溃灭时放出的能量也大。通常认为空蚀量与尺寸(直径)的 2～5 次方成比例。有的试验证明空蚀与尺寸的 3 次方成比例。

4. 物体表面光洁度及平整度

表面经过很好的加工和处理，就可以延缓空蚀的初生并减轻空蚀的强度。

5. 时间

空蚀的速度随着时间发生变化。其过程大略可分为潜伏期、加速期、减速期和恒稳期。一般表面越光滑，潜伏期就越长。

6. 液体的温度(热动力效应)

在许多应用热水或温液体的工业中，空泡内的蒸汽含量事关重要。一般趋向于热力学效应抑止空化的发展和空蚀。当温度升高时，蒸汽压 p_v 升高，增大的 p_v 将对空泡溃灭起重要的抑制作用。对振动型装置的大量试验说明，在适中的温度(介于冰冻与沸腾之间)下空蚀程度最高。高温时由于腐蚀率随温度增加，材料机械性能变弱，有时 $MDPR$ 又会再度增加。低温时由于黏性影响，空蚀率下降。

7. 含气量

含气量对初生空化数 K_i 及空蚀率 $MDPR$ 都有影响。含气量很低时，由于液体存在抗拉强度，因而对 K_i 有影响；低含气量时含气量增大，K_i 增加，空化容易发生。当含气量接近饱和状态，液体抗拉强度消失，含气量对 K_i 影响极小。然而含气量很高时，成为含气型空化，这时泡内大部分气体是非凝结气体，约束空泡溃灭，因而会导致空泡溃灭时的“缓冲效应”，从而减轻了空蚀的程度。事实证明，给空泡溃灭区掺入空气将大大减免空蚀破坏。

8. 水中的含沙量

我国河流含泥沙严重，近年来人们开展了较多研究，根据三门峡磨损空蚀试验装置的测验成果，若以清水空蚀量为基数，当含沙量为 40kg/m^3 时，磨损量是清水空蚀的 3.4 倍，磨损与空蚀联合作用时，为清水空蚀的 16 倍[5]。美国密执安大学的实验室内进行了振动型空蚀试验，其结果表明，浑水的空蚀率比清水增加约 50%，由于浑水空蚀的复杂性，不同研究者的成果，差别较大，有的结论甚至相反。这正说明这一问题有待进一步研究。

9. 液体的黏滞性、表面张力与密度的影响

液体的黏滞性：黏性小的液体，空泡溃灭压强大，空蚀量大。黏性高的液体

与水相比，空蚀强度减小，只有当黏性增加到大约像润滑油一样时，才对溃灭形状有显著影响。

液体的表面张力：球形空泡溃灭的数值计算显示表面张力的增加对溃灭影响很小。但很强的表面张力将趋向于减小空泡的发育成长，从而明显地减轻空蚀。

液体的密度：空泡溃灭的分析显示，施加于蚀面的压强与密度成比例，当密度增大时空蚀量增大。在密执安大学的实验表明，液态金属的空蚀率 *MDPR* 约为水的两倍。

10. 水流紊动的影响

由于紊动的作用，可导致流体内某处瞬间的压强减小到液体的饱和蒸汽压强，而使空化发生，由于空泡的发育溃灭过程很短，所以仍有产生空蚀的可能。

11. 壁面材料的抗空蚀性能

对大多数金属材料，与空蚀率相关性较好的参数是材料的硬度或极限回弹能及表面糙度。对水工建筑物，目前采用的抗蚀耐磨材料有高标号的混凝土、高标号砂浆、环氧砂浆、聚酯混凝土、铸石板、聚合物浸渍混凝土、钢纤维混凝土等，就硬度而言，铸石板最好，但黏结工艺尚未解决，其次是环氧砂浆、呋喃砂浆、高标号水泥砂浆等，但目前应用最多的是加入适量掺合剂后的高强度、硬度及韧性的水工混凝土。

2.3 空化与空蚀的机理

2.3.1 空化机理

以球形气核为例[2]，当其周围的液体压强为 p_∞ 时，该气核的平衡半径为 R_0，核的内部是未溶解气体和蒸汽，相应的分压强分别是 p_g 和 p_v，液体的表面张力系数是 σ，如把球形气核切成两半，如图 2-1 所示：

在静平衡时有：

$$(p_g + p_v)\pi R_0^2 = p_\infty \pi R_0^2 + 2\pi R_0 \sigma \tag{2-2}$$

或

$$p_g + p_v = p_\infty + \frac{2\sigma}{R_0} \tag{2-3}$$

$$R_0 = \frac{2\sigma}{(p_g + p_v - p_\infty)} \tag{2-4}$$

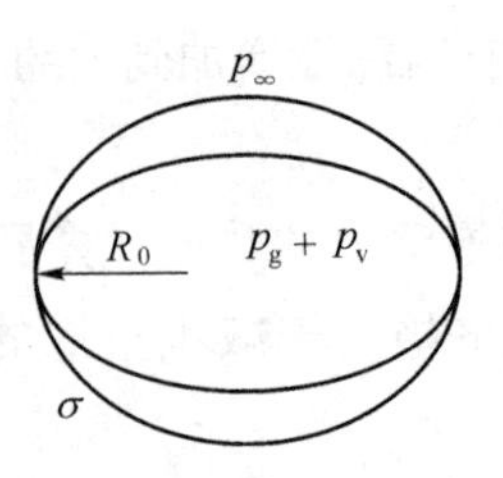

图 2-1 球状气核平衡

若这个气核和液体一起运动，当液流系统中气核所在处的压强小于 p_∞ 时，核半径增加，气核生长，这时核内的气体压强 p_g 按照气体状态方程也相应变小。当流体压强低于 p_v 时，核表面的液体蒸发，进入核内的蒸汽一般足以保持核内的蒸汽压强恒等于 p_v，这样核内的总压强始终高于 p_v。气核的生长过程一开始是非爆发性的，但当液体压强 p 比核内总压强(p_g+p_v)小到一定程度时，气核的生长速度突然加快，这就是所谓的"爆发性"生长，或叫做气核的惯性失稳，而相应的气核也就转化成空化泡。若在流场的某一位置，每秒钟有一定数量的气核发展成空泡，就认为该系统出现空化现象。空泡再随液流进入高压区($p-p_v>0$ 的区域)时，空泡就会收缩，称为"溃灭"，并伴有发声或发光的现象。

2.3.2 空蚀机理

空蚀是由空化引起的。由于空蚀产生的复杂性、影响因素的多样性，目前还不能完全了解空蚀产生的本质。对于空蚀的机理，不同的学者有不同的解释。1950 年以前，人们普遍认为空蚀是由于空泡溃灭时所形成的冲击波将其产生的巨大压强作用在边壁上，对边壁造成强度破坏形成空蚀。据 Peterka[7] 报道，由计算确定的球形空泡溃灭时，在边壁上造成的压强可高达 12000 个工程大气压，而实测记录为 7750 个工程大气压，还有学者给出的溃灭压强计算结果非常巨大，Ivany[8] 计算的结果为 582000 个工程大气压。而另一种理论认为空泡在边壁附近溃灭时形成微射流。1944 年 Kornfeld[9] 等人提出了该种理论，认为射流冲击造成空蚀破坏；1951 年，Rattray[10] 从理论上论证了射流形成的可能性；Naude[11] 等人于 1961 年给出了轴对称条件下，吸附于固体壁面上半球形空泡溃灭时形成冲击固体壁面微射流的数学分析；Plesset[12] 等人则对微射流进行了数值计算；Kling、Hammitt、Lauterborn[13,14] 等人曾分别用高速摄影证实了近壁处空泡溃灭时确实存在着冲击壁面的微射流，他们认为微射流冲击壁面可能是造成壁面空蚀破坏的最主要的原因。

有关空蚀产生的机理主要有五种观点[15]，它们分别是：

1. 机械作用机理

该机理认为过流壁面产生空蚀破坏是由于空泡溃灭时产生冲击波和微射流的冲击作用。研究表明，空蚀的产生是在低压区形成的气泡在高压区瞬间的溃灭产生巨大的冲击力，使材料产生塑性变形，大量气泡瞬间溃灭产生的冲击力，形成宏观空蚀缺陷。机械空蚀机理的主要依据为，从空蚀区域破坏的形貌特征看，空蚀破坏为机械损伤。因为水力机械的空蚀损伤破坏往往是局部的，未发生空蚀的部位完好无损。空蚀产生处没有明显的残余变形，而在薄弱处会出现细小裂纹，这些微裂纹从表面向内部逐步扩展。空蚀损伤只具有局部破坏的性质，和疲劳破坏特征极其相似。由此可见，材料的空蚀损伤是在遭受无限多次气泡的瞬间溃灭产生的巨大反复冲击作用后，材料的应力达到极限，在其较薄弱的地方发生疲劳性质的破坏。空蚀区域具有明显的机械损伤特征，许多研究者通过试验和对空蚀区域观测发现：空蚀区域有明显的凹凸特征；韧性较好的材料有良好的抗空蚀性能；脆性材料抗空蚀性能较差。通过金相观察发现，在不同硬度的空蚀材料上有不同程度的凹凸坑存在，它属于机械性的表面变形，比化学作用开始的时间早得多，这些特征表现为机械破坏的特征。

2. 电化学腐蚀机理

该机理认为，由于在空蚀区域存在微电流，从而产生电化学腐蚀破坏的腐蚀坑。电化学腐蚀机理中，空蚀区域需要有微电流形成。为此，又提出了如下四种微电流效应学说：热电效应，应力电化效应，应变电化效应，边界层放电电化学腐蚀。但试验研究表明非导电有机高分子材料、陶瓷材料都能产生空蚀破坏，这种现象不能用电化学腐蚀圆满解释。

3. 化学反应空蚀机理

该机理认为空蚀是由于化学作用的结果，空蚀气泡在溃灭时产生水流对固体材料表面的巨大冲击力，在冲击处冲击能转化成热能使周围区域的温度升高发生氧化，氧化的发生是化学反应的结果。发现在有活泼离子存在的溶液中空蚀破坏量较淡水中大。但此机理无法解释一些化学上稳定的材料如玻璃等的空蚀破坏。

4. 微射流冲击机理

该机理认为当气泡瞬时溃灭时，溃灭的气泡冲击固体表面，在反击力的作用下，形成无数的小气泡流，聚集形成高速的微射流。这种高速的微射流具有很高的能量，当其射向固体材料表面时，就会使材料表面层产生空蚀破坏。

5. 冲击压力波机理

该机理认为空泡溃灭的机械作用是空蚀的主要原因，过流部件的破坏基本上是由于从小空泡溃灭中心辐射出来的冲击压力而产生的，即冲击压力波模式。在固体边界附近有一孤立的溃灭气泡，其溃灭压力冲击波从气泡中心传到边界上，使边壁形成一个球面凹形蚀坑。根据凹坑的直径和深度可以计算出形成这个凹坑所做的功，从而可推算出单个空泡溃灭时产生的冲击强度、初始空泡的直径及其溃灭中心的位置等。

由此可见，空蚀破坏是一个非常复杂的过程。空蚀破坏不是电解、化学、热力、冲击波、疲劳、塑性变形等的单独作用，而是它们共同作用的结果。和其他理论相比，机械作用机理有一定的理论和试验基础，是普遍接受的理论，但不能排除用其他理论所解释的另外一些因素。

2.4 空蚀破坏实例

空蚀现象最早发现于 1921 年，当时英国驱逐舰“达令号”进行高速试航时，发现其螺旋桨推进器叶片有异常现象，经检查发现叶片被剥蚀[16]。以后又发现水力机械（水泵、水轮机）的叶片上也有类似于螺旋桨上的剥蚀现象。所以空蚀问题的研究首先是从造船业开始的，然后又扩展到水力机械行业，直到 1953 年在巴拿马麦登坝进口发生严重空蚀破坏以后，才引起水工建筑行业对这一问题的重视和研究。水利工程上，在高水头大流量的泄水建筑物中，空化与空蚀现象十分普遍[17]。

(1)1935 年巴拿马的麦登(Madden)坝泄水道进口发生了严重的空蚀破坏。

(2)1937 年 4 月在美国诺利斯(Norris)坝泄水道观测到空蚀破坏现象。

(3)20 世纪 50 年代，美国大古力坝泄水孔出口段发生空蚀破坏，每年都需修补。破坏原因是泄水孔段设计体型不合理，没有考虑到空蚀破坏的可能性。

(4)1941 年 12 月，美国波尔德坝右岸泄洪隧洞反弧下端底部发生严重的空蚀破坏，产生了一个 35m×9.2m×13.7m 的破坏坑。发生空蚀破坏的原因是施工质量差，混凝土表面的不平整度过大。

(5)1959 年 12 月，西班牙桑艾斯提邦坝辅助泄洪洞反弧下端及水平段水平弯道右侧墙发生破坏，形成 45m×6m×90m 的破坏区域。发现空蚀破坏的原因是下游河床壅高形成洞内水跃。

(6)1960 年 6 月至 9 月，法国塞尔蓬松坝泄水底孔闸门下游扩散段底部发生空蚀破坏，破坏区域达到 27m×9m×4m。破坏的原因是扩散角太大兼衬砌不平整。

(7)1960 年，西班牙阿耳特阿达维拉坝辅助泄洪洞反弧段下端及水平段底部发生严重破坏，破坏范围长达 50m，破坏原因是定线误差施工缝破坏。

(8)墨西哥英菲尔尼罗坝泄洪洞反弧段下端及水平段底部，破坏范围长达 40m，修复后未再发生重大破坏。

(9)1967 年 7 月，美国黄尾坝泄洪洞反弧段下端及水平段底部发生破坏，产生 38m×7.3m×2.14m 的破坏区域。破坏原因是建筑物表面的平整度差。

(10)1972 年 6 月，我国的刘家峡泄洪洞反弧段下端及水平段底部发生空蚀破坏，破坏坑达 31m×12m×4m。破坏原因为施工缝突起及不平整度过大。是国内较早发生空蚀破坏的工程。

(11)1974 年苏联的布赫塔尔明坝设有三个泄水底孔，压力段的断面尺寸为 4.0m×5.0m，无压段为 4.0m×6.5m，在 54m 水头下运行 78～250 昼夜后检查发现，各闸室的埋件及混凝土均受到空蚀破坏，形成了深 0.4～1.2m 的蚀坑。

(12)苏联布拉茨克水电站的溢流坝面由于拆模板时遗留的突出体、未填塞的施工缝以及其他不平整体等原因，其溢流段经连续过水 11 昼夜后，在溢流面上形成了深 1.2m，体积约 $12m^3$ 的冲蚀坑。

(13)1993 年 4 月至 5 月，伊朗卡伦 1 坝中间孔泄洪，泄槽的底板和侧墙混凝土发生破坏，继续泄洪破坏进一步扩大，中间孔和右边孔的泄槽段下部和反弧段的底板和侧墙混凝土全部冲毁，下面的基础岩石被冲走，水流失去控制，洪水向厂房涌去。破坏原因是建筑物的体型不尽合理。

(14)丰满水电站发生溢流面空蚀破坏

丰满水电站溢流面全长 194m，有 11 个溢流孔，孔口尺寸为(高×宽)6×12m，闸墩厚 6m。丰满水电站溢流坝于 1944 年开始运行至 1950 年未安装闸门前均为自由溢流，长达 6 年之久。因混凝土强度低、施工质量差及表面不平整等原因，坝面及护坦连续遭受严重冲蚀破坏。反弧起点上游，最深为 0.6～2.0m。反弧末端破坏最严重，深达 3～4m，护坦最大冲蚀深度达 4.5m，深入至岩基，影响了正常运行。

1951 年至 1953 年对溢流面进行改建，保留原坝顶，坝面加厚 30cm，溢流面使用加气剂混凝土并用真空作业，28 天强度达 22Mpa 以上。改建后，混凝土强度虽然较高，但坝面平整度较差，溢流后，坝面仍然发生空蚀。

1954 年以前共溢流 8 次，以 1953、1954 两年连续过流时间最长，分别为 83 天和 69 天，破坏面积 $1m^2$ 以上者，水上部分 1953 年为 23 处，蚀深 0.1～0.5m，1954 年增至 28 处，蚀深无大变化，面积有所扩展。水下部分有 7 处破坏面积较大，最大蚀坑深 0.8～1.2m。两年总的破坏面积达到 $181m^2$。

1954 年汛后，对溢流面进行了修补，1956 年最大过流量 $3690m^3/s$，总的破坏面积 $161m^2$，坝段反弧段有两处最大破坏区分别为 $14.5m^2$ 和 $25m^2$，最大蚀深 0.1～0.4m，大部分破坏区为 1954 年修补过的部位，少数为新发展的。

1957 年汛前对 1956 年破坏处进行了修补，1957、1960 两年连续过流，最大泄流量分别为 $5140m^3/s$ 和 $2280m^3/s$，溢流时间较短(分别为 15 天和 19 天)，局部地区由于单宽流量较大而空蚀严重，总的破坏面积为 $122m^2$。$14^{\#}$ 坝段反弧末端附近最大破坏面积为 $35m^2$，蚀深 0.1～0.5m。

1961 年汛前曾对上述破坏部位进行修补，1963、1964、1971 年又经 3 次溢流，1964 年最大泄流量为 $4037m^3/s$，最大破坏区在 16 坝段 218m 高程，发现是三角开突体造成的。最大破坏面积 $19.2m^2$，蚀深 0.4m～0.65m，并露出钢筋数十条。

经调查，发现溢流面上的空蚀破坏主要是表面不平整突体造成的。

(15)刘家峡水电站泄洪洞明流反弧段空蚀破坏

刘家峡水电站泄洪洞由导流洞改建而成，1968 年 10 月，右岸导流洞封堵完成泄洪洞进口的施工，当溢流面及斜井开挖后还未全部衬砌时，因下游用水需要，于 1969 年 3 月 12 日开闸。从未全部衬砌的泄洪洞过水，历时 172 小时，上游水位为 1695.6m，泄流量为 980～$1000m^3/s$，到反弧末端的水头约 80m，流速 36m/s，结果在斜井下游，桩号 0＋140～0＋180m，冲成宽 10 余米，深 6～8m 的大坑，整个导流洞底板表面遭受磨损破坏。修补时在原导流洞底板新加 30cm 厚的钢筋混凝土底板，1970 年年底，泄洪洞的混凝土浇筑竣工后，由于环氧毒性较大，洞内潮湿，故只做了部分环氧砂浆护面。又因洞里积水，施工错台及堆渣并未全部处理和清除。

1971 年 9 月，进行一次 2 个多小时的行水试验，当时库水位为 1729.2m，闸门开度从 1～9.5m，最大泄量为 $2030m^3/s$。当时停水后因洞内水深，未查明空蚀状况。1972 年 5 月 9 日 12:00 起正式泄水，至 25 日 14:30 关闸，共泄水 314.5 小时，最高库水位为 1720.65m，闸门开度约在 3.5m，泄流量 580～

$600m^3/s$，库水位至反弧末端落差 104.5m，流速约 38.5m/s，泄流时发现出口水跃回缩，进水塔补气不足，启闭机室抽水猛增犹如狂风，风速达 24m/s，洞内轰鸣，犹如雷响，振动之猛，在地下厂房中都能听见犹如放炮的爆炸声，停水后发现由于空蚀破坏，加上高速水流的冲刷，使反弧末端造成破坏，坑深达 4.8m，宽达整个底板，下游约 200m 长新加约 30cm 厚的混凝土板大部分被掀起冲走，基岩也被冲蚀。

泄洪洞的破坏是由空蚀引起的，但发展到如此严重的程度，则是空蚀、动水压力和水流冲蚀的综合结果。

(16)二滩水电站空蚀破坏

我国二滩水电站设两条泄洪洞，其中 1# 泄洪洞于 1998 年投入运用，至 2000 年共安全运行 2631 小时。2001 年 1# 泄洪洞在高水位下连续运行了 62 天，汛后检查发现，自龙抬头反弧段末端掺气坎以下遭受严重损坏。2002 年至 2003 年，二滩公司根据设计院的修复方案进行了全面修复工作。根据 2003 年修复后的水力学原型观测及检查发现，反弧末端掺气坎下游两侧边墙仍均存在局部空蚀现象。而 2# 泄洪洞运行至今，情况尚比较正常。

2.5 减免空化和空蚀的方法与措施

为了减少和防止高水头泄水建筑物过流壁面上发生空蚀破坏，国内外的研究成果都很多，主要措施可粗略地归纳为以下几类：

(1)采取合理的结构体型，改善环境压力。空蚀产生的条件是低压区的存在，为避免低压区的发生，良好的体型设计是必要的。

(2)在难于完全免除空化的地点，采用抗空蚀性能较强的材料，提高建筑物的抗蚀性能。为提高水工建筑物中混凝土的抗空蚀能力，可以在混凝土中掺入高效能的减水剂；加入掺合料如硅粉；利用聚合物砂浆及聚合物混凝土胶结材料。为减轻水轮机、水泵的空蚀破坏，可在水轮机、水泵过流表面涂敷高弹性的保护涂层。

(3)优化过流边界体型，控制过流表面的不平整度，降低初生空化数。一般将边界轮廓的体型设计成流线型。空蚀产生的条件是低压区的存在，欲避免低压区的发生，边界轮廓应设计成流线型，以避免水流与边界脱离而产生漩涡。设计中应对此提出要求，施工中要严格控制过流面的不平整度。施工后，过水表面上不应该存在钢筋头等各种残留突起物，对过水边界表面在施工中可能造成的不平整度要加以控制。一般来说,表面存在升坎比跌坎容易发生空蚀,突起比凹陷容易引起空蚀。将突起部分磨成平缓的坡面,可以大大减少发生空蚀的可能性。

前三种措施对减免过流建筑物的空蚀破坏都起到了一定的积极作用。但是,在工程实际中,高水头泄水建筑物仅靠这些措施,往往很难达到标准。当泄水建筑物的流速超过 40m/s 时,采用上述措施仍可能产生空蚀破坏[18~22]。

(4)掺气减蚀,即向水流可能发生空化的区域通气,改变水流的物性,削减作用在固壁面上的空化荷载,降低空蚀率。国内外的试验研究和工程实践表明,掺气减蚀是一种经济而有效的减蚀措施。

当空化现象不可避免时,为了减免高速水流空化产生的空蚀破坏,经济有效的工程措施是在低压区上游部位设置强迫掺气设施。通过给水体中掺气来减免水流空蚀所造成的破坏,通常称为掺气减蚀。在泄水建筑物中采用掺气减蚀技术,其原理是在泄槽高速水流区设置掺气坎(槽)以形成通气空腔,利用空腔中产生的负压,迫使大量空气掺入水流中,形成可压缩性的水、气混合体,保护下游过流面的空蚀破坏,即水流中挟带着空气泡,因而将延缓或阻止空化的发生;局部负压足以形成空化水流时,由于水气混合体具有较大的压缩性,故可吸收或缓冲空穴溃灭时所产生的巨大冲击力,从而使泄流建筑物表面减少或避免发生空蚀破坏。

前人的研究成果表明[23,24],采用适当的掺气措施是减免高速水流出现空化与空蚀破坏最有效的技术措施。并随之提出了给水流底部掺气的各种办法来减免空蚀破坏,如设置通气槽进行掺气减蚀以及研究选择合理的溢流面体型等一系列措施。

水流掺气后,可使空蚀破坏显著降低,当底部的掺气浓度达到或大于某一数值后,空蚀破坏可以完全避免。在工程实际应用中,掺气减蚀被认为是防止空蚀破坏的既经济又有效的措施。目前,掺气减蚀技术已在实际工程中得到了广泛的应用,并且在科研、原型观测方面也取得了可喜的成绩。

2.6 空化与空蚀的研究现状

人们对空蚀机理的研究,迄今已有多年的历史。从 1917 年 Reyleigh 的《论液体中球体空泡溃灭时产生的压力》一文开始,逐步形成了压力波模式,指出了在空泡溃灭时,溃灭中心辐射出来的压力波具有很高的压力。一些研究者通过理论研究推测[8]，可能传递到固体边界上的压力可达1000个大气压左右。对于这一论点，尽管还有争议，但仍被广泛地用来解释空蚀的作用力。

1935年，巴拿马运河Madden坝溃坝后人们开始关注水工泄水建筑物上的空化现象，根据Peterka[8]的研究，许多泄水建筑物的破坏是由空化与空蚀所引发的。试验表明，当空化气泡破灭时产生高达1500MPa的压力，这种高频瞬间的压力作用在泄槽混凝土表面将产生疲劳破坏，形成空蚀。关于气泡动力特性及空蚀过程有大量的相关文献，其中，Falvey[25]利用激波理论及微射流理论阐述气泡溃灭的动力特性是具有代表性的研究成果。

直到1944年，鉴于在一些不具备冲击波的情况下出现了空蚀现象，Kornfeld和Suvarov[9]首次提出溃灭过程中有微射流存在，提出了微射流模式。这一机理的分析意见为：空泡溃灭时发生变形，变形会随压力梯度及靠近边界而增大，这种变形有时会促成流速很高的微型液体射流，靠近边壁时形成空蚀破坏。Lauterborn[14]应用每秒百万次高速摄影记录了在空泡溃灭末期形成的水微射流，这项成果支持了微射流理论。

后来，在日本仙台东北大学高速力学研究所专门设计了一项试验[26]。其试验结果发现，冲击波和微射流两种破坏机理均存在，其作用大小视空泡溃灭过程与固体边壁之间相对距离而定。

当下泄水流流速较高并伴有低压时，泄槽底部常出现空化与空蚀现象，导致溢洪道、泄洪洞等泄水建筑物不能正常工作，进而影响枢纽的安全运行。

Oskolkov认为，当工作水头大于50～60m时就要充分评估空化与空蚀的风险，通常依据试验结果给出水流发生空化与空蚀的条件作为判断依据。当流速为10～15m/s而泄槽底部混凝土抹面较差时或流速大于35m/s而混凝土抹面正常时均有可能发生空化与空蚀现象。ASCE、USCOLD、Chanson、Falvey、Dells、Rutschmann及Smith等机构和个人分别就原型空蚀破坏情况进行了系统总结，表明空蚀破坏是源于水流的低空化数、高流速、低压及混凝土表面的不平整度[27～30]。

对于临界空化数的研究有不同的方法，涉及表面的不平整度、紊流边界层厚度及流速，Colgate、Ball、Hamilton、Wood、Elder和Falvey[31～33]等从不同的角度对该问题进行了探讨。1977年Arndt[34]给出了临界空化数的一般表达式：

$$\sigma_c = c(h_r/\delta)^m(\bar{u}\delta/v')^n \tag{2-5}$$

式中：δ为边界层厚度，$\bar{u}$为平均流速，v'为脉动流速，h_r为独立突体的高度，系数c及幂指数m、n决定于结构形式、表面粗糙度及不平整度。要减免泄水建筑物发生空蚀破坏的可能性，目前的主要方法有：控制空化数，通过体型设计避免局部低压和高流速，使初生空化数尽可能高；使空化气泡在水体中溃灭，避免在近壁区发生；控制材料表面的不平整度；提高材料强度；掺气减蚀，使空化气泡的溃灭在掺气所形成的气泡垫层内。

Falvey 基于水流空化数 δ 的大小给出了溢洪道水力设计的一般准则：$\delta>1.8$，不考虑空蚀；$1.8>\delta>0.25$，控制不平整度即可；$0.25>\delta>0.17$，修改设计，改变边界曲率；$0.17>\delta>0.12$，增加掺气设施；$\delta<0.12$，表面无法得到保护，需要修改结构体型。其中，最小水流空化数并不对应泄槽最大泄量，要根据可能的运行工况计算确定。

为了预测空蚀所造成的损失，Eisenhauer[35]将空蚀所导致的材料剥蚀描述为近壁溃灭气泡所输入能量的函数，基于这个想法，Jahnke[36]给出了一个复杂的计算公式，涉及材料的泊松比、弹性模量、声速、微射流直径、气泡直径的统计参数等因素。

上述研究成果初步表明了空蚀机理的概况。但必须看到，尽管近年来在空蚀机理研究方面有一定的进展，但对空泡溃灭的最终阶段与边壁壁面之间相互作用的机理，仍然缺乏坚实而令人信服的理论基础。梁川、吴持恭等人[37]曾用数值分析方法描述了可压缩液体近壁空泡的溃灭过程，取得了一定成果。

参考文献

[1] 黄继汤. 空化与空蚀的原理及应用. 北京：清华大学出版社，1989：113－120.

[2] 张晓东. 泄洪隧洞掺气减蚀与挑流消能机理研究及其在紫坪铺水利枢纽工程 1# 泄洪排沙隧洞中的应用. 成都：四川大学，2001.

[3] 吴持恭. 水力学下册(第二版)，北京：高等教育出版社，1996.

[4] 李建中等. 高速水力学. 西安：西北工业大学出版社，1994：118－149.

[5] 黄继汤，田立言. 含沙对空泡收缩和膨胀的影响. 第二届全国空化学术讨论会论文集. 杭州：中国造船编辑部，1987.

[6] 黄继汤，李志民. 液体黏性对空泡压缩和膨胀的影响. 水利学报，1987(8).

[7] A. J. Peterka. 掺气对气蚀的影响. 高速水流译文丛译，第 1 辑，第 1 册. 北京：科学出版社，1958.

[8] 水利水电科学研究院. 中译本空化与空蚀. 北京：水利出版社，1981：1－100.

[9] M. Kornfeld，L. Suvarov. On the Destructive Action of Cavitation. Jr.

Appl. phys. ,1944,15.

[10] M. Rattray. Perturbation Effects in Cavitation Bubble Dynamics, PhD. Thesis Calif Inst of Technology, Pasadena, calif,1951.

[11] C. F. Naude, A. T. Ellis. On the Mechanism of Cavitation Damage by Nonhemispherical Cavities Collapsing in Contact with a Solid Boundary. Trans. ASME,83,Ser. D. Jr. Basic Engineering,1961.

[12] M. S. Plesset, R. B. Chapman. Collapse of a Vapor Cavity in the Neighborhood of a Solid Wall. Calif. Inst. of Tech. Div. of Engr. and Appl. Sci. Rep. ,1969:48—85.

[13] C. L. Kling, F. G. Hammitt. A Photograph Study of Spark Induced Cavitation Bubble Collapse. Trans. ASME,J. Basic. Engr. ,1972,94(4).

[14] W. L. Hbolle. Experimental Investigations of Cavitation Bubble Collapse in the Neighborhood of a Solid boundary. J. Fluid Mech,1975,72(2).

[15] 黄委会设计院技术处. 掺气减蚀原理与应用. 黄河水利出版社,1990.

[16] J. C. Harrold. Experiences of the Cops of Engineers. Cavitation in Hydraulic Structures. A Symposium,Transaction,ASCE,1947,112.

[17] 高速水流论文译丛. 第1辑,第1册. 北京:科学出版社,1958.

[18] 吴持恭. 水力学(下). 北京:高等教育出版社,1998:361—370.

[19] 苗宝广. 掺气减蚀设施水力特性研究. 成都:四川大学,2005.

[20] P. Volkart, P. Rutschmann. Aerators on Spillway Chutes: Fundamental and Application. Proceeding of Advancements Aerodynamics,Fluid Mechanics and Hydraulics. ASCE,Minneapolis,1986.

[21] K. Zagustin, et al. Some Experience of the Relationship between a Model and Prototype for Flow Aeration on Spillway. International Conference on the Hydraulic Modeling of Civil Engineering Structures. BHRA, Coventry,1988.

[22] 张丽,解伟,黄晓铃. 高水头泄水建筑物的掺气减蚀试验. 华北水利水电学院学报,1998,19(1).

[23] 刘韩生,张勇. 论掺气减蚀. 西北水资源与水工程,1996,7(1).

[24] J. M. Mousson. Pitting Resistance of Medals under Cavitation Conditions. Trans. ASME,1937,59.

[25] H. T. Falvey, D. A. Ervine. Aeration in Jets and High Velocity Flows.

Model-prototype Correlation of Hydraulic Structures, Colorado Springs, Colorado, 1988:25—55.

[26] A. Shima, K. Takayama, Y. Tomita. Mechanisms of the Bubble Collapse Near a Solid Wall and the Induced Impact Pressure Generation. Report of the Institute of High Speed Mechanics, Japan. 1981,367.

[27] H. Chanson. Study of Air Entrainment and Aeration Devices on Spillway Model. University of Canterbury, Christchurch. 1988.

[28] H. Chanson. Flow Downstream of an Aerator—aerator Spacing. Journal of Hydraulic Research, 1989,27(4): 519—536.

[29] H. T. Falvey. Cavitation in Chutes and Spillways. Engineering Monograph 42, Bureau of Reclamation, Denver. 1990.

[30] P. Rutschmann, W. H. Hager. Air Entrainment by Sillway Aerators. Journal of Hydraulic Engineering, 1990, 116 (6): 765—782.

[31] J. W. Ball. Cavitation From Surface Irregularities in High Velocity. Journal of the Hydraulics Division, ASCE, 1977, 102(HY9): 1283—1297.

[32] W. S. Hamilton. Preventing Cavitation Damage to Hydraulic Structures. Water Power & Dam Construction, 1983, 35(11): 40—43; 35(12): 48—53.

[33] I. R. Wood. Uniform Region of Self-aerated Flow. Journal of Hydraulic Engineering, 1983, 109(3): 447—461.

[34] R. E. A. Arndt. Cavitation From Surface Irregularities in High Velocity Flow. Journal of the Hydraulics Division, ASCE 1977, 103(HY4): 469—472.

[35] N. O. Eisenhauer. The Effect of Aeration on Cavitation Erosion. International Symposium on Cavitation, 1995.

[36] 王晓松,孙双科,夏庆福等. 国外泄水建筑物掺气减蚀研究. 黑龙江水专学报. 2008,35(6):1—5.

[37] 梁川,吴持恭,倪汉根. 可压缩液体近壁空泡溃灭过程数值分析. 全国水动力学研讨会文集,1995.

3

掺气水流

高水头泄水建筑物过流时，由于水头高，流速大，在一定条件下，常常会有大量的空气掺入水流中，形成乳白色的水气混合物流动，这种水流称为掺气水流或水气二相流[1]。

水气二相流动是高速水流中常见的物理现象，也是多相流体动力学中一个很复杂的研究课题，因而水气二相流动的研究一直受到各国学者的重视。

水流通过泄水建筑物如溢洪道、陡槽、掺气减蚀设施、高压闸门下游的明流隧洞等，流速达到一定程度时，空气就会大量掺入水中。高速水流的掺气现象，常常发生在高速陡槽、溢流坝、岸边溢洪道、明流泄洪洞和挑流水股、底孔进口以及闸门井等处。

掺气现象在水利工程中比较常见，前人对掺气机理进行了很广泛和深入的研究，所得到的试验结果和理论分析在工程也得到广泛的应用，但是由于量测手段和试验条件有限，加上水气二相流的复杂性，使得理论落后于实践，对解决工程实际问题带来很大困难，故对掺气水流的了解和认识有待深化。

掺气减蚀设施正是利用这个规律迫使水流掺入空气以减免空蚀的。掺气水流可以分为三个区域，如图 3-1 所示，上部为水点跃移区，中部为气泡悬移区，底部为清水区，水流高度掺气时清水区不存在。

高速水流掺气来源大体可分三种[2]：①水中含气；②水流自然掺气；③人工掺气。高速水流掺气现象发生在挑坎或跌坎水流分离点的下游，在二相流交界面切向力的作用下，对气流产生拖曳。根据原型及模型试验观察表明（见图 3-2）：在泄水槽或溢洪道中，过流底面上设置的挑坎将水流挑离边壁，在坎后的射流水舌下形成空腔，空腔经通气孔与大气相连，空腔范围内的一部分空气被

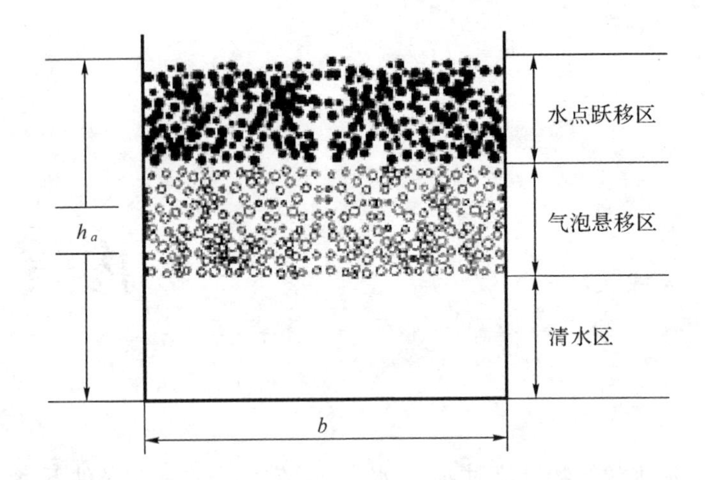

图 3-1　掺气水流结构示意图

水流带走，出现负压，于是大气中的空气经通气孔源源补入，形成连续不断的挟气过程。从挑坎到空腔末端的水流区域为挟气区或空腔区，在空腔末端，断面含气量呈现近壁处含量高。由于重力和紊动作用，断面含气分布沿程逐渐衰减并趋稳定，靠底部掺气浓度减小。此段区域中，水流完成自挑坎射流所挟带空气的耗散过程，通称为耗散区或掺气发展区，也就是人们关心的掺气保护长度。在耗散区下游为均匀掺气区。

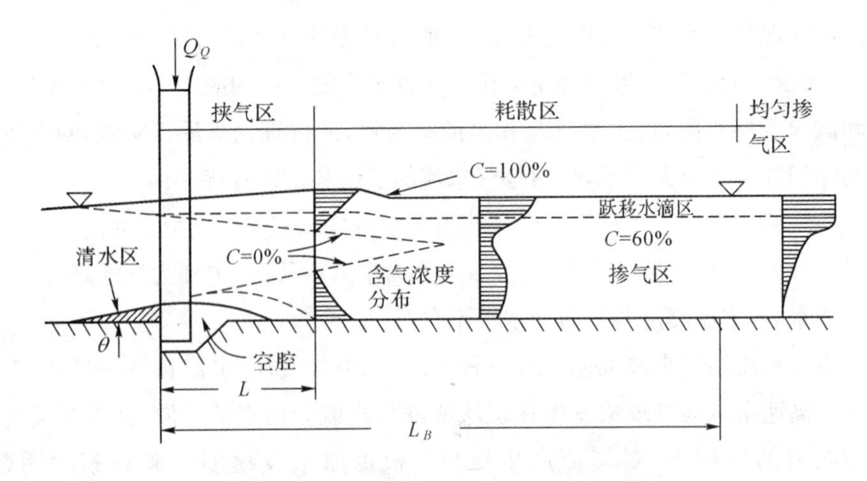

图 3-2　挑坎掺气及掺气发展过程示意图

3.1 掺气的定义及分类

高水头泄水建筑物中的水流，由于水头高，流速大，在一定的条件下，常会掺入大量空气，形成水气二相流。根据掺气过程和机理的不同，水气二相流又可分为自掺气水流和强迫掺气水流两种。图 3-1 为典型的自掺气水流的结构。水流通过溢流坝、陡槽、明流隧洞，当边界层发展到水面时，水面开始波动，随着流速进一步增大，水质点获得垂直运动分量，水滴被抛向空中，随后携带着空气落回到水体，在水流紊动作用下，气泡被推向水流深处，形成气水混合流，这种掺气过程称为自掺气。

当高速水流受到某种干扰，如固体边界有突然变化(如闸门槽、通气槽等)或者表面突变(如水跃等)，或者两水流相碰击(如水舌自由跌落，墩后的两水流相会合等)，均将从水面卷入大量空气，这种掺气称为强迫掺气。强迫掺气的特点是仅在局部范围内进行掺气。

3.1.1 自掺气水流

当水流通过泄水建筑物，如溢流坝、陡槽、明流隧洞等时，当流速达到一定程度，大量空气自水面掺入水流中，以气泡形式随流带走，便形成了自掺气水流。包括明渠中的掺气水流和高速挑射水流。

1. 明渠中的掺气水流

对明渠水气二相流最早进行室内试验的是奥地利的依伦伯格(R. Ehrenbrger)[3]，最早进行野外观测的是美国的霍尔(L. S. Hall)[4]，以后法国、意大利、美国、苏联、印度等国的学者通过室内试验和野外观测，对明渠水气二相流的掺气发生条件、掺气水流水深、平均掺气浓度等进行了大量研究。我国从 20 世纪 50 年代后期开始这方面的研究，并进行了野外观测，取得了不少成果。吴持恭通过对水气二相流运动规律的长期研究，在掺气机理、掺气水深、掺气条件、掺气浓度分布等方面得到了一整套计算方法[5]。

2. 高速挑射水流

高速挑射水流为异质射流(即一种流体射入另一种密度差较大的流体中)。异质射流的存在却相当广泛，如水利工程溢流坝挑射出的水流，喷雾器喷出的雾滴等皆属异质射流范畴。对异质射流，如其速度足够高，则将因扰动而发生散裂,导致周围的异质流体卷吸进射流中[6]。对于射入大气中的水射流,此类现象表现为因水流散裂而将气体卷吸进水射流中,故称其为掺气散裂射流。

高速挑射水流有别于一般射流的特性即为掺气散裂程度。视掺气散裂程度的不同可将其分为部分掺气散裂射流、充分掺气散裂射流及完全掺气散裂射流。

3.1.2 强迫掺气水流

目前国内外对强迫掺气的研究不是很多,但我国对水跃掺气、挑流水舌及其水垫塘淹没射流掺气问题都有一些专门研究。

强迫掺气水流的特点是水流仅在局部范围内掺气,一旦离开扰动区,水流中的空气将很快逸出。主要包括跌落水流的掺气、水跃的掺气、射流掺气及掺气设施强迫掺气。

1. 跌落水流的掺气

水流经过一个高程骤降的剧烈变化,致使水流流线脱离渠底而落下的现象称为自由跌水(Free Overfall),如图 3-3 所示。

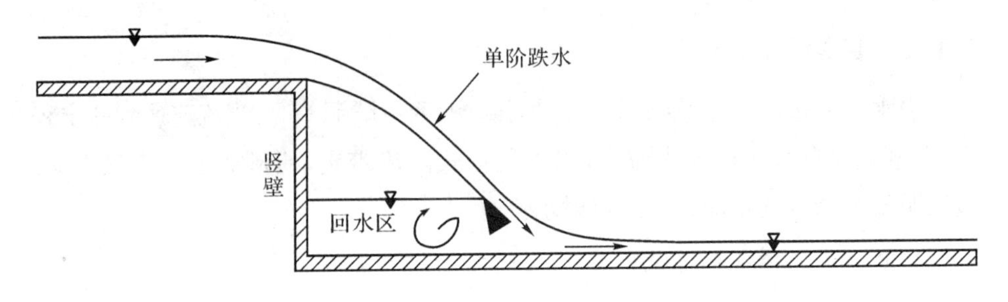

图 3-3 自由跌水示意图

此种自由跌水的流况常发生在自然河川及人工构筑物中所产生的高程骤降。自由跌水的设置功能在工程应用上以消能、量水及减缓流速为主,除此之外,在输水位置调节、改善水质、农田水利、景观设计等方面也发挥着重要的作用。跌水在各个工程上的应用与它特有的本质有关。从图 3-3 可知,跌水在过程中涉及以下几个过程:①在跌落过程中与空气接触;②在跌落后引起垫水体与周围水体掺混并在射流冲击点或入射点卷吸气体;③水流冲击底水流发生折向,并对底板形成冲击射流后出流。

水流在跌落过程中卷吸大量空气于水中。跌水在竖井中跌落于水垫塘,达到消散水流动能的作用,起到防冲的效果,使水流稳定安全地流动。由于有以上的工作特性,跌水及其对应的构筑物竖井在国内外得到了广泛的应用[7]。

蔡新明对自由跌水的数值模拟表明,水流跌落于水槽后,产生明显的回水区,回水区内水流结构比较紊乱,在回水区中存在众多三维的漩涡,壁面附近有小漩涡,整个流场有大的漩涡。断面上下存在两层的漩涡流动且对称分布。这是由于回水区水流在壁面约束情况下,跌水不断对回水区进行动量交换所致,造成了水体的回弹现象,从壁面到中心区域后流线变得更加密集,变化也较剧烈。正是这些漩涡的存在,促成了一部分水流能量的不断消散。

对各剖面的速度场及紊动特性的分析表明,随着跌水水流的跌落,在回水区上部存在一空腔,在该区域内的气体由于受跌落水流的向下夹带作用,形成强烈的空气卷吸气团。并且由于跌落水流与回水区水流过程中,在交界面形成剪切层[8],使空腔气体被卷吸进水体中(这也是模型中开设充气孔的原因),进一步造成了跌落水流的紊动强度,加上两边竖壁的限制,使扰动不能传开,从而造成了回水区水流的波动。紊动能及耗散率分析表明,两者的分布及变化趋势基本一致。紊动及耗散率最大的区域发生在空腔、跌落水流与回水区交界面和跌水出流处,而与跌水特性有关联的是跌水出流及交界面特性。

在交界面是由于跌落水流卷吸空腔气体形成掺气,造成局部变化强烈,k 形成较大值。而在出流上,由于跌落水流在重力加速作用下出流速度很大,在跌落处受到下游水流拱托以及边界竖壁影响,在出口处形成显著的水波,进行能量消散。

Ervine 曾研究过矩形水股进入水塘的掺气情况,并提出过一个预测水股相对掺气量的经验公式:

$$\beta=\frac{Q_a}{Q_w}-0.26\frac{b_n}{p_n}\left(\frac{H_f}{d_n}\right)^{0.146}\left(1-\frac{V_m}{V_t}\right) \tag{3-1}$$

式中:b_n 为水股宽度,d_n 为水股厚度,H_f 为水股的跌落高度,p_n 为水股的周长,Q_a 为气流量,Q_w 为水流量,V_t 为撞击点的水股流速,V_m 为掺气所需的最小流速,其值为 1.1m/s。

2. 水跃的掺气

强迫掺气最典型的例子是水跃。水跃掺气与明渠水流自掺气不同,它主要是通过射流在空气中散裂和冲击缓流水体时掺入空气。

高速急流冲击缓流水体时形成水跃,水跃头部的回流旋滚将空气裹入水体,形成水跃掺气,水跃段掺气量衰减很快,一部分随水流带走,到水跃下游逸出水面;一部分在紊动作用下卷入旋滚区被回流带回跃首或逸出水面。苏联沙柯洛夫及我国郭子中曾进行过这方面的试验研究。

(1)沙柯洛夫由试验结果得出以下结论：

①靠近水舌降落点的掺气浓度最大，在试验范围内表面附近最大掺气浓度达0.66。

②离开水舌降落点愈远，掺气浓度愈小，在离开坝址10～15倍水深的地方掺气浓度减至零。

③沿水深方向掺气浓度分布是不均匀的，从水面向下，掺气浓度减小很快，如43.1L/s时，断面Ⅰ处掺气浓度从表面处的0.66，中部的0.21，到底部仅0.07。

(2)郭子中对溢流坝挑流及闸下出流下游的平底水跃进行观测，试验范围：流量 $Q=10\sim75\text{L/s}$，堰顶水头 $H=7.7\sim24.3\text{cm}$，闸门上游水头 $H=23\sim123\text{cm}$。

由试验结果得出以下结论：

①水跃区空气是以 $x<1.1(h_2-h_1)$ 范围内掺入的，式中 x 为距跃首距离，h_1 为跃前水深，h_2 为跃后水深，掺入的空气一部分随流带走，直到水跃下游逸出水面。水跃开始掺气的临界弗汝德数 $F_r=1.7$。

②跃首附近各断面自底部到水面，掺气浓度迅速增加，到某一位置后出现最大值，然后由于受下游掺气浓度较小的回流影响，又逐渐减小；在接近水面附近处，由于跃离水面的水团落下时，带进了空气，使掺气浓度再次增加。因此跃首部分等值线出现拐点。水跃后部由于不受回流影响，垂直断面上的掺气浓度随高度增加而单调增加。远驱式水跃掺气浓度等值线图与临界水跃基本相似。当淹没度较小时，与临界水跃相似，随淹没度增加，旋滚影响愈强，浓度等值线拐曲愈明显，但掺气浓度迅速减小。当淹没度接近1.3时，试验中几乎观察不到掺气现象。

3.射流掺气

强烈紊动的射流水舌落入河床时，由于水股卷吸的作用在水舌落点附近水体大量掺气，水舌落点之后，随着淹没射流的扩散流速很快衰减，大量气泡逸出，掺气浓度随之很快衰减。

射流水舌在空中掺气，减少了水垫塘入射水流的集中程度，从而对水垫塘底板上动水压强产生很大影响。重力、掺气、紊动强度是影响水舌空中扩散的主要因素，射流起始断面的初始条件对空中扩散影响很大。挑射水舌的空中扩散和掺气是密切联系、不可分割的，水流的紊动强度是促使水舌扩散和掺气的直接因素。由于射流水舌和空气之间的黏滞作用，空气被带动，形成气流（原型工程往往形成相当大的“水舌风”），同时，水舌也承受了空气的阻力。空气阻力加大了水流的紊动强度，使水舌表面变得不平整，形成波纹和水舌的摆动，这又进一步加大空气阻力，加速水流的分裂破碎及与气流的相互掺混。

4. 掺气设施强迫掺气

在水利工程中，为达到减免空蚀破坏的目的，常设置各种掺气设施强迫掺气。在强迫掺气设施附近，由于气泡不断溢出，加之水面还有可能存在掺气，因此，水流具有典型的非均匀掺气特征。

为防止泄水建筑物的空蚀破坏，在高流速区设置掺气坎进行强迫掺气已被大量工程实例证明是十分有效的工程措施。水中掺气改变了原流场特性，在坎后形成空腔，掺入空气，在泄水建筑物底部形成含有一定空气浓度的水气二相流。试验研究和工程实例表明，水气二相流既能减缓空蚀破坏，又能减轻高速水流的冲刷磨蚀所造成的危害。

D. A. Ervine研究表明，泄水建筑物中设置掺气坎可以使坎后涡流增加20%～30%，坎后涡流的增加取决于来流条件、掺气坎的挑角等因素，苏沛兰、王海云、漆力健等研究表明，对于低 F_r 数小底坡、大单宽流量的泄洪洞，传统的挑跌结合的掺气坎不能很好地解决泄洪洞掺气问题，容易产生空腔回水。为了解决空腔回水问题，需要对掺气坎的体型进行改进，从而达到较好的掺气效果。

3.2 水流掺气的原因

关于掺气的成因，苏联的伏伊诺维奇[9]曾用波浪破碎理论进行解释，他认为两种不同的介质流速不同，其交界面将产生波浪，当表面波浪破碎时卷入了空气，形成了掺气水流；1939 年美国的 E. W. Lane[10]提出了紊流边界层发展理论，他认为紊流边界层发展到水面就开始掺气；1953 年法国的 G. Halbronn[11]提出了第三种解释，即紊动强度理论，该理论认为水流紊动强度达到一定程度，水滴跃出水面，回落时带进了空气，形成掺气水流；1990 年，吴持恭提出[12]：紊流边界层发展到水面，使紊流暴露在空气中，只是水流掺气的必要条件，其充分条件应是水流紊动达到足够强度，使涡体跃出水面，涡体是随机性的，许多单个涡体跃出水面就形成水滴，一串串涡体连续跃出水面就形成水柱，一群群涡体跃起就形成 5 面波，水滴回落就带进了空气，水柱、水面波向后倒落卷进了空气，形成掺气水流，这一解释将前述三个观点统一起来。

3.3 水流掺气程度的描述

水流的掺气程度，可以用掺气浓度 C 来衡量。掺气浓度为掺气水流中气体体积占水气混合物体积的比值。若以 W_a 表示掺气水流中气体的体积，W 表示掺气水流中水的体积，则掺气浓度[13]可表示为：

$$C = \frac{W_a}{W + W_a} \tag{3-2}$$

有时也可用含水比 β 来表示水流掺气的程度，即

$$\beta = \frac{W}{W + W_a} \tag{3-3}$$

掺气水流中某点的掺气浓度（或含水比）就是该点附近微小体积的空气体积与水气混合体的体积的比值。掺气浓度与含水比之间的关系为：

$$C = \frac{W_a}{W + W_a} = 1 - \frac{W}{W + W_a} = 1 - \beta \tag{3-4}$$

3.4 掺气水流的运动规律

水气交接而卷吸空气的能力与水流紊动强度有密切关系，加糙可以提高水流紊动强度增加掺气量；而收缩型孔口出流，水流紊动强度低，掺气能力弱。

根据陈先朴、西汝泽[14]等人的研究，在掺气挑坎情况下，若水舌较厚，水流表面掺气在相当长的距离不能达到水舌下部，掺气挑坎下游底部壁面完全靠底空腔掺气保护。

对气泡尺寸概率分布的分析表明，以气泡数量计，气泡尺寸越小，概率越大；越接近底部，小尺寸气泡概率越大。以气泡体积计，沿流程向下游，底部小尺寸气泡概率增大。近底部小尺寸气泡部分的浓度沿程衰减明显比计入所有尺寸气泡掺气浓度的沿程衰减慢。

水流中气泡的运动规律受气泡上浮和紊动扩散的控制。水流紊动强度在接近底部最大，在紧接边界处紊动强度迅速减小。尺寸≪1mm 的气泡上浮速度很小，实测掺气浓度在底部紧接边界处很小，距边界 0～0.65m 逐渐增大，0.65m 以上掺气浓度变化很小，符合水流垂向紊动强度的分布特性。

3.5 水流掺气的工程意义

掺气水流的运动规律与不掺气水流不同，它对水工建筑物的影响也不同。归纳起来，水流掺气对工程的影响主要有以下几点：

(1)水流掺气造成水体膨胀，使水深明显增加，若设计的估计不足，会造成水流漫溢边墙，影响泄水道的安全运行。由于水深的明显增加，使泄水道边墙加高，提高了工程造价。

(2)在无压泄洪隧洞中，如果对掺气的影响估计不足，洞顶净空面积预留太小时，还可能产生有压流与无压流的交替，水流不断冲击洞壁，威胁洞身安全。

(3)增大水流脉动压力，从而加大建筑物的瞬时荷载，也增加了建筑物振动的可能性，特别是强迫掺气，如高水头隧洞进口的立轴漩涡卷入空气后，可在泄水道中形成较大的气囊，加大了水流的脉动与振动，可能带来一定的破坏作用。

(4)水流掺气后，水面上水花飞溅，给工程管理工作造成不便，给各种建筑物及电气设备的布置带来困难。

(5)泄水建筑物中的水流掺气后可以增强消能效果，减轻水流对下游河床的冲刷。

(6)掺气水流可减免空蚀的破坏作用。据试验，当掺气浓度达到3%～7%就可以起到减免空蚀的作用，当掺气浓度达到10%时，则可完全减免空蚀。

(7)水流掺气后，流速分布发生了很大变化，气泡悬移区的平均流速大于不掺气水流的平均流速，使自掺气水流的鼻坎挑流的挑距增大。

(8)泄水建筑物水流掺气对河流的复氧也有明显效果，可改善水环境的质量。

由此可见，掺气水流对泄水建筑物的作用与影响，有有利的一面，也有不利的一面，应充分认识、运用这些规律，利用其有利的一面，抑制其不利的一面。

3.6 国内外对掺气水流的研究现状

最早研究掺气现象的是奥地利的依伦伯格(R. Ehrenbouger)[15]，他把掺气水流分为三层：①近底层，少量气泡夹杂在水中；②中间层，水和气泡大致相等；③上层，大量水滴跃溢。最早进行实地观测的是美国的L. S. Hall[16]。美国的L. G. Straub和A. G. Anderson[17]最早进行了关于掺气浓度分布规律的研究，他们根据试验资料分析结果，提出了掺气浓度在水滴跃移区和气泡悬移区具有不同分布规律的假说：在跃移区，交界面以上水滴抛射高度的概率密度符合高斯正态分布规律；在悬移区，气泡在水中运动规律符合物质扩散的费克第一定律。由此推导出计算掺气浓度分布曲线的理论公式，为理论研究开辟了道路。随后，B. S. Thandaveswara[18]和 I. R. Wood[19]都曾进行过浓度分布的试验研究。N. S. Lakshmana Rao[20]从浓度分布的自模性出发，进行过理论分析，他通过理论证明了 Straub 和 Anderson 所提出的在跃移区交接面以上水滴抛射高度的概率密度符合高斯正态分布规律。澳大利亚的 V. Michels[21]和美国的 W. J. Bauer[22]都提出过求解掺气发生点的方法。此外，吴持恭[23]根据实际观测，提出紊流边界层发展到水面，使紊流暴露在空气中，只是水流掺气的必要条件，其充分条件应是水流紊动达到足够强度，能使涡体跃出水面。涡体是随机性的，许多单个涡体跃出水面就形成了水滴，水柱、水面波倒落卷进了空气，形成掺气水流。这一观点把表面碎波理论、边界层发展理论和紊动强度理论三者统一起来。他还以涡体模式进行理论分析，推导出掺气水流水深和掺气起始条件的理论公式。并根据紊动扩散方程，从理论上证明水滴跃移区和气泡悬移区为无限域时，均符合高斯正态分布，推导出掺气浓度分布的理论公式。在跃移区推导出了与 L. G. Straub 和 A. G. Anderson 完全一致的公式；在悬移区当气泡达到槽底时，有反射作用，掺气应是扩散量和反射量之和，推导出与 L. G. Straub 和 A. G. Anderson 完全不同的公式。对于强迫掺气，由于工程的需要，C. Y. Wei[24]、时启燧[25]、罗铭[26]、G. Chanson[27]都曾对掺气减蚀挑坎进行过试验研究，其研究内容主要为掺气设施的位置、型式及尺寸的选择；掺气设施的主要水力参数有：掺气坎(槽)的优化选型、空腔长度、空腔负压、通气井风速、通气量以及掺气坎的有效保护长度等。惠爱瑙[28]结合石砭峪水库泄洪洞工程对急流弯道掺气减蚀的水力特性进行了初步探讨，提出了供工程参考的试验成果。姜信和[29]通过对挑射水流在空中扩散掺气，得出了二维挑射水舌空中扩散掺气的半经验半理论公式。刘宣烈[30]对三维空中水舌掺气扩散进行过试验研究。张声鸣[31]曾研究过掺气对水跃消能的影响，他通过试验证明了掺气对水跃消能有良好的效果。

参考文献

[1] 吴持恭. 明渠水气二相流. 成都：成都科技大学出版社，1989.

[2] 肖兴斌. 水工泄水建筑物掺气减蚀设施综述. 长江水利教育,1996,13(1):22—29.
[3] R. Ehrenberger. 陡槽水流掺气. 中国科学院水工研究室. 高速水流论文译丛. 北京:科学出版社,1958:176—185.
[4] L. S. Hall. 高速明渠水流的掺气. 中国科学院水工研究室. 高速水流论文译丛. 北京:科学出版社,1958:1—38.
[5] 吴持恭. 明渠自掺气水流的研究. 水力发电学报,1988,7(4):23—36.
[6] 刘士和. 高速水流. 北京:科学出版社,2005:54—55.
[7] H. Chanson. An Experimental Study of Roman Drop Shaft Hydraulics. Journal of Hydraulic Research. AIHR,2002(1):3—12.
[8] C. Lin, W. Y. Hunag, H. F. Suen, et al. Study on the Characteristics of Velocity Field of Free Overalls over a Vertical Drop. HMEM. 2002(113):117—127.
[9] П. А. 伏依诺维奇,А. И. 舒华兹. 掺气水流的均匀运动. 高速水流论文译丛,第1辑,第1册,北京:科学出版社,1958.
[10] E. W. Lane. Entrainment on Spillway Faces. Civil Engineering, 1939,9.
[11] G. Halbronn. Air Entrainment in Steeply Sloping Flumes. Proc. Minnesota Int. Hydr. Convention, 1953.
[12] 吴持恭. 高速水力学学科发展综述. 泄水工程高速水流研究进展,1990(10).
[13] 黄继汤. 空化与空蚀的原理及应用. 北京:清华大学出版社,1989:113—120.
[14] 陈先朴,西汝泽等. 掺气减蚀保护作用的新概念. 北京:水利学报,2003(8):70—74.
[15] 高速水流论文译丛. 第1辑,第1册. 北京:科学出版社,1958.
[16] 吴持恭. 高速水力学研究的进展. 大自然探索,1992(3).
[17] L. G. Straub. Experiment on Self-Aerated Flow in Open Channels. Proc. ASCE, Hydr. Div. ,1958,84(HY7).
[18] B. S. Thandaveswara, N. S. Lakshmana Rao. Developing Zone Characteristics in Aerated Flows. Proc. ASCE, J of Hydro. Div. , 1978, 104(3).
[19] I. R. Wood. Air Water Flows. 21 st Congress IAHR, Melbourne, Australia, 1985.
[20] N. S. Lakshmana Rao, T. Gangadharaiah. Characteristics of Self-Aerated Flows. Proc. ASCE, J of Hydr. Div. 1970,96(2).

[21] V. Michels, M. Lovely. Some Prototype Observation of Air Entrained Flows. Proceedings of Minnesota Conference, IAHR, 1953.

[22] W. J. Bauer. Turbulent Boundary Layer on Steep slopes. ASCE, 1954.

[23] 吴持恭. 明槽自掺气水流的研究. 水力发电学报,1988(4).

[24] C. Y. Wei. Simulation of Free Jet Trajectories for the Design of Aeration Devices on Hydraulic Structures. 4th Int. Conf. On Finite Elements in Water Resources, Hannover, F. R. G. ,1982.

[25] 时启隧. 通气减蚀挑坎水力学问题的试验研究. 水利学报,1983(3).

[26] 罗铭. 掺气减蚀设施后沿程掺气浓度的数学模拟. 水利学报,1987(9).

[27] H. Chanson. Study of Air Entrainment and Aeration Devices on Spillway Model. University of Canterbury, Christchurch, 1988.

[28] 惠爱瑙,王飞虎,屈永照. 大底坡急流弯道通气减蚀水力特性研究. 西北水资源与水工程,1997,8(2).

[29] 姜信和. 挑射水舌掺气扩散的试验研究. 水利学报. 1988(3).

[30] 刘宣烈等. 三元空中水舌掺气扩散的试验研究. 水利学报,1989(11).

[31] 张声鸣. 掺气对水跃消能影响的试验研究. 高速水流,1988(2).

掺气减蚀

4.1 掺气减蚀原理

掺气减蚀的机理很复杂,其作用是多方面的[1]:①空泡中存在空气,就能对空泡溃灭的破坏力起衬垫作用;②水中掺气能降低水锤波波速,因而也降低了冲击波对边壁的作用;③掺入足够的空气,可以有效地降低负压,从而能大大减轻或避免空穴的发生。

有关掺气减蚀机理的问题一直是科技工作者研究的热点问题。毋庸置疑,掺气可以有效地防止空蚀或减轻空蚀的破坏程度,但该领域仍然存在很多问题没有解决。掺气减蚀设施的工程实践在先,而机理研究和检测技术的进展相对较为滞后。掺气减蚀的机理、掺气减蚀措施和通气量的预测等问题还不是十分清楚,有待进一步研究。

目前许多学者对于掺气减蚀的机理认为[2],水流掺气后,水流密度、弹性模数等都急剧地发生变化,从而消减壁面上的空穴荷载,有效地减轻空穴溃灭的破坏作用。水流掺气后,可以增加水流含气量,将改变壁面因不平整突体造成的负压,使负压绝对值减小,同时由于水流密度的变化,流速分布结构的变化使当地的水流空化数相应提高,因而将减缓和阻止空穴的发生。水流中掺气将有利于空穴作用,孔穴内因有空气填充,假若空穴溃灭,则空穴中的空气将起到缓冲作用,而空穴外层水流亦因挟带着空气而具有压缩性,对空气溃灭产生的微波传递亦有减缓作用,因而掺气水流中空穴溃灭时所形成的瞬时压力将有效地降低,空蚀作用也相应减轻。近壁的水体掺气后,形成一层刚性很小的可变性层,它对溃灭空穴有排斥作用，使它远离固壁并使溃灭空穴的微射流改变射向，因而使壁面不再承受由空穴溃灭微射流转化的最大溃灭压强，从而减轻了空穴溃灭的破坏作用。

Bradley 和 Rasmussen[3,4]等认为，由于水气二相流的可压缩性使空化气泡溃灭时的水击作用得到减缓，从而降低了空蚀的程度。Grein[5]认为由于掺气水体的抗拉强度改变，使初生空化得到延时。但 Falvey 更倾向于 Russell 的理论解释，并给出相关图表予以说明。理论分析及试验结果均表明，在大气压力条件下，仅 0.1%的掺气浓度将使水气二相流的声速接近空气中的声速，掺气浓度越高，水气二相流中的声速就越小，甚至小于空气中的声速。Russell[6]认为，由于气泡存在于水体中，有效降低了作用在材料表面上的激波波速及幅值，从而使掺气成为降低空蚀的手段。尽管在过去几十年对于掺气减蚀的观点不尽相同，但水流近底少量的掺气可以有效地降低空蚀破坏的风险，掺气减蚀的想法及给出措施逐渐为工程界所接受，并达成共识。

掺气对初生空化数 K_i 及空蚀率都有影响。低含气量时含气量愈多，K_i 增加，空化容易发生，材料空蚀破坏的能力愈大；当含气量接近饱和状态，液体抗拉强度消失，含气量对 K_i 影响极小；但当水流中含气量大到一定程度后，含气将改变水流的物性，水由清水变为气液二相流之后，密度降低，由不可压缩的流体变为可压缩的具有一定弹性的流体，水锤波速降低，减缓了压力的急剧变化，因而降低了冲击波对边壁的破坏作用，空穴溃灭时可吸收大量的能量，使过流壁面的空蚀破坏又趋于减弱，甚至可以完全避免空蚀破坏。事实证明，给空泡溃灭区掺入空气将大大减免空蚀破坏。

从空蚀产生的机理考虑，空蚀是由于空穴溃灭所引起的冲击压力作用在壁面上所引起的。影响作用在壁面上冲击压力的因素有两个：一个是气泡溃灭的强度，包括单一气泡的溃灭强度和同一时刻溃灭的气泡数目；另一个是溃灭所引起冲击压力的传播介质。掺气可以减小空泡溃灭时的溃灭强度，并且改变了冲击压力的传播介质。

然而，由于试验和理论上的困难，掺气能够减免空蚀的机理至今还没有从理论上完全弄清楚。

(1)从空泡动力学角度可作出如下理解[7]：

掺气可以减小空泡溃灭时的压强，将空泡理解成球形，空泡的平衡条件可写成 $p=p_v+p_g-2\sigma/R$，式中 p_g 为泡内的气体分压强；p_v 为泡内的饱和蒸汽压强；R 为空泡半径，σ 为水的表面张力系数。认为 p_v 为常数，若半径 R 的变化很快，视为理想气体绝热过程，此时：

$$p = p_{g0}(\frac{V_0}{V})^{\gamma} = p_{g0}(\frac{R_0}{R})^{3\lambda}\text{，即}\frac{p_g}{p_{g0}} = (\frac{R_0}{R})^{3\lambda} \tag{4-1}$$

式中：γ 为气体的绝热指数，p_g、V_0、R_0 分别为某一初始状态时的气体分压强、气泡体积和气泡半径。由纯气泡的绝热膨胀（压缩）变形可知：

$$\frac{R_0}{R_{\min}} = \left[1+(\gamma-1)\frac{p}{p_{g0}}\right]^{\frac{1}{3(\gamma-1)}} \tag{4-2}$$

由式(4-1)和(4-2)可以定性地说明掺气减蚀的原因：由于掺气，空泡中的 p_{g0} 较不掺气时大，可由式(4-2)知 $R_0/R_{\min}$ 减小了，代入式(4-1)得到空泡被压缩后，其终止压强 p_{g0} 也减小，故作用到材料上的溃灭压强会大大减弱。

(2)从声速的角度对掺气减蚀的机理作如下解释[8]：

冲击压力在流体介质中的产生与传播和该介质中的音速有关。在气液二相流介质中声速将随着气相的增加而减小。根据水锤理论，由于空泡溃灭，在流体介质中所产生的冲击压力可由式(4-3)给出：

$$p = \rho_L vc \tag{4-3}$$

式中：ρ_L 是介质的密度，v 是空泡溃灭的速度，c 是流体介质中的声速。在相对通气量很小的条件下，ρ_L 近似等于水的密度。假定空泡溃灭的速度仅和装置及空化条件有关，那么在一定的装置和空化条件下，只有通气所引起的介质中声速的变化影响冲击压力的大小。在气液二相流介质中，声速和气体分量的关系可近似由式(4-4)给出：

$$c^2 = \frac{1}{\alpha\rho_L(1-\alpha)} \tag{4-4}$$

式中：α 是水流中气体体积含量的百分比。通气量增大，由式(4-4)知声速 c 减小，再由式(4-4)可知空泡溃灭所产生的冲击压力减小。

(3)从通气量与空化气泡溃灭力的关系进行解释掺气减蚀的机理[9]：

库克(S. S. COOK)曾假定气泡像一个刚性的球体，向同心收敛，而液体的动能全部转变为压缩能时，得到：

$$\frac{1}{2}\rho U^2 = \frac{1}{2}\frac{p^2}{K} \tag{4-5}$$

式中：ρ 为液体的密度，U 为气泡压缩时泡壁的运动速度，p 为气泡受压缩的压强，K 为液体的体积弹性模量。

瑞利(L. Rayleigh)对于无限均质的静止液体中，突然出现全空的球形气泡

时,曾推导出气泡壁的压缩速度为:

$$U=\sqrt{\frac{2}{3}\frac{p_\infty}{\rho}\left[(\frac{R_0}{R})^3-1\right]} \tag{4-6}$$

式中:p_∞ 为无穷远处静水压力,R_o 为气泡初始半径,R 为气泡溃灭时的半径。

将式(4-6)代入式(4-5)得到库克公式:

$$p=\sqrt{\frac{2}{3}p_\infty K\left[(\frac{R_0}{R})^3-1\right]} \tag{4-7}$$

假设在掺气水流中,气体是等温压缩过程,并忽略水的表面张力,则

$$\frac{1}{K_m}=\frac{V_a}{V_m}+(1-\frac{V_a}{V_m})\frac{1}{2.0\times10^4} \tag{4-8}$$

式中:K_m 为掺气水流的体积弹性模数,V_m 为掺气水流的体积,V_a 为气体的体积。

掺气水流对减弱气泡溃灭压力作用十分明显,掺气浓度越大,气泡的溃灭压力越小。但掺气数量并不需要很多,均匀掺入1%(体积比)时,削减的峰值压强高达93%左右,流体弹性模数减小99.5%(即分别是补气量为1%时所减小的压强和弹性模数与未掺气时的气泡溃灭压强和弹性模数之比的百分数)。进一步增大通气量效果便不明显了,几乎趋于水平。

4.2 掺气减蚀发展现状

虽然掺气减蚀机理还有待深入研究,但掺气减蚀的作用还是很明显的。国内外的掺气减蚀效果试验研究,已经得到了工程实践的证实。《掺气对于气蚀的影响》[10]中讨论了掺气对气蚀影响的试验,一组试验应用磁伸缩震荡仪定性地说明掺气将减轻铜质试样的气蚀,另一组试验应用文德里型气穴仪,以混凝土试样的重量损失定量地说明了少量掺气的益处。

1937年,Moussno[11]使用文丘里管型空蚀试验装置发现使水流掺气可减轻对过水面的空蚀破坏,当水中的掺气量大于它的饱和掺气量后,试件因空蚀而损失的重量随掺气量的增加而递减。随后,其他许多学者[12]的试验也证实了这一成果。高速水流掺气减蚀的想法是 Bradley 及 Warnock[4] 分别于1945年和1947年提出的,实践证明,泄槽底部及侧边墙掺气是防止空蚀破坏切实可行的方法。

美国学者 Peterka[10]在1953年进行了掺气减蚀的试验研究,当水中空气量为0.4%~7.4%时,管道内因空化空蚀产生的爆裂声和锤击声随掺气量的增加

而减轻，当水中的掺气量约为 7%时，空化噪声几乎停止。拉斯姆生[10] 1956 年试验得出掺气量 1%就可防止空蚀破坏。嘎尔别林[10] 1971 年试验得出不发生空蚀破坏的最小掺气浓度，对于强度为 100×9.8～400×9.8N/cm^2 的混凝土来说为 3.0%～9.7%。鲁赛尔[10] 1974 年试验得出当掺气量超过 6%时各种强度的混凝土都不会发生空蚀破坏。

把这一认识付诸工程实践则始于 1960 年。美国的大古力(Grand Goulee Dam)[13]泄水孔口因空蚀破坏，每年都要进行修补。1960 年在泄水孔出口处设置了掺气槽，从此免除了空蚀破坏。这是国外第一个采用掺气减蚀的工程实例。美国格伦峡坝导流隧洞[14]堵塞段内设置的三个临时孔口过水时，由于水股充分掺气，下游不平整的表面并未发生空蚀破坏，这是最早的突扩突跌式掺气减蚀的实例。随后，掺气减蚀在水工泄水建筑物中逐渐得以推广。1967 年美国黄尾坝[15]明流泄洪洞反弧段及其下游发生了严重的空蚀破坏。后来根据水工模型试验增设了坎槽组合式通气槽，再未发生空蚀破坏。以后美国在新建的工程中广泛地应用了掺气减蚀措施，如帕利塞德纳瓦约、普布洛、克利斯托及铁顿等工程都证明了效果良好。之后苏联在克拉斯诺亚尔斯克(Красноярск)水电站溢流坝及底孔中设掺气设施。苏联[16]在布拉茨克溢流坝上，曾进行了挑坎掺气槽原型对比试验，证明效果良好。后来，又推广用于乌斯奇伊利姆斯克、托克托古尔、萨扬舒申斯克等工程。巴西等 20 多个国家在 100 多项工程上应用了掺气减蚀设施，都取得了减蚀效果[17]。

我国掺气减蚀的研究与实践起步较晚，但进展较快，并进入世界先进行列。1972 年刘家峡[18]右岸泄洪洞运行中产生空蚀破坏，我国随即开始了掺气减蚀的研究，但该泄洪洞修复时并未采用掺气减蚀措施。国内第一个采用掺气减蚀技术的是冯家山水库的泄洪洞[19]，该泄洪洞于 1975 年设计，1980 年进行了掺气坎减蚀效果的现场试验，证明减蚀效果明显。陕西省石头河输水洞[20]掺气跌坎经过十余年的运行，效果良好。乌江渡水电站[21]八个泄水建筑物上设置了掺气槽坎，1982 年进行了大规模的现场试验观测，表明掺气设施工况良好。龙羊峡、东江、宝珠寺[22]等工程除采用一般的掺气槽坎之外，还采用了偏心铰弧形门、泄水建筑物两侧突扩、底部突跌，江西柘林水库泄洪洞采用了掺气消能墩，安康水电站采用了宽尾墩，把掺气和消能相结合。陕西省羊毛湾水库[23]泄水洞 1970 年建成后，通气孔响炮、闸室振动。1985 年经水工模型试验，在原闸室内加一个圆锥型喷嘴，成为突扩式通气减蚀设施，通气孔不再响，闸室不再振动。

国内在丰满溢流坝[24]进行了掺气减蚀措施试验，在溢流坝部分孔设置了掺气挑坎，在挑坎下适当部位安置了人工凸体（在未设挑坎的坝面上设置相应的人工凸体），经两次放水试验，单宽流量为 6.5～27.4m³/s·m，有掺气挑坎下的凸体没有发生空蚀，没有设掺气挑坎的非掺气水流下的凸体发生了空蚀破坏。

二滩水电站[25]是中国在 20 世纪建成的最大的水电站，电站设有 2 条龙抬头式泄洪洞，单洞最大泄洪流量为 3800m³/s，设计最大流速为 45m/s。1# 泄洪洞在采用常规的掺气设施后，虽然有效地减免了反弧段本身及反弧段下游底板的空蚀破坏，但反弧段下游侧墙仍出现了空蚀破坏。冯永祥等通过大比尺的模型试验，研究了多种掺气减蚀方法，提出了解决高流速、大流量泄洪洞侧墙掺气减蚀方案。2005 年，他们利用研究成果，采用反弧末端上游侧墙突缩（侧墙贴角）加凸型跌坎的三维掺气坎方案，对二滩 1# 泄洪洞 2# 掺气坎体型进行了改造。随后的水力学原型观测表明，2# 掺气坎区域水流掺气浓度增加，底板和侧墙脉动压力和空化噪声测值平稳，且在合理范围之内。通过连续 2 个汛期的运行试验和现场检查，改造后的 2# 掺气坎体型结构完好，下游未发现明显的空化气蚀现象，成功地解决了侧墙空蚀问题。

总结目前泄水建筑物运行的成功经验，目前的水工设计规范 SL253－2000[26]规定，当过流表面的流速超过 30m/s 时，应设置掺气减蚀设施。工程经验表明：当泄水建筑物近壁流速达 30m/s 以上，空化数小于 0.2 时，一般要考虑采用掺气减蚀措施。

工程运行的实践表明掺气减蚀是防止空蚀破坏较为经济、行之有效的办法。多年来国内外在 100 多项工程上应用了掺气减蚀设施，都取得了减蚀效果。我国首先在冯家山隧洞中设置了掺气减蚀设施，也取得了减蚀效果，后来在丰满、乌江渡，六都寨、鲁布革、漫湾、小浪底等工程中设置掺气减蚀措施，都取得了显著减蚀效果和社会经济效益。此外，在溢流面上采用分流墩、宽尾墩和阶梯，把掺气和消能结合起来，形成分流、掺气和消能，实践证明分流墩、宽尾墩和阶梯有良好的掺气消能效果。当前国内外已把掺气减蚀技术作为一项新技术推广应用，广泛用在溢流坝、泄洪洞、坝身泄水孔、陡槽以及竖井等泄水建筑物。

4.3　掺气减蚀的水力设计原则及应用条件

当混凝土过流面上水流流速在 30m/s 左右时，可根据具体情况确定是否设置掺气减蚀设施，当流速大于 35m/s 时，应设置掺气减蚀设施。

我国的水工设计手册[27]中提出，当水流空化数 K 小于 0.1～0.3 时必须注意空化问题。美国水利专家法尔维(H. T. Falvey)[28]提出,当水流空化数 $K<0.2$ 时,应加设掺气槽。美国专家布格和蒋赛廷[29]在二滩水电站水力学问题的发言中,对水流空化数提出了一个简单的判别标准:水流空化数 $K>1.7$ 时,不考虑保护措施;$1.7>K>0.3$ 时,严格控制不平整度;$0.3>K>0.12$ 时,要加设掺气设施;$K<0.12$ 时,要修改设计。

一般情况下,掺气设施应设在水流空穴数较小,易产生空蚀破坏的部位。因此,简单归纳掺气减蚀设施的水力设计准则如下:

(1)通气设施应设置在容易产生空蚀部位的上游,使水流充分掺气,以增加近壁流体的可压缩性,减少蒸汽泡破坏时的产生的爆破压力,从而防止混凝土表面的空蚀破坏。

(2)设置通气减蚀设施后,在其运用水头下,能形成并保持一个稳定通气空腔,同时应该防止通气井、槽的堵塞,以保证下游水流有足够的掺气浓度。

(3)应力求保证通过通气设施的水流平顺,避免因设置掺气设施而恶化下游水流流态和过分抬高水面线,避免产生诸如:明流隧洞局部封顶、明槽边墙浸水、过高的水翅冲击其他建造物或增大冲击动压等水力现象。

(4)掺气设施本身要有足够的强度和工作的可靠性,伸缩缝和施工缝应避开水舌冲击区。

(5)掺气减蚀设施的体型应力求简单,以便于施工并保证本身不受破坏。

4.4 掺气减蚀设施

掺气减蚀设施的一般工程形式,是在泄水建筑物过流面上设置掺气槽、掺气挑坎(在侧壁上亦称折流器)或突跌错台等。水流经过这些突变处,即脱离边壁,形成射流,射流水股下面(或侧面)出现了空腔,通过两侧预留的突扩或预埋的通气管,将空气导入空腔。射流水股下缘在行进过程中,将扩散掺气形成掺气层,当它重新回落底板或扩散至侧壁时,又卷入部分空气,致使下游近壁水层成为掺气水流,在沿程一段距离内可保持其掺气浓度不小于某一防蚀有效的最低浓度值,这样这段距离内的过流面不致遭受空蚀破坏。

4.4.1 掺气减蚀设施体型及布置

在高水头泄水建筑物的过流表面上设置掺气设施,使水流强迫掺气以减轻或避免高速水流产生的空蚀破坏,是一项被国内外水利工程越来越多采用的新技术。20 世纪 60 年代以来，人们对强迫掺气的研究比较多，对掺气减蚀措施的优化推动了强迫掺气水流研究的发展。

按照布置形式的不同，掺气设施分为底部和侧墙两类，掺气设施的基本体型可以分为槽式、坎式和突扩式三大类别[30]。一般而言，掺气槽（大多为槽、坎联合形式）适合于底坡坡度较大的泄水道[31]；掺气坎则适合于底坡坡度较小的情况；而突扩式的掺气设施，一种情况是可以满足掺气减蚀的要求，另一情况是为了适应弧形闸门止水的需要。掺气槽形式由于底坡比较大，坎后容易形成稳定、完整的掺气空腔，故体型比较成熟，运行情况良好。掺气坎体型简单，但其具体尺寸的确定与来流的流量、流速、水深、底坡等因素有关。

在工程实际中采用的形式有挑坎式、跌坎式、跌槽式、突扩式以及组合式。工程中运用较多的是组合式，其形式有：挑坎和槽组合，跌坎和槽组合，挑坎和跌坎组合，挑坎、槽和跌坎组合，突扩和跌坎组合等（见图 4-1）。掺气槽是用以分配空气于掺气工的全宽度内；跌坎是用于平滑的斜面上，以防止掺气工被水舌射流冲击下游边界所形成的部分水流所淹没。

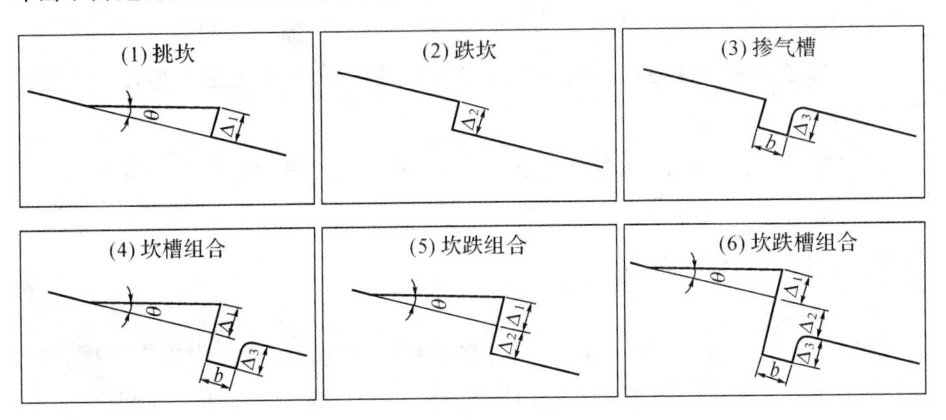

图 4-1　掺气设施的基本形式

1. 掺气挑坎

使用挑坎使水流向上挑，脱离底坎边界。当挑坎具有一定的高度时，就能在坎下形成空腔，在各级水头下均可以形成一定长度的稳定空腔，以保证水流底部的掺气量。

单独采用掺气挑坎的工程有很多，如陕西省冯家山溢洪道下通气槽、丰满溢流坝掺气挑坎，江西省柘林水库泄洪洞出口底板和侧墙也是掺气挑坎，中间加了分流墩起供气和分流作用。苏联的布拉茨克溢流坝在桥墩附近加空心钢结构掺气挑坎，美国的帕里塞德和克锐斯托尔都是在泄水孔底部加了掺气挑坎，前者用门槽式供气，后者用突扩型供气。

2. 掺气跌坎

采用上下游过流边界错开一定的高度，形成一跌坎，使水舌脱离坎的下边界，形成空腔进行掺气。对原水流的扰动较小，水舌落水对底板的冲击力也小，不致产生冲击波。一般在新建工程中采用，为了得到相同的空腔长度，掺气跌坎的高度要高于挑坎。

掺气跌坎适用于闸门段出口或溢洪洞出口段。

3. 掺气槽

泄水建筑物过流面上垂直于水流方向构筑一掺气槽，其作用是射流形成空腔的情况下，用以增大空腔体积，保证正常通气，掺气槽的尺寸大小应该满足布置通气出口的要求。优点是对原流扰动较小，水舌冲击力也较小，不至于产生冲击波。缺点是空腔范围较小，易形成含有反向旋滚的空腔。

一般而言，挑坎体型简单，但其具体尺寸的确定与来流的水流特性(流量、流速、水深)和泄水建筑物底板坡度等因素有关。这种掺气设施易于形成稳定的空腔，但如果坎高过大，则对原水面的扰动过大，将水面抬得过高而减小洞顶余幅，且水舌回落至洞身底板时冲击压力较大。跌坎对原水流的扰动较小，但水舌回落在较小的底坡上时，反旋较强，空腔范围小且不稳定。掺气槽对进气有利，且掺气比较充分，可以增大空腔体积，形成稳定、完整的掺气空腔，这种掺气设施体型比较成熟，运行情况良好;但在小底坡时，掺气槽内容易出现积水，难以排除。

综上可知，各种单一的掺气设施体型都既有它的独特优势，也有不尽如人意之处。因此，在工程实践中，为了充分利用各掺气设施的优势，克服其不足，通常采用将它们组合在一起，共同达到掺气减蚀的目的。

4. 组合坎

设置小挑坎，紧接坎后建掺气槽，是较优的组合，兼有坎式及槽式的优点，既有足够的空腔，又可避免水流流态过分紊乱。只要空腔与外界大气相通，空气能够充分补充，在高速水流的拖曳作用下，空气可以混掺入水流中，形成掺气水流，起到保护下游泄水道免受空蚀破坏的作用。组合坎包括挑坎与槽结合，跌坎与槽结合，挑坎与跌坎结合。

(1)挑坎与槽组合。在掺气槽的上游设置挑坎，这种形式对水流的扰动比较小，流态较为平顺。但在小底坡过流较长的建筑物中，这种形式在掺气槽内容易引起积水和泥沙的淤堵。

(2)跌坎与槽组合。对来流扰动小，具有便于通气井的布置、低 F_r 数流动情况下增加水气接触面和通气量等特点。

(3)挑坎与跌坎组合。为了提高掺气的强度，增加保护长度，可以考虑在降低跌坎高度的同时，在跌坎上增设挑坎。这样，既可以保证掺气空腔的长度，又便于通风井的布置。

5. 突扩突跌式掺气设施

突扩突跌式掺气设施国内外采用较多，最早采用突扩突跌掺气设施的是美国的格伦峡坝。与格伦峡坝类似的有台顿坝泄水孔、麦加坝泄洪洞等。在弧形门两侧设突扩，底板设突跌型式的如瑞典的霍尔斯泄洪洞、我国的龙羊峡泄洪洞底孔、中孔、深孔，宝珠寺水电站底孔等，陕西省石头河输水洞、乌江渡右岸泄洪洞都采用了底部突跌、边墙设通气孔的方式。苏联的克拉斯诺亚尔斯克水电站溢流坝和底孔采用突扩突跌式掺气设施。

边墙突扩式掺气设施在运行当中水股和边墙重新接触时，容易引起边墙压力的急剧变化导致空化问题，要留心水翅是否打在弧形门支铰上；当在明流洞内设置突扩式掺气设施时应注水翅是否封顶。

6. 分流墩

利用急流，在分流墩尾部形成通气的空腔，使水股掺气。

7. 改进的掺气减蚀设施体型

对于一些具有水头高、流速大和 F_r 数低等特点的工程，传统的掺气设施存在着一些不足之处，需要进行改进和研究一些新型的掺气设施，进一步提高掺气效率，如 U 型坎、V 型坎等。

4.4.2 掺气减蚀设施的水力学参数

掺气设施的水力参数有：通气系统的通气形式、掺气坎(槽)的体型尺寸、空腔长度、射流挟气量、空腔负压、通气井风速与通气量、掺气坎(槽)的保护范围、掺气减蚀的模型相似率与缩尺效应等。由于空蚀和掺气减蚀问题本身的复杂性，目前对掺气减蚀的理论研究远落后于工程实践，目前尚无系统的计算方法，主要采用水工模型试验、原型观测和理论分析相结合的方式进行。但由于模型试验费时费力，模型相似率问题尚未解决，且大多数量测仪器在量测时不可避免地局部改变流场而产生测量误差，因此，为了预测掺气设施的水力指标，国内外学者进行了大量的研究探讨。

1. 掺气设施的位置与数量

掺气工程设施可分为两部分[32]:一部分是使水流形成掺气空腔的掺气坎,另一部分是向空腔供气的进气系统。

掺气坎位置和数量因工程和水头而异。一般情况下、掺气设施应设在水流空穴穴数较小,或者流速较大,易产生空蚀破坏的部位,以达到掺气减蚀的目的。如美国格伦峡计算了沿溢流边界上的水流空穴数,并在空穴数最低点的上游设掺气槽。国内外已建工程设置掺气设施的位置,大体归纳为[33]:①设在溢流坝面直线段上(或溢洪道上),如布拉茨克、乌斯奇伊利姆斯克、乌江渡等工程;②设在反弧段起始点上游斜坡段上,如黄尾坝、色列克特、冯家山、石头河及乌江渡等工程;③设在反弧段末端,如黄尾坝、色列克特、冯家山及石头河等工程;④设在闸门段出口处,如麦加坝泄洪洞、巴力谢德泄洪洞、纳代约坝泄水道、铁顿坝泄水道等工程。

关于设置掺气槽的数量问题,首先要弄清掺气槽的保护长度,目前还没有成熟的估算方法。从国内外已建工程的实践经验,每个掺气槽的保护长度为 50～100m,由此可确定掺气槽的数量。根据工程实践经验,一般在高达 100m 以上的溢流坝,在坝顶下游设一个掺气坎;200m 以上设两个掺气坎。“龙抬头”泄洪洞一般设一个或两个掺气坎,以采用跌坎或混合式者居多。泄水孔一般在闸门出口下游设一个。对于高压闸门底孔,一般是在进口闸门下游采用突扩的办法(底板跌、侧边扩)进行掺气减蚀。底板跌 20～60cm,个别情况不跌;侧边小突扩 10～15cm,大突扩 50～100cm。新建工程则用突扩为最多。

2. 通气系统的形式

在泄水建筑物中采用掺气减蚀措施,根据掺气形式的不同,其通气系统各有不同。通气系统是掺气设施的供气装置,总结已有的文献以及目前的工程实例,通气系统可以分为四类:第一类布置为侧壁式通气,可以分为侧壁门槽式掺气通气孔、侧向突扩式或侧向挑坎式,他们分别是在侧墙上开槽形成与大气相通空腔通气通道、利用侧墙后的突扩或者在侧墙加挑坎形成突扩通气。第二类布置是管道式通气孔,在侧墙内埋设通气管或者修筑通气井。第三类利用掺气墩或者掺气分流墩、差动鼻坎形成进气通道。第四类是在挑坎或者跌坎、通气槽的底部直接形成通气通道。

目前国内外大型工程泄水建筑物多采用管道式通气孔;采用侧壁门槽式掺

气通气孔由于设置了折流器，水流经折流器脱壁形成侧空腔，之后又产生较高的水翅爬坡，形成折冲水流造成水面的剧烈波动，破坏了水流流态，对工程运行和安全可靠不利；第三类通气形式主要是用于齿墩式掺气坎、分流墩掺气的情况；第四类形式受地质和枢纽布置的影响，在工程中采用的较少。

3.掺气设施的几何尺寸

(1)挑坎的坡度和高度

掺气设施的几何尺寸是影响空腔长度、下游流态的主要因素，目前国内外已经建成的工程采用的挑坎高度都较小，为6～50cm，以15～20cm居多[34]；国内采用挑坎高度多为30～85cm，以30～40cm居多。挑坎坡度1∶5～1∶15，溢流坝采用1∶5或1∶6，泄洪洞多采用1∶8或者1∶10。掺气槽采用(深×宽)70cm×30cm、80cm×80cm和92cm×92cm为多。一般而言，坎越高，空腔越长，掺气越多。但挑坎的高度过高或坎坡度过陡时，会使水舌入水角加大，容易产生反向旋滚而淹没空腔，影响顺利通气，同时还会增加水舌冲击区的动水压力和抬高水面线。而坎过低，空腔范围过小，影响通气。最好是通过水工模型试验选定。

工程中设置掺气挑坎后，在各种运行条件下过坎水流应保持稳定的空腔，否则掺气坎将转化为人工突体，有可能产生分离型空穴，导致人为的空蚀破坏。掺气槽的作用是增大空腔的临空面，保证通气顺畅。采用挑坎后要求在各种运行工况下保持稳定的空腔和流态，时启燧[17]总结国内外掺气减蚀工程实例的模型试验，对影响坎高的因素进行了分析，建议采用掺气挑坎坎高t_r的公式为：

$$\frac{t_r}{R}=F(X) \tag{4-9}$$

其中，$X=\frac{V_0}{\sqrt{gh}}\frac{1}{\cos\alpha\cdot\cos\theta}$ (4-10)

式中：R为坎上水流水力半径，X为组合参数，V_0为坎上水流速度，α为槽底坡角，θ为挑坎挑角。

试验发现，当参数X小到一定的值时，挑坎下游的空腔则出现不稳定，此时空腔内只有部分通气，腔体摆动，忽生忽灭，这种阵发现象标志着通气坎处于临界工况。如果参数X进一步减小，空腔则不再存在。在一定水流条件下出现临界工况的坎高为临界坎高，试验给出的下限坎高t_r需满足如下要求：

$$\frac{t_r}{R}\geqslant\frac{23.5}{X^3} \tag{4-11}$$

对于挑坎和槽的组合方式，文献[34]建议挑坎高度 t_r 需满足：

$$t_r = 7.5h_0 \frac{\cos^2\alpha}{\theta F_r^4} \tag{4-12}$$

其中
$$F_r = \frac{V_0}{\sqrt{gh_0}} \tag{4-13}$$

式中：V_0，h_0 分别为挑坎前的来流流速和水深。

(2)跌坎

在溢流坝面设置跌坎，已经建成的工程中跌坎高度 d=0.60～2.75m，通常取 d/h=0.10～0.50，h 为水深。

许多文献[35,36]结合工程对跌坎高度进行了总结，已建工程中的掺气跌坎采用两种：大跌坎高度 t_s=2.0～4.5m；小跌坎高度 t_s=0.20～0.60m；对于跌坎和挑坎的组合形式，挑坎的高度一般都较小，建议采用 0.1～0.2m，挑角为 5°～7°。工程中通常取 $\frac{t_s}{h_0}=0.10\sim0.50$，$h_0$ 为坎前来流的水深。

(3)掺气槽

掺气槽多用 $30\times30\text{cm}^2$，$80\times80\text{cm}^2$，$90\times90\text{cm}^2$。

(4)跌坎和侧向突扩组合

目前跌坎和侧向突扩组合形式主要用在高水头闸门段出口，美国肯务局的经验：跌坎高度为门框高度的 1/6，侧墙的突扩宽度为门框的 1/12，对于水头与门宽的比值大于 20 倍的，侧墙突扩宽度比不小于 10cm。总结已有的文献资料[36,37,38]得出，跌坎高度范围为 0.6～2m，同时跌坎高度的选择还应结合工作门后泄槽坡度考虑；一般地突扩尺寸多为 0.4～1.0m，侧扩比在 0.04～0.1 为宜，边墙设折流器时，小挑坎高度一般在 0.1～0.2m，坡度为 1∶30。

此外，跌坎和侧向突扩的组合形式可以用在明流泄水建筑中，其主要的目的是对其后的侧墙进行掺气减蚀，避免掺气发生空蚀破坏。目前对其体型的水力特性研究较少。

4. 空腔长度

空腔长度的定义是指挑坎水舌下缘的抛射距离，包括底部空腔长度和侧空腔长度，目前，人们主要研究的是底空腔长度的预测。影响空腔长度 L 的因素有掺气设施的体型、尺寸、水力条件和空腔压力及流体的物理性质等。

越过掺气坎的高速水流，在坎后将形成分离区，由于两侧向该区补气，此分离区将变为由空气填充的空腔。试验研究表明[39]，空腔的几何状态是影响掺气减蚀设施掺气量的最重要的因素，所以研究掺气坎后空腔的水力特性，寻找掺气空腔有效几何尺寸的计算方法具有十分重要的现实意义。在空腔的各种几何尺寸中，空腔长度是其中的一个主要因素，它是量度掺气坎下游流动状态的主要特征尺度。因此，空腔长度的大小，在计算掺气槽空腔区射流挟气量和掺气有效保护范围等重要参数时，具有关键性的作用。

目前对掺气空腔的计算还没有一个既有较高计算精度又相对简洁的完全令人满意的方法。现有的计算方法大致分为四种：

(1)利用因次分析结合试验数据得出的经验关系式。

(2)建立在刚体抛射理论和水流一维运动方程的基础上，并经过适当的简化处理，得出的半经验半理论的计算公式。

(3)微元法。这种方法从分析掺气坎射流微分水体受力的力学关系出发，建立射流微分水体的微分方程，从而提出一种通过物理力学概念求解射流空腔长度的计算方法。

(4)采用比较完整的二维流体运动方程，运用数值模拟的方法研究空腔流动。

由因次分析结合实测空腔长度资料得出的经验公式针对性较强，对工程有一定的适用性，但通常局限性较大，其中的系数随不同的工程而异；抛射体公式可以给出较为简单直观的数值解，其计算精度取决于如何合理地计入空腔负压和阻力的影响，并根据工程实际对射流的出射角进行必要的修正；应用数值模拟方法，在一定程度上可以反映全面的影响因素，反映流场信息较多，计算量较大，在一定条件下应用不方便；对射流底缘运动轨迹结合水流的运动方程，在考虑空腔负压项和阻力项等多种影响因素的条件下，导出了空腔长度的计算公式，由于实际情况下挑坎处水流的出射角小于挑坎出射角，同时在射流底缘的速度小于挑坎出口断面的平均流速，因此必须对挑角和流速进行修正。

夏毓常[40]归纳乌江渡、冯家山等水利枢纽水工模型试验资料，分析整理得出挑坎水舌下缘抛距公式：

$$\frac{L}{h}=\frac{1}{\cos\alpha}\left[\frac{\Delta}{h}\sin\alpha+F_r\frac{\cos(\alpha-\theta)}{\cos\alpha}\cdot\left(F_r\sin\theta+\sqrt{F_r{}^2\sin^2\theta+2\frac{\Delta}{h}\cos\alpha}\right)\right] \tag{4-14}$$

式中：L 为空腔长度，Δ 为挑坎高度，α 为坝面底坡，θ 为掺气坎挑角。

时启燧等[41] 通过较为系统的试验研究，得出了空腔长度的计算经验关系式：

$$\frac{L}{h} = 0.155 + 2.961x - 1.67x^{-1} \tag{4-15}$$

$$x = \frac{v}{\sqrt{gh}}\sqrt{\frac{\Delta}{h}\frac{1}{\cos\alpha\cos\theta}} \tag{4-16}$$

式中：L 为空腔长度，v 为掺气坎前来流流速，h 为掺气坎前来流水深，Δ 为挑坎高度，α 为坝面底坡，θ 为掺气坎挑角。

由因次分析结合实测空腔长度资料得出的经验公式通常局限性较大，其中的系数随工程而异，运用复杂的模型，在一定程度上可以反映较为全面的影响因素，但也增加了计算的困难，不易于实际工程的应用。杨永森等[42]采用了简单模型方法，建立模型时全面反映了影响空腔长度的主要因素，通过对射流底缘运动轨迹的研究，得出了空腔长度的计算公式：

$$L = v_1\cos\Phi_1 T + \frac{1}{2}g(\sin\alpha - 0.00625F_r{}^2)T^2 \tag{4-17}$$

$$T = \frac{v_1\sin\Phi_1}{g(\cos\alpha + p_N)}\left[1 + \sqrt{1 + \frac{2g(t_r - t_s)(\cos\alpha + p_N)}{(v_1\sin\Phi)^2}}\right] \tag{4-18}$$

式中：L 为空腔长度，P_N 为空腔负压指数，t_r 为挑坎高度，t_s 为跌坎高度，v_1 和 Φ_1 分别为挑坎末端端面射流的实际出射流速和出射角。

杨永森的公式通过射流底缘的运动轨迹进行研究，较为全面地计入了影响空腔长度的各种因素，模型简单，便于工程实际的应用。罗铭等结合小湾泄洪洞的实测资料，应用其计算结果和实测资料对比证明，计算结果合理。

5. 空腔负压与通风量

空腔压力应以保证空腔顺利进气、挑射水流接近自由射流状态为原则，空腔内的压力可在$-2\sim14$kPa 选取。从减小空腔内的旋滚和增大通气井的通气量考虑，设计应尽量扩大自由空腔的范围，减小甚至要避免在空腔内产生强烈的旋滚。

章福仪[43]根据国内外原型和模型掺气槽的试验资料，最后整理得到通气井进气量的经验公式为：

$$Q = 20.54A\sqrt{2g\Delta H} \tag{4-19}$$

$$\Delta H = 2.58\times10^{-6}\left[\frac{LB}{A}\right]^2\frac{v^2}{2g} \tag{4-20}$$

式中：Q 为通气井的进气量，ΔH 为通气井两端的压力差，B 为过水建筑物的宽度，L 为空腔长度，A 为通气井的面积，$\frac{v^2}{2g}$ 为坎顶流速水头。

6. 射流挟气量

射流挟气量的影响因素很多，如来流条件、壁面糙率、掺气槽型式、空腔负压、表面张力和流体黏性等。射流挟气量的估算涉及底空腔和侧空腔两部分，目前，针对底空腔的研究较多，侧空腔射流挟气量的估算一般是根据底缘与侧缘掺气扩散率之比为 0.4875 而换算得到的下列表达式[17]：

$$Q_a = 0.011VLh \tag{4-21}$$

式中：Q_a 为侧空腔射流挟气量，V 为射流流速，L 为侧空腔长度，h 为坎顶水深。

底空腔射流挟气量的估算公式大致可分为两类：第一类是根据模型试验资料和原型观测资料统计而得到的经验公式[44,45]，其计算结果往往相差较大且缺乏理论基础；第二类方法是基于气水界面处的紊动交换是掺气的主要因素的观点，提出下列形式的公式[45]：

$$q_a = kLV \tag{4-22}$$

式中：q_a 为单宽射流挟气量，k 为掺气系数，L 为空腔长度，V 为射流流速。掺气系数 k 一般由原型或试验资料统计得到，常见的 k 值为 0.01～0.04。

由于人们对掺气机理的认识尚未统一，除了气水界面的紊动交换作用，冲击射流掺气及旋滚逸气对射流掺气的影响有多大尚无定论，因此，射流挟气量的估算公式需在对掺气机理进一步认识的基础上进行发展。

掺气减蚀设施必须有稳定的通气空腔和足够的通气量，同时空腔压力应以保证空腔顺利进气，挑射水流接近自由射流状态为原则；空腔负压与通气系统、空腔流态关系密切。空腔内的压力可在－2～14kPa 选取，从减小空腔内的旋滚和增大通气井的通气量考虑，设计应尽量扩大自由空腔的范围，减小甚至要避免在空腔内产生强烈的旋滚[45]。

总之，目前有关通气量的估算公式，没有全面反映其影响因素，公式多为经验或半经验半理论公式，理论方面较为欠缺，随着人们对掺气机理认识的不断深化、原型观测手段的提高和资料的完整，其计算公式会得到不断完善。

7. 通气孔的允许风速与通气孔的面积设计

关于通气井的允许风速，文献[46]指出，乌江渡工程原型观测通气井的最大风速为 83.03m/s，冯家山溢洪道通气井的最大风速为 64.25m/s，除了噪声较大外，运行均正常。但是通风井内的最大风速应小于 60m/s，否则可能危害附近的建筑物及造成噪音污染。从减小空腔内的旋滚和增大通气井的通气量考虑，设计应尽量扩大自由空腔的范围，减小甚至要避免在空腔内产生强烈的旋滚。

风速可以通过空腔负压来确定[47]。空腔负压的大小和通气孔需气量关系密切。由子射流表面张力的破坏和射流的紊动扩散而形成的拖曳作用，空腔内的空气被携入水流中，使空腔内的压力总是小于通气孔进口处的大气压力。由于这个压差的存在，通气孔进口的空气连续不断地进入空腔内。对于一定的坎顶水深和坎顶流速而言，水流携气能力是不变的，空腔负压也是不变的。在通气孔进出口列伯努利方程式为：

$$V_a = \Phi\sqrt{\frac{2(p_a - p_0)}{\rho}} \tag{4-23}$$

式中：Φ 为风速系数，$\Phi = 1/\sqrt{1+\sum\zeta_i+\sum\lambda}$，$\zeta$ 为通气孔局部阻力系数，λ 为通气孔沿程阻力系数，ρ 为任意状态下空气的密度。

$$\rho = 0.04737\,\frac{p_a}{273+t} \tag{4-24}$$

式中：p_a 为大气压力，p_o 为空腔压力，t 为观测时温度，设 $p_a = 700\text{mmHg}$，$t = 25℃$，把式(4-23)代入(4-24)，换算后得：

$$V_a = 4.2\Phi\sqrt{\Delta h} \tag{4-25}$$

式中：Δh 为通气孔进出口压差，单位为 mmHg。Φ 值为 0.5～0.78，视通气孔的阻力大小而异，均值为 0.70。

8. 掺气槽(坎)的有效保护长度

掺气浓度由于重力影响沿流程减小，因而对水工建筑物溢流面的保护作用也相应减弱[48]。至某一距离处底部掺气浓度将小到不足以起保护作用，为此，设计布置掺气槽时，必须考虑掺气槽保护长度，以便确定掺气槽的数量。

有效保护长度指在一定范围内近壁掺气浓度应大于临界免空蚀的有效掺气浓度，它取决于掺气槽的型式、临界免空蚀掺气浓度和沿近壁底的掺气浓度递减率。文献[49]根据苏联布拉茨克溢流坝沿程各断面距离底板以上 2cm、7cm 和 15cm 处的水流掺气量资料，得出陡坡段沿程每米掺气量的递减率为 0.4%～0.8%；在反弧段由于离心力作用使水中的气量逸离加剧，递减率为 1.2%～1.5%。

保护长度取决于掺气槽的型式、尺寸和底掺气浓度递减率以及临界免蚀掺气浓度。这些又与泄水建筑物的底坡和底部曲率以及小流条件、施工混凝土的强度、施工质量、不平整度处标准等有关。因涉及因素较多，故目前对于保护长度还没有一个估计的标准，尚有待探索。

关于掺气槽的保护长度众说纷纭[50]。根据目前的经验，通气槽之间最小的间距只有15m。布拉茨克溢洪道坝高125m，一个通气坎使整个溢流面免受空蚀破坏。巴西的福兹杜阿里亚溢洪道的通气槽间距72～90m，运行比较成功。我国几个工程的观测说明单个通气槽的保护长度按70～90m考虑是合适的。

已建工程上实际采用的掺气保护长度为[51]：巴西福斯杜埃里亚枢纽溢洪道布置3个通气槽，其间距由上往下分别为72和90m，经过运行，认为是适当的；巴西恩鲍尔卡考枢纽布置的挑坎掺气槽与福斯杜埃里亚相类似，采用两道间距为103m的掺气槽，下一道通气槽大约距末端挑流鼻坎为63m；苏联布拉茨克溢流坝全长100m，只设了一道通气槽，而努列克溢洪道用7道挑坎掺气槽，其间距为20m，实际运用表明通气槽多了，有些已不能起作用；委内瑞拉居列水电站溢洪道通气槽间距50～150m；布拉茨克和乌斯奇伊姆斯克水电站溢流坝的原型试验表明，在坝高125m的溢流坝上，设置一个掺气坎即可满足要求；乌江渡的运行经验表明一个好的掺气槽至少可保护的反弧段长度在70m以上，若是平直段或斜坡段保护的长度将更长，等等。

掺气坎(槽)的保护长度是通气减蚀技术中研究的核心问题，其研究手段主要研究过流面的掺气浓度、混凝土强度和表面不平整度以及掺气坎下游底板坡度等。

目前施工规范规定建筑物泄流表面尺寸误差为±0.1mm，文献[35]总结乌江渡工程的原型观测资料得出，当来流流速为35～42m/s时，临界免蚀掺气浓度为1%～2%。因此研究过流面掺气浓度值的衰减可以定量判断掺气保护长度，掺气坎下游过流面所需的掺气量等于临界免蚀掺气浓度与掺气保护长度范围内沿程的递减浓度值之和。

前人对水气二相流的研究，已建立起理论严密的二相流运动方程式，但由于水和空气的密度相差悬殊，加上对水气二相的相间作用力尚无深入研究，令人满意的数值模拟成果很少[52]，目前原型观测资料为设计和科研提供了主要依据。乌江渡[53]右岸泄洪洞的原型观测资料表明：反弧段底部沿程递减率最大为0.078%/m，直线段为0.025%/m；冯家山[19]的原观资料表明：反弧段底部沿程递减率最大为0.24%/m，直线段为0.225%/m。文献[49]根据苏联布拉茨克溢流坝沿程各断面距离底板以上2cm、7cm和15cm处的水流掺气量资料，得出陡坡段沿程单位距离内掺气量的递减率为(0.4～0.8)%/m；在反弧段由于离心力作用使水中的气量逃逸加剧，递减率为(1.2～1.5)%/m。

沿程递减浓度值一般受来流的条件和掺气坎体型等因素的影响，崔陇天[54]根据原型观测和模型试验资料提出掺气保护长度的计算公式为：

$$L_p = 25t_r(F_r - 1)/\cos\alpha \tag{4-26}$$

式中：L_p 为掺气保护长度，t_r 为挑坎高度，α 为渠底坡，F_r 为挑坎上来流的 F_r 数。

按照工程资料估算，直线段的掺气坎可以保护下游的长度约为100～150m；若挑坎下游接反弧段，保护范围将缩短，其下游的保护范围约为70～100m。但掺气保护长度的影响因素复杂，掺气模型律等问题还待进一步研究，目前尚不能从理论上得到解决，只能从试验和实测资料得出经验公式，供工程设计参考。

9.掺气减蚀的模型试验的相似率与缩尺效应

关于掺气量由模型引申到原型的问题，国内外皆未解决，正在探讨之中。由于掺气减蚀理论的复杂性，目前，对掺气减蚀课题的研究仍主要依靠水力学模型试验，试验模型通常按照重力相似准则设计。由于客观条件的限制，多数物理模型比尺较小，很难满足表面张力、黏性、糙率、气泡尺寸等方面的相似，模型中难以重演原型掺气水流的运动规律，从而产生比尺效应。

对掺气的缩尺影响，目前国内进行模型试验时，如果水流速度大于60m/s，则进行掺气量的换算可以不考虑缩尺影响。Frvine[55]指出，要做到原型和模型相似必须满足：

$$\left[\frac{Q_a}{Q_w}\right]_r = \left[1 - \frac{v_1}{v_0}\right] = 1 \tag{4-27}$$

式中：Q_a 为空腔区的进气量，Q_w 为来流流量，v_0 为来流平均流速，v_1 为掺气最小流速，取1.1m/s，下标 r 表示原型与模型之比。

文献[33]结合冯家山（模型比尺1∶40）和乌江渡（模型比尺1∶30）模型试验成果与原型观测资料得出，当韦伯数 $We \geq 750$，雷诺数 $Re > 3.5\times10^6$ 时，模型的通气量基本上可以按照重力相似引申到原型，此时模型中掺气挑坎上的流速应大于7m/s。

4.5 掺气减蚀的研究方法

掺气减蚀的研究方法可分为理论分析、试验研究、数值模拟与原型观测四种方法。影响掺气水流的因素很多，单纯的理论分析只能把握其主要影响因素。试验研究就与原型观测目前乃至今后相当一段时间仍然是掺气水流研究的主要方法，但模型试验费时费工，且从技术上来看也存在缩尺效应，而原型观测受场地及泄流条件等的限制亦较大。数值计算在掺气水流中的应用已有不少成果，但仍有待于进一步深入、系统与完善。

4.5.1 试验研究

1. 研究掺气水流的方法

针对掺气水流的研究工作，目前国内外均还没有比较成熟的方法，必须首先掌握研究方法和技术，以及研究掺气水流的测量仪器，包括测含气流速、浓度及水深的仪器制造和校正，使掺气水流研究得到新的发展，下面仅将试验研究仪器设备和资料分析方法进行简述。

(1)研究掺气水流所使用的仪器

为了说明掺气水流运动的特性，需了解水流断面上掺气流速和掺气浓度的分布，因此必须有能测定水流内任何一点上的流速和浓度的仪器。

国外不同的研究者[56](K. 波尔霍夫斯基、斯特拉乌勃、基林、良布、阿林、哈尔勃朗、维帕莱、霍尔方沙布柯洛夫、库明等)提出了很不相同的研究水流中平均的及局部的掺气水流的流速及浓度的方法和仪器，其中比较现代化的是波尔霍夫斯基工程师(南斯拉夫)所首创的测掺气流速的方法——用电力测压计测动压力，哈尔勃朗用双线试探器测掺气浓度。

清华大学[57]研究掺气水流时，曾使用效电阻法和电容法来测定含气浓度的分布，安徽水工试验研究所曾使用电阻、电容、取样、摄影及利用 γ 射线测量掺气的浓度，北京水利科学研究院也试制了一种新型的掺气浓度电测仪器。

肖兴斌等[56]在研究掺气水流时，曾仿制喷嘴、孔板、抽气取样及利用两铜片间水流导电率随掺气量变化的原理的电测法，孔板及喷嘴只能测得总的掺气量及水跃的排气量，抽气取样器及电测法可测出水流内部任何一点上的掺气浓度。

目前常用的有针式掺气流速仪和电导式掺气仪[58]。针式掺气流速仪利用掺气探针直接检测水中的气泡信号，可以测量完整的掺气浓度场和流速场，分析掺气水流的气泡尺寸及其概率分布，与仪器相比更适合于掺气水流运动规律及模型律、掺气减蚀机理的研究。

电导式掺气仪通过检测一对电极间水流的电阻来确定掺气浓度。当采用水中一对电极时，测点定位于电极之间及附近区域，可以测量掺气浓度场，但邻近边界处误差大；当采用贴于边壁上一对电极时，测量域为电极以外的半域空间，而且测量域的重心与电极尺寸及掺气浓度的分布也有关系，测点定位模糊；当掺气浓度大于 50%时水体将逐渐不连续，并成水滴状，电导式掺气仪测量误差大或不能测量。在模型研究中针式掺气流速仪有明显的优越性。在原型观测中，电导式掺气仪电极贴于壁面，抗撞击、抗磨损性能好。

(2)研究掺气水流的设备和方法

目前掺气水流试验的模型定律尚未解决，因此研究设备和方法有所不同，大概可分四类[56]：①活动陡槽，可以改变任何坡度，研究掺气水流运动的特性和影响掺气水流的参变数；②各种不同的比尺(同几何形状)模型试验，以探讨掺气水流的模型定律和研究掺气水流发展的过程及对消能的影响；③人工加气的方法，有的研究者采用鼓风机将空气掺于水中，有的研究者采用二相运动(水和油)研究二相分离现象；④原型观测。

2. 掺气减蚀的试验设备

工程中，掺气减蚀形式多种多样，而室内掺气减蚀试验设备不多，掺气减蚀的研究多是在已有空蚀试验设备上进行，还未见专门的掺气减蚀试验设备，掺气方式比较简单。

室内常用的空蚀试验设备有磁致伸缩仪、水洞和文德里空蚀设备、旋转圆盘空蚀设备、水滴冲击设备等。根据水流流动的模拟特性，这些设备可以分为无主流型空蚀设备和液体流动型空蚀设备两大类。无主流型空蚀设备包括磁致伸缩仪和超声波振动空蚀设备。液体流动型空蚀设备主要包括水洞和文德里空蚀设备、旋转圆盘空蚀设备和水滴冲击设备等。

(1)磁致伸缩仪

磁致伸缩仪具有一个在磁激或高频压电晶体驱动纵向振动的镍管，利用高频振荡使水体产生振荡型空化，致使镍管末端的试件表面产生空蚀，故又称为振荡法试验装置。设备由超声波发生器和换能器两大部分组成，超声波发生器用来产生一定频率、一定功率的电信号，换能器把电信号转换成机械振动。1932 年由 Games 首先研制[7]，1950 年以来磁致伸缩仪有很大改进，特别是振动频率有所提高。

1957 年人们对磁致伸缩仪和试验程序作出了一个标准化建议[59]。转高频率装置的问世促使了“指数型收缩锥”的压电晶体驱动器的发展。目前，磁致伸缩仪的典型参数是：振动频率 20kHz，功率 1000W，双倍振幅 50～75μm，试件表面的最大加速度约为 60000g。磁致伸缩仪的空化强度是振幅、频率和试件直径的函数，影响空化强度的因素还有温度、试件表面的淹没深度、液体介质等。在一定范围内，随着水温的升高金属材料空蚀率增加，当水温超过某一临界值，空蚀率降低[60]。

(2)超声波振动空蚀设备

这种设备的原理是：超声波所传递的压力脉冲幅度与声音的强弱有关，当超声波较强时，其压力脉冲可引起静止水体内部有足够的压降而导致发生空化，如果这种压力脉冲以一定的频率作用在水体上，水体将发生振动，使水体内部不断发生空化过程，致使置于其中的试件发生空蚀破坏。1965 年 Ellis 研制了固定试件的超声波振动空蚀设备，试件被安装在容器底部，容器的边壁上端用环形激振器产生波列，传到底部引起试件空蚀[7]。

该设备的优点是试件本身不承受振动和相应的应力，而且空蚀面更为均匀，缺点为无法对空化强度进行量测和不宜采用与试件材料化学活性不适应的试验液体。由于设备无法对空化强度进行量测和试验液体的局限性，近阶段应用该设备进行材料空蚀研究并不多见。

(3)水洞和文德里设备

水洞通常可以分为两类：可调节的无自由水面的水洞和可调节的有自由水面的水洞。在水洞的矩形试验段安装圆柱或障碍突体，当流速增高或系统压力降低，其尾流漩涡将空化，在空化区安装试件，可做抗空蚀性能研究。但由于障碍物后的流态很复杂并且属于高度瞬态性质，空穴摆动范围大，空蚀不集中，强度低。具有文德里形断面的水洞，其空化发生在低压、高速区，它是由喉部的收缩形成。在文德里管喉部边界下游空化溃灭区镶嵌试件，可做材质抗空蚀性能试验。

南京水利科学研究院、中国水利科学研究院、清华大学等单位都曾用二维的文德里水洞做过不同配比的混凝土抗空蚀性的研究，若用于水力机械材质试验，因空蚀强度低，则需要较长的运行时间[61]。

由于水流情况与实际管道中水流的流态比较接近，水洞和文德里设备似乎更能预估原型空蚀破坏程度。但与无主流型空蚀设备相比，它需要更多的场地和辅助设备，建造和运行成本较高，试验历时也较长。

(4)旋转圆盘空蚀设备

旋转圆盘空蚀设备简称转盘装置，是丹麦 Rasmussen[3] 于 1956 年开始采用。20 世纪 60 年代已见到国外应用转盘装置做空蚀试验的报道，除了海军方面的应用外，还延伸用于核能工程，即介质不单为水，还可采用高温熔化锂或钠。

20世纪70年代中期被引入水力机械行业后转盘装置得到不断改进和完善，应用于研究各种材料或涂料的相对抗空蚀性能。国内各单位使用的圆盘多在半径约为150mm的圆周上均布4～6个直径为14～16mm的通孔或圆柱作为空化诱发源，借助于闪频仪观察，在空化诱发源表面附着大量游离空泡，在旋转和径向流动的作用下，空穴发生滚动，大量游离空泡在空穴接近尾部的盘面很集中的部位溃灭，产生强度较高的空蚀。在该处镶嵌试件可做多种材料抗空蚀性能同盘对比试验。

转盘装置的优点是在其不同半径处设置空蚀诱发物，便可形成所需流速下的空蚀强度，因此被广泛应用于金属材料的磨蚀试验当中[62,63]。该设备的空蚀能力高于文德里管型空蚀设备，大致与振动型空蚀设备所获得的空蚀率相仿；其缺点为设备中的水流流态要比文德里管型空蚀设备复杂。

(5)水滴冲击设备

水滴冲击设备最早由Honegger和Hoff研制成功[64]，原理是通过固定在转轮周边上的试件高速旋转，垂直地一刃割通过转轮的射流，射流对试件的冲击使试件剥蚀破坏。气枪子弹能形成水滴冲击的最高速度可达到1000m/s左右，水枪形成水滴冲击的最高速度接近50m/s。这种设备的优点是其产生空蚀的方法是液滴冲击，与冲击式水轮机的库斗材料的空蚀类似(水轮机叶片受蒸汽液滴冲击引起空蚀)，但对电动机转速的要求高，消耗动力大。

除上述几种常见的空蚀试验设备之外，还有高速射流冲击设备、往复式活塞型空蚀设备等。从空蚀率来看，磁致伸缩仪空蚀率最大，控制准确，试液用量最少，适用于各种液态介质，用它来进行空蚀机理研究比较方便。

4.5.2 数值模拟

1. 紊流数学模型的发展现状

在水利水电工程的研究方法中，除传统的物理模型试验研究外，数学模型也是一种重要的研究手段。随着计算机的不断发展和数值方法的不断改进，数学模型以其花费少、变方案快、不干扰流场、信息完整、模拟能力强等优势得到了迅速发展，对紊流的数值模拟在实际工程中日益受到重视。

水工水力学的数值模拟技术发展时间不长，但发展速度十分迅速，其作用正在被越来越多的科研和设计人员所重视。在泄水建筑物水流数值模拟计算中引入紊流模型，能够更为详细地模拟水流运动的细节。为了充分发挥紊流数学模型的优势，必须首先了解紊流数学模型的发展现状。

以势流理论与边界层理论为基础的计算水力学求解泄水建筑物水流的方法始自20世纪70年代，计算方法比较成熟，至今在流体力学领域尤其在重力流动中仍占有相当重要的地位。但势流理论只能对无分离的流场做近似计算，而对于水利工程中常会遇到的在局部区域产生分离流所形成的回流旋涡流场，或能量损失起重要作用而不能忽略的情况，建立在势流理论基础上的各种数值方法，将失去实际应用意义，必须采用紊流数学模型。

紊流数学模型发端于力学工程和空气动力学工程领域，并有了长足的发展。在水利工程中，20世纪80年代仍采用比较简单的紊流模型，如普朗特的混合长度理论，难以适应水工水力学中遇到的各种复杂流场的需要。随着数值方法和计算技术的发展，目前紊流模型和有关数值解研究已取得较大进展，紊流模型的应用大大提高了高雷诺数水流的数值解范围，成熟的商用流体计算软件包也开始出现并迅速在科学研究和工程设计中发挥作用。对已有泄水建筑物的水力特性进行全场的精细数值模拟，对比以前的试验数据和数值模拟资料，可以加深认识，验证和率定紊流数值模型。而随着泄洪消能技术的不断发展、新型泄洪型式及新型消能工不断出现，对其进行全场的精细数值模拟研究，把新技术应用于新实践，既有可能，也很必要，必将大大充实计算水力学的内涵。

紊流数值模拟方法大致包括：雷诺平均法（RANS）、重整化群模型（RNG）、大涡模拟（LES）、直接数值模拟（DNS）、投影法、格子气自动机（LGA）方法等[65]。

从N-S方程出发作紊流的直接数值模拟（DNS），理论上讲可以模拟所有的紊流流动，得出所有尺度的能谱，而不需要任何模型。但是对于解决工程中出现的复杂紊流问题而言，目前的计算机能力尚不能够实现. 而完全依靠试验以取得经验数据，不仅耗资巨大，周期很长，而且在某些工程问题里，完全相似的实验室模拟不可能实现。在这种情况下，紊流模型成为解决工程实际问题的比较有效的现实手段。大涡模拟（LES）通过求解空间平均的N-S方程，对大涡直接求解，而对小于网格尺度的小涡也只能通过建立模型来模拟。大涡模拟费用直接数值模拟较少，但目前对多数工程问题而言，其对计算资源的占用仍嫌巨大。雷诺平均法（RANS）在求解整个N-S方程中，所有的紊流尺度都是建立在模型的基础上。较之DNS和LES，BANS最缺乏逻辑严密性，却在工程中应用得最多。

目前紊流的数值模拟中多借助于统计平均方法，而其中应用最广泛的是时间平均方法。在时间平均过程中，在时均方程组中引入各种不同脉动量的未知相关量，而紊流的任意阶脉动相关量的微分方程总包含更高阶的脉动相关量，所以紊流的脉动相关量无法自行封闭，因脉动和 Reynold 平均产生的 Reynold 应力需要用补充关系式来表达，这些补充关系式大多是经验公式，因此不同的经验公式的运用，便构成了各种类型的紊流模型[66,67]。紊流数学模型种类很多，可以从不同角度对其分类[68]。若从使方程封闭所增加的偏微分方程数目来划分，则有零方程模型、单方程模型、双方程模型和多方程模型。

(1)零方程模型

零方程模型是指在紊流基本方程之外未增加新的偏微分方程，其基本出发点可归结为 Boussineqs 的涡黏性假设。它是最早和最简单的紊流数学模型，其中主要包括涡黏性模型、Prandtl 的混合长度模型、Taylor 的涡量传递理论、Von Karman 的局部相似理论以及 Prandtl 的自由剪力层模型[69,70]。

零方程模型的代表是混合长度模型。Prandtl 于 1925 年基于流体质团的紊动与气体分子相似的假设，提出了流体质团做紊动运动时具有混合长度的概念，从而导出紊动黏性系数与混合长度的关系式，称为混合长度模型。混合长度假设和涡量传递理论中都涉及混合长度，需要补充新的关系式，为此 Von Karman 于 1930 年提出了紊动局部相似理论，得出了混合长度的计算公式。该理论比混合长度假设更完备一些，对近壁水流可得出较好的结果，但计算上要复杂得多，且缺乏通用性。

以上几种零方程模型都属于简单的半经验模型，尽管在实际中得到了成功的应用，但是由于均未考虑脉动量的对流和扩散输运，对较复杂的流动，特别是回流，就无法准确地预测混合长度，故有很大的局限性。

(2)单方程模型

在以混合长度模型为代表的零方程模型中，紊流特征量(如脉动速度相关量)仅取决于当地条件(如当地平均流速梯度)，但分析表明，它们还应取决于非当地流动条件。为此，人们将紊流的一些特征量作为标量建立所谓输运方程来解决这一问题。为了克服零方程模型不能模拟紊动量的输运局限性，人们通过求解脉动量的微分输运方程来考虑脉动量的输运，其特点是放弃速度比尺和时均速度间的直接联系，转而根据微分输运方程确定速度比尺，构成了单方程模型。

单方程模型提供了输运方程，比零方程模型先进，特别是在非恒定边界层问题以及有回流的问题等必须考虑输运作用的情况下尤其如此。就各单方程模型之间的比较而言，根据涡黏性概念建立的模型比其他模型具有更强的适用性。

但在多数情况下，单方程模型比混合长度模型无明显进步，这主要是因为长度比尺的确定还存在困难。

1945 年，Prandtl 提出了 ν_t 与长度比尺 l 和紊动能 k 的关系式：

$$\nu_t = C'_\mu \sqrt{k}\, l \tag{4-28}$$

Kolmogrov 于 1942 年也得出同样的表达式，因此，式(4-28)称为 Kolmogrov-Prandtl 表达式，式中，C'_μ 为经验常数，l 为湍流特征长度，k 为湍流脉动动能的时均值，常称为紊动能，$k=\dfrac{1}{2}\overline{u_i^2}$，可由下面的 k 输运方程确定：

$$\frac{\partial k}{\partial t}+u_i\frac{\partial k}{\partial x_i}=-\frac{\partial}{\partial x_i}\left[u_i\left(\frac{u_ju_j}{2}+\frac{p}{\rho}\right)\right]-\overline{u_iu_j}\frac{\partial u_i}{\partial x_j}-\beta g_i\overline{u_i\phi}-\nu\overline{\frac{\partial u_i}{\partial x_j}\frac{\partial u_i}{\partial x_j}} \tag{4-29}$$

式(4-29)左边两项分别为 k 的时间变化率和对流输运项；右边分别为扩散输运项、剪力产生项 P、浮力产生或破坏项 G 和黏性耗散项 ε。式(4-29)中，t 为时间，u_i、u_j 为速度分量，x_i、x_j 为坐标分量，p 和 ρ 分别为压力和密度，β 为经验常数，g_i 为重力加速度分量，$\overline{u_i\phi}$ 为标量 ϕ 的通量。

1967 年 Bradshew[71] 提出了另一种单方程模型，它与 Prandtl 模型的主要差别在于 k 输运方程的形式不同。Nee 和 Kovaszkay[72] 提出了直接求解紊动黏性系数的微分方程的单方程模型，这种模型考虑了紊动黏性的输运问题，但输运方程中仍涉及长度比尺的确定。

单方程模型考虑到了脉动速度比尺的对流和扩散输运，在恒定流动中还考虑到了紊动的历史效应，当对流输运和扩散输运比较重要时，单方程模型比混合长度模型优越得多。但是，单方程模型中长度比尺的确定是一个不易解决的问题，对于比剪力层型复杂的流动，很难用经验的方法来确定长度比尺的分布。因此这种简单的流动，混合长度模型也能得出较好的结果，并且相对比较简单。

(3)双方程模型

对于一些较复杂的紊流，企图通过试验建立紊流长度比尺的某种简单的代数表达式往往是不可能的。这促使人们进一步探讨建立输运方程的问题。对速度比尺(如紊动能 k)和长度比尺 L(或 k 与 L 的组合 $Z=k^mL^n$)分别建立输运方程，与平均流方程联解，构成了各种各样的双方程模型。大部分双方程模型都采用了涡黏性概念及 Kolmogrov-Prandtl[73] 表达式 $v_t \propto \sqrt{k}L$，甚至可以写出普适特征量 Z 的模型方程的一般形式：

$$\frac{\partial Z}{\partial t}+U_i\frac{\partial Z}{\partial x_i}=\frac{\partial}{\partial x_i}\left(\frac{\sqrt{k}L}{\sigma_z}\frac{\partial Z}{\partial x_i}\right)+C_{Z1}\frac{Z}{k}P-C_{Z2}Z\frac{\sqrt{k}}{L}+S \tag{4-30}$$

最早的双方程模型由 Kolmogrov 于 1942 年提出，该模型中，$Z=k^{1/2}L^{-1}$，它与大涡的平均频率 f 成正比。该模型最先开辟了双方程模型的新路，但在当时，无法采用计算机将其结果计算出来，无法与试验资料进行比较。事实上，它与试验结果吻合不好。从理论上看，主要是由于选择 k-f 作为决定紊流特性的基本量似乎不够恰当。Spalding[74] 于 1969 年提出的 k-ω 模型中，$\omega=kL^{-2}$，可以认为是代表 f 的平方。

Rotta[75] 于 1951 年直接采用 L 建立输运方程，提出了 k-L 模型。尽管 L 的物理含义很清楚，但人们并未广泛地使用 L 本身建立输运方程，这主要是由于 L 并不以与梯度成正比的速度扩散。Rotta 可能意识到了这一点，因为他在 1968 年便改用 kL 来代替 L 建立输运方程。Spalding 在 1972 年讨论了边界层问题，Rodi 和 Spalding 在 1970 年分析自由紊流时也采用了相同的形式。

尽管 Z 的不同形式引出了各种各样的双方程模型，但人们普遍接受和采用的只是 k-ε 模型。Jones[76] 和 Launder[77] 于 1972 年提出紊流耗散局部各向同性的假定，并定义 ε 为紊流脉动动能耗散率：

$$\varepsilon=v\overline{\left(\frac{\partial u'_j}{\partial x_i}\right)\left(\frac{\partial u'_j}{\partial x_i}\right)} \tag{4-31}$$

由量纲分析，可将 ε 归入 Z 的一般形式 $\varepsilon=C_D k^{1/2}/L$。

双方程模型不仅考虑了紊流速度尺度的输运，也考虑了长度尺度的输运，由此可以描述一些复杂流动的长度尺度分布，同时可以导出准确的 Z 方程。在 k-ε 模型中，ε 在 k 方程中直接作为未知量出现。此外，双方程模型的适用范围很广，如 k-ε 模型对于高 Re 数的紊流流动，除圆形射流外都得到了广泛的应用。

因此，本书的紊流数学模型采用 k-ε 模型。

(4)多方程模型

不管是零方程、单方程、标准的双方程模型，其基本出发点均是各向同性涡黏性或涡扩散假设。对于 Reynold 应力的各个分量，紊流黏性系数相同，故不能反映出 Reynold 应力在不同方向之间的输运关系。标准的 k-ε 是采用的各向同性的假设。为了克服此缺陷，人们想到抛弃涡黏性的概念，直接推导雷诺应力的精确输运方程来求解雷诺应力。对雷诺应力的不同模化，就得到了各种各样的雷诺应力模型。1945 年，周培源推导出了包含 17 个微分方程的雷诺模型，并用它计算了半无限平面流动和平面二维槽中的恒定流动，计算结果与试验值符合较好，但由于微分方程数太多，该模型没有得到普遍应用。Davidov 于 1961 年提出了一个包含 23 个偏微分方程的封闭模型，Kolavanolih[73] 于 1969 年提出了有 28 个方程的三阶封闭模型，但这两个模型因方程太多也都未得到普遍应用。Rotta、Launder、Reece 分别提出了他们的雷诺应力模型，对推动雷诺应力模型的应用起了重要作用。

雷诺应力模型是继双方程模型之后出现的一种更为理想的模型。它考虑了雷诺应力的输运效应，理论依据充分，可用来解决更复杂的流动问题。但是由于雷诺应力模型需求解的微分方程太多，求解十分复杂。为了能够较好地模拟各向异性紊流运动，考虑雷诺应力的输运效应，同时又不过多地采用偏微分输运方程，人们在雷诺应力模型的基础上设法用雷诺应力的代数式取代雷诺应力的微分输运方程，这样就可以大大减少需求解的微分方程的数目，同时又保证了较高的精度。由于得到的雷诺应力代数式是直接由代数方程组解出，因此称此类模型为代数应力模型。

后来，不同的学者又提出了应力-通量模型、代数应力模型大涡模拟模型等紊流数值模型，进一步丰富了紊流模型理论。

2. 掺气水流数值模拟的研究现状

随着现代科学技术和计算机的发展，工程水力学的研究已从传统的总流概念、半经验半理论的研究方法逐渐发展为流场的概念和数值模拟的方法。研究掺气水流的运动规律，也应从水气二相流的基本运动方程出发，建立一套概括面较广的理论体系，伸展到各个方向，解决各种工程问题。然而，目前关于掺气水流问题的研究还没有达到这个水平，应用面广、能概括掺气水流各种工程问题的水气二相流运动的理论体系尚未建立起来，数学模型的研究和开发非常不足。虽然数值模拟方法研究开展的时间不长，但由于其具有的优越性，将成为掺气水流研究的一种有效途径。

目前，数值模拟的方法越来越多地开始应用于掺气水流的研究，并取得了一定的成果。杨春宝等[78]用 k-ε 紊流数学模型对斜槽掺气坎坎下流场进行了数值分析，将 MAC 法推广运用于较高雷诺数的水流；熊有志[79]将流经掺气坎的水流视为二维势流，运用拉普拉斯方程，采用了有限单元法，求解掺气水流的水力参数；丁道扬等[80]采用了势流模型模拟了龙抬头泄洪洞进口段的水流特性；陈群[81]首次采用三维 k-ε 双方程紊流模型，引入水气二相流的 VOF 模型，利用几何重建格式来迭代生成自由水面，对复杂的几何边界采用非结构网格进行处理，成功地对阶梯溢流坝面的紊动流场进行了数值模拟;刁明军[82]等采用 VOF 模型对挑流消能从库区到下游水垫塘进行了全程水气二相流二维数学模拟。王海云[83]利用紊流模型能够成功地模拟明流泄洪洞的掺气水流流场,计算出的速度场和压力场与实测数据吻合良好。

明流泄洪洞强迫掺气水流为水气二相流场,这就必须借助于水气二相流和掺气水流的有关理论来进行研究。对流场特性的理论研究,主要以水气两相分层流理论为依据,把在重力作用下的水流看作具有水气界面即自由水面的分层流,自由水面以上为气体,以下为水流流场。这样就可以利用分层流的有关理论对其进行研究。

4.5.3 正交设计方法在掺气坎体型设计中的应用

利用正交设计安排试验是一种试验次数少又能快速地得出比较好的结果的一种试验设计方法[84]。取得试验数据后,由于多因子试验的每个因子条件都在变化并且又相互交织在一起,直接由试验数据来分辨各个因子对指标的影响比较困难,因此,对他们进行科学的分析是十分重要的。

试验结果分析的方法很多,其中,利用正交表的“均衡分散性”和“整齐可比性”进行适当组合和综合比较这些初步的分析可以较快地确定出最优试验条件。利用正交表的整齐可比性,通过某因子在不同水平下平均指标的差异,反映该因子的水平变化对指标影响的大小。如果差异大就表明因子对指标的影响大。

通过综合比较的方法,可以找出各个因子对指标影响的主次顺序和各个因子的较好水平,为寻找最优试验条件提供依据。对影响大的主要因子必须控制在好水平。而对于影响小的次要因子,因为它们水平的取法对指标影响不大,因而可结合节约、方便等考虑来选取水平。选出对指标影响比较大的因素和水平后,为了得到好的结果,可用部分追加法重点考虑主要的因素和水平。最后可通过进一步做对比试验由生产实际确定最优条件。

需要说明的是,这里的最优条件是对正交表所考察的因子水平而言的,不一定是实际试验的全部条件中最优的。有时可能有更好的因子水平被漏掉,如果要进一步改善指标,还可以在上批试验的基础上确定因子水平再安排第二批正交试验。特别是抓住影响大的因子,再优选水平。

在掺气坎水力特性研究与分析中找出影响掺气坎空腔特性的敏感因素是非常有意义的,根据敏感性因素确定试验组数和取值,分析影响空腔形成和变化的主要影响因子,以期在掺气坎的设计中提高设计的针对性,找出影响空腔特性的敏感因素，为掺气坎设计提供指导，抓住问题的关键，舍弃一些次要因素。另一方面，由于影响掺气坎的每一个参数的离散性较大，只能尽可能多地考虑变化区间才能去理解各个参数对于研究结果的影响程度，而这正是正交试验设计的优势。

现有对掺气坎体型参数的分析大都是在选定因素的基础上，进行简单的单因素轮换，此时无法反映因素间交互作用对掺气坎空腔特性的影响，而实际中由于该种掺气坎体型的复杂性，不仅使基本因素发生变化，而且基本因素的交互作用在一定条件下亦起到了决定性的作用。

以往原有敏感性分析未涉及参数交互作用，采用多因素正交直观敏感性分析方法，进行对影响掺气坎空腔特性的基本因素及基本因素的交互作用分析则未见相关文献。

4.6 掺气减蚀设施研究中存在的问题

(1)机理研究落后于工程实践。掺气减蚀设施的工程形式简单，减蚀效果明显，具有实用价值，因而国内外高水头泄水建筑物采用者有日渐增多的趋势。二滩、龙滩、构皮滩、拉西瓦、小湾、锦屏一级等工程的泄洪中的流速在 50m/s 左右或更高，因此遇到的高速水流问题难度之大，也是世界罕见，其防蚀保护问题更为突出，掺气减蚀是最有效的技术措施之一。目前掺气减蚀设施的工程实践在先，而有关机理和检测技术的研究进展相对较为落后。掺气坎(槽)各项水力指标的设计、计算多依赖于经验性的公式和定性估计，理论研究亟待加强。

(2)传统的掺气减蚀设施的型式尚无法满足各种复杂条件下的工程需求。工程实践表明，在一些条件下，传统的掺气设施体型已经难以满足工程实践需要，如溢流反弧后仅有底部掺气，易出现边墙清水三角区；又如小底坡上的连续坎有时难以避免空腔回水。因此，对掺气坎类型有必要不断进行新的探讨。

(3)非均匀流段掺气水流运动特性有待深入认识。以往的掺气减蚀研究主要集中在均匀流段，包括空腔长度、掺气保护范围等，而对诸如反弧段等非均匀流段的浓度扩散、气泡上浮等问题，目前的认识还相当匮乏。

(4)空腔回水问题。研究发现，在低 F_r 数小底坡的情况下设置掺气槽坎，由于重力影响十分显著，掺气空腔区流线弯曲严重，往往造成空腔内回水。空腔回水的存在对掺气设施的水力特性及掺气效果有明显的影响，因为空腔回水是制约有效空腔长度的一个主要因素，它将使掺气空腔时长时短、时有时无、极不稳定，回水达到一定深度时还可能阻塞进气通道，影响掺气效果，不利于水流充分掺气，甚至掺不进气，严重时甚至造成空蚀破坏。因此，空腔回水问题也成为掺气减蚀设施研究中的一项重要课题。

参考文献

[1] 肖兴斌. 泄水建筑物掺气减蚀设施的进展与综述. 高速水流情报网第二届全网大会.

[2] 王海云，戴光清，张建民等. 高水头泄水建筑物掺气设施研究综述. 水利水电科技，2004，24(4)：46－48.

[3] R. E. H. Rasmussen. Some Experiments on Cavitation Erosion in Water Mixed with Air, Proc. NPI. Symposium on Cavitation in Hydrodynamics, Paper 20, London, 1956.

[4] 高速水流论文译丛. 第1辑，第1册. 北京：科学出版社，1958.

[5] H. Grein, A. Sehaehenann. Abrasion in Hydraulic Machinery. Sulzer Technical Review, 1992, 1.

[6] S. O. Russell, G. J. Sheenan. Effect of Entrained Air on Cavitation Damage. Canadian Journal of Civil Engineer, 1974, 1.

[7] 黄继汤. 空化与空蚀的原理及应用. 北京：清华大学出版社，1989：113－120.

[8] S. J. Liu. Experimental Study on the Mechanisms of Catholic Protection against Cavitation Erosion. Sendai, Japan: Tohoku University, 1997.

[9] 杨大华，姜信和. 关于通气减蚀机理的探讨. 成都：电力工业部成都勘测设计研究院科学研究所，1982.

[10] A. J. Peterka. 掺气对气蚀的影响. 高速水流译文丛译，第1辑，第1册. 北京：科学出版社，1958.

[11] J. M. Mousson. Pitting Resistance of Medals under Cavitation Conditions. Trans. ASME, 1937, 59.

[12] S. X. Wang. The Air Entraining Capacity of Supercritical Flow over an Aeration Ramp and the Scale Effect Upon It. In: Proceedings of Int. Symp. on Hydraulic Research in Nature and Laboratory 1992, 1：132－137.

[13] W. E. Wagner, M. A. Jabara. Cavitation Damage Downstream from Outlet Works Gates. Proc. IAHR 14th Congress, Paris, 1971, 5.

[14] 肖兴斌,王业红. 弧门突扩跌坎式通气减蚀研究应用综述. 中南水力发电,2001(4).
[15] 吴建华. 水利水电工程中的空化与空蚀问题及其研究. 第十八届全国水动力学研讨会文集. 北京:海洋出版社,2004:1—18.
[16] 刘长庚. 泄水建筑物局部突体出生空化数试验研究. 水利水电科学研究院科学研究 论文集. 北京:水利电力出版社,1983.
[17] 时启燧,掺气减蚀设施的研究与应用. 泄水工程高速水流研究进展,1990(10).
[18] 刘家峡水电厂. 刘家峡水电站泄水道空蚀、磨损破坏与修补. 第三届水工混凝土建筑物修补技术交流会论文集,1992,6:1—100.
[19] 水利水电科学研究院,冯家山水库工程指挥部,陕西省水利水电勘测设计院,水利部西北水科所等. 冯家山水库泄洪洞通气减蚀原型观测研究报告,1980.
[20] 李隆瑞. 陕西省石头河工程输水洞水力设计和原型观测报告. 中小型工程水力学学术讨论会论文集,1985.
[21] 邓正湖. 乌江渡水电站滑雪道式溢洪道掺气减蚀措施的研究与应用. 水力发电,1981(2).
[22] 童显武. 工程水力学近期发展. 水力学与水利信息学进展,2003(9).
[23] 邵媖媖. 泄水建筑物掺气减蚀研究的进展. 水利水电科学研究院,1980.
[24] 肖兴斌. 三峡工程泄洪深孔掺气减蚀设施研究述评. 水利水电科技进展,2003,23(2):51—54.
[25] 刘超. 龙抬头泄洪洞反弧段下游侧墙掺气减蚀研究. 成都:四川大学,2006.
[26] SL253—2000,溢洪道设计规范,2000.
[27] 李珠. 小浪底工程排沙洞掺气减蚀设施体型的优化设计. 人民黄河,1998(3).
[28] H. T. 法尔维. 水工建筑物中的掺气水流. 王显焕译. 北京:水利电力出版社,1984.
[29] 水工设计手册:第六卷. 泄水与过坝建筑物. 北京:水利电力出版社,1987.
[30] 孙双科,柳海涛,王晓松等. 缓坡条件下凹型掺气坎布置形式研究. 水力学与水利信息学进展,2003. 9.
[31] 周菊华,水工建筑物掺气减蚀设施近况简介,云南水电技术,1991(2).
[32] 肖兴斌. 水工泄水建筑物掺气减蚀设施综述. 长江水利教育,1996,13(1):22—29.

[33] 朱春英,凌霄,刘杰等. 小浪底工程明流洞掺气减蚀设计研究. 水力发电,2001,2:23—26.

[34] P. Rutschmann, W. H. Hager. Design and Performance of Spillway Chute Aerators. Water Power & Dam Construction,January,1990.

[35] 黄国强. 三峡工程溢流坝掺气减蚀研究. 中国三峡建设, 1997(3).

[36] 大连理工大学. 掺气减蚀机理和空腔长度、掺气量及保护长度计算方法的研究. “八五”国家科技攻关报告,1992.

[37] 周赤,韩继斌,肖兴斌. 弧门突扩跌坎掺气减蚀应注意的问题. 水电工程研究,1997(1).

[38] 李远发,王敏,王复兴. 小浪底工程 3 号明流洞的几个水力学问题. 人民黄河,1996(1).

[39] 张立恒. 掺气减蚀设施空腔回水问题试验研究. 成都:四川大学,2006.

[40] 夏毓常. 判别泄洪洞反弧段发生空蚀的水力特性标准. 长江科学院院报,1984, 4.

[41] 时启隧,潘水波,邵瑛瑛等. 通气减蚀挑坎水力学问题的实验研究. 水利学报,1983(3):142—170.

[42] 杨永森,杨永全,帅青红. 低 Fr 数流动跌坎掺气槽的水力及掺气特性. 水利学报,2002(2):27—31.

[43] 肖兴斌,王才欢. 岸边溢洪道掺气减蚀设施设计研究与实践综述. 水电工程研究, 2000,6(2):28—39.

[44] N. L. Pinto. Designing Aerators for High Velocity Flow, Water Power & Dam Construction, 1989,41.

[45] J. Bruschin. Hydraulic Modelling at the Piedra del Aguila Dam, Water Power & Dam Construction, 1985,37.

[46] 夏毓常. 通气减蚀设施通气量研究报告,水电部天津勘测设计院,中南勘测设计院,1984,1.

[47] 李隆瑞. 高速水流掺气减蚀措施及工程应用. 西北水资源与水工程,1990,1(2).

[48] 掺气减蚀机理和空腔长度、掺气量及保护长度计算方法的研究,八五国家科技攻关报告,1992.

[49] 南京水利科学研究院. 水工模型试验. 北京:水利电力出版社,1985.

[50] 惠爱瑙,王飞虎,屈永照. 大底坡急流弯道通气减蚀水力特性研究. 西北水资源与水工程,1997,8(2).

[51] 东北勘测设计院科学研究所. 高速水流文摘. 水利水电泄水工程与高速水流情报网,1989.

[52] 杨永全. 现代工程水力学. 西南民族学院学报(自然科学版),2001(3).

[53] C. Y. Wei. Simulation of Free Jet Trajectories for the Design of Aeration Devices on Hydraulic Structures. 4th Int. Conf. On Finite Elements in Water Resources, Hannover, F. R. G. ,1982.

[54] 夏毓常. 高速水流原型观测成果分析综述. 水力计算论文集,中国水利水电出版社,1997.

[55] D. A. Frvine. The Entrainment of Air in Water. Water Power and Dam Construction,1976,28(12):45—77.

[56] 肖兴斌. 掺气水流研究中的几个问题. 人民长江,1959(11):46—48.

[57] 高月霞. 高速水流掺气及通气减蚀的试验研究. 合肥工业大学硕士论文,2005.

[58] 陈先朴,西汝泽,梁斌等. 针式掺气流速仪的研制与应用. 第六届全国海事技术研讨会文集,北京:海洋出版社,2000.

[59] ASTM Standard G32 85. Standard Method of Vibratory Cavitation Erosion Test,1985.

[60] J. Steller. International Cavitation Erosion Test and Quantitative Assessment of Material Resistance to Cavitation. Wear,1999,233:51—64.

[61] 王荣克. 泥沙起动装置的研制与泥沙特性对磨蚀影响的研究. 南京:河海大学,2007.

[62] 杨大华. 旋转圆盘空蚀试验装置. 成都:电力工业部成都勘测设计院科学研究所,1982.

[63] 梁川,李伟. 浑水空化流场对复合材料(FRT)的蚀损. 水利水电技术,2003,34(5):17—19.

[64] R. T. Knapp, J. W. Daily, F. G. Hammitt. Cavitation. New York: McGraw-Hill, 1970.

[65] 赵文华. 几种典型水气两相流动问题的理论分析及数值模拟. 成都科技大学博士学位论文,1992.

[66] N. C. Markatos. The Mathematical in Turbulence Modelling of Turbulent Flows, Appl. Math. Modelling, 1986,10.

[67] W. Rodi. Recent Developments in Turbulence Modelling. Proc. 3rd Int.

Syp. On Refined Flow.
[68] 余常昭. 环境流体力学导论. 北京:清华大学出版社,1998.
[69] V. Rodi. Turbulence Models and Their Applications in Hydraulics. IAHR Publication, Delft. The Netherlands,1984.
[70] 金忠青. N-S方程和数值解和紊流模型. 南京:河海大学出版社,1989.
[71] P. Bradshaw, D. H. Ferriss, N. P. Atwell. Calculation of Boundary Layer Development Using the Turbulent Energy Equation. J. Fluid Mech., 1967,28:593—616.
[72] V. W. Nee, L. S. G. Kobasznay. The Calculation of the Incompressible Turbulent Boundary Layer by a Simple Theory. Phys. of Fluid, 1969 (12):473.
[73] A. N. Kolmogorov. Equations of Turbulent Motion of an Incompressible Fluid. LZV. Ahad Nauk. SSR, Seria fizicheska Vi.,1942,No. 1—2:56—58.
[74] D. B. Spalding. The Prediction of Two-dimensional Steady Turbulent Flows. Imperial College, Heat Transfer Section Rep.,EF/TN/A/16,1969.
[75] J. C. Rotta. Statistische Thearie Nichthomogener Turbulenz. Zeitschrift f. Physic, 1951,192:547—572 and 131:51—57.
[76] W. P. Jones, B. E. Launder. The Prediction of Laminarization with a Z-equation Model of Turbulence. Int. J. Heat Mass Transfer. 1972,15:301.
[77] B. E. Launder, et al. Progress in the Development of a Reynolds Stress Turbulence Closure. J. Fluid Mech.,1975,68:537—566.
[78] 杨春宝,王正泉. 斜槽掺气坎坎下流场的数值分析. 水利水运科学研究,1991(6).
[79] 熊有志. 明渠掺气坎体型优化的数值方法. 水电站设计,1992(8).
[80] 丁道扬,吴时强. 龙抬头式泄洪洞水流数学模型及其应用. 水利水运科学研究,1995(9).
[81] 陈群. 阶梯溢流坝紊流数值模拟及实验研究,四川大学博士学位论文,2001.
[82] 刁明军,杨永全,王玉蓉等. 挑流消能水气二相流数值模拟. 水利学报,2003(9).
[83] 王海云. 高水头龙抬头泄洪洞掺气减蚀试验研究及数值模拟. 四川大学博士学位论文,2004.
[84] 北京人学数学力学系概率统计组. 正交设计法. 北京:石油化学工业出版社. 2005.

5

低 F_r 数小底坡泄洪洞空腔回水问题研究

在一些高水头泄水建筑物中，由于水流流速高，存在空蚀空化的问题。目前解决这一问题的主要方法是采用掺气减蚀，合理选择掺气坎体型。根据泄洪洞底坡大小的不同，掺气设施的研究大致可以分为常规底坡泄洪洞掺气设施和小底坡泄洪洞掺气设施两类。对于常规底坡泄洪洞掺气设施的设计，前人已经取得了很多经验。虽然传统掺气设施已经在工程实际运行中取得了显著的效果，但对于一些小底坡泄洪洞，如果采用常规的掺气设施结构，掺气空腔往往会被淹没，达不到掺气减蚀效果。

小底坡泄洪洞一般均具有如下特点：流速高、单宽流量大、F_r 数低、底坡小。大单宽流量低 F_r 数意味着水深大、重力影响十分显著，挑坎处水流底部静压大而使得挑射水流的出射角较小，相应导致空腔末端射流入射角也较小，容易产生空腔回水；底坡小意味着掺气挑坎所形成的空腔末端的射流容易回流倒灌，阻塞气流。由水舌冲击底板所产生的回水强度较大，回水回溯到坎前，往往在槽中或空腔中存有积水，影响通气管道的正常工作，造成通气不足。掺气空腔时长时短、时有时无、极不稳定，影响掺气效果，严重者甚至会堵塞通气管道，发生“空腔淹没”，使掺气设施失效，这就是“空腔回水”。空腔回水会减小有效空腔长度，减小射流挟气量，严重时会阻塞进气通道，淹没空腔，使掺气设施成为人工突体，使掺气设施失效反而成为空化源。为了保持整个洞内良好的流态，掺气挑坎的挑角又不宜太大。因此，在这种水流条件下，掺气设施体型设计有一定困难。因此，避免空腔回水，保证掺气的正常进行是小底坡上掺气设施设计面临的重要难题。

对于$F_r<7$的低F_r数流动情况，往往水深都较大，其断面F_r数较小，掺气阻力影响可忽略，但重力影响十分显著，远远大于惯性力，空腔区流线弯曲严重，掺气空腔内常常会因为水流回溯而出现积水。小底坡低F_r数泄洪洞的掺气坎设计时，空腔回水是制约有效空腔长度的一个主要因素，有时甚至是决定性因素。空腔回水导致空腔不稳定，甚至空腔消失等不利流态，影响掺气坎的掺气减蚀效果，使其掺气有较大困难。因此，如何优化低F_r数小底坡泄洪洞上的掺气设施体型，是一个非常值得研究的问题。

为了在小底坡条件下获得良好的掺气效果，前人对传统的掺气设施进行了很多改进和创新，提出了众多的掺气坎体型。但是这些研究都或多或少地存在如下不足或问题：

(1)这些体型大多针对具体工程提出，其适应性往往相对较弱，特别是在大单宽流量、低F_r数的流动条件下。

(2)体型研究和优化大多以模型试验为主，对这种“精细”结构物的测量由于水气二相流流态及目前测试仪器的能力水平等原因，往往无法获得空腔内部、挑坎局部等重要部位的详细水流特性，阻碍了对掺气坎水力特性的全面了解。

(3)各种体型均由众多的体型参数组成，这些参数和来流条件对空腔及掺气减蚀效果都有重要的影响；而对于各体型参数对空腔特性的敏感性分析，以及各个体型参数之间交互作用的规律，很少进行详尽和系统的研究，特别是各个参数之间的交互作用规律的研究则成果更少。

(4)体型优化对保证工程安全和经济的长期运行具有重要意义。以往的优化工作，由于时间少和工作量大的关系，大多停留在有限个试验方案的比较后选取相对优者，仍有可能错失最优或较优方案，特别是涉及体型参数众多的掺气坎体型的优化等。

围绕这些问题，本书在总结前人研究成果的基础上，结合大渡河大岗山与瀑布沟水电站两个小底坡低F_r数泄洪洞，采用大比尺的模型试验和紊流数值模拟相结合的方法，提出了解决小底坡低F_r数泄洪洞空蚀破坏的掺气坎设计方案，较好地解决了小底坡泄洪洞掺气设施存在的空腔回水问题，并利用正交设计分析方法对组成掺气坎的各体型参数进行了敏感性分析，通过分析选出最优方案，并对该方案的水力特性进行了较为系统的研究。

5.1 掺气设施空腔回水现象及其运行状态的描述

如图5-1所示，掺气设施运行时，挑坎射流主流流向泄洪洞下游，同时可能产生空腔回溯水流。掺气设施的空腔回水运动状态将直接决定掺气设施能否正常运行。根据空腔回水强弱不同,掺气设施的运行状态主要有以下三种[1]：

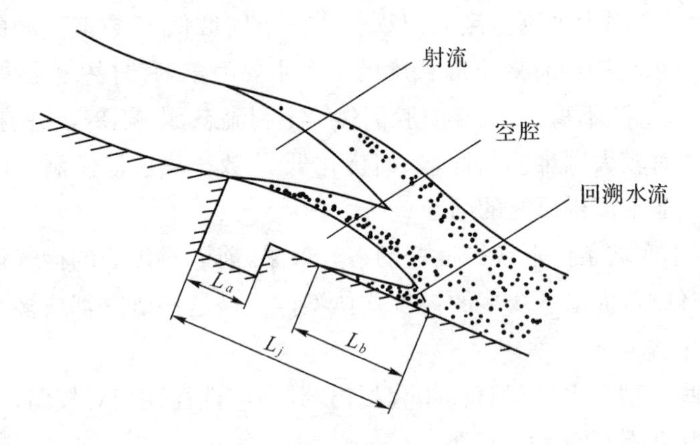

图 5-1 空腔回水示意图

(1)空腔淹没状态

射流空腔回溯水流强度很大,回水封闭通气管道,掺气空腔被淹没,通气设施也处于淹没状态,通气管气流量 $Q_a = 0$ 。此时,掺气设施成为不平整凸体,不仅不能起到减免空蚀的作用,反而成为空化源,对泄洪洞的安全运行极为不利,因此,掺气设施的这种运行状态必须避免。

(2)间歇性通气状态

射流空腔回溯水流强度较大,回水间歇性回溯到坎前,冲击空腔顶部甚至封闭通气管道,空腔内积水多,腔体摆动,忽生忽灭,极不稳定。此状态是一种非恒定掺气状态,掺气虽能进行,但掺气量很小且不稳定,对泄洪洞的安全运行也不利。

(3)完全掺气状态

射流空腔回溯水流强度较小,空腔回水仅能回溯到掺气槽下缘,不会影响通气设施的正常供气。

如图 5-1 所示,将空腔回溯水流到达掺气槽下缘时的状态定义为空腔完全掺气状态的临界状态,其临界条件可以表示为：

$$L_g + L_b = L_j \tag{5-1}$$

式中:L_g 为掺气槽长度,L_b 为回溯水流长度,L_j 为射流长度或空腔长度。L_b 和 L_j 可以通过模型试验或理论计算得到。

若 $L_j - L_b > L_g$,则掺气设施处于完全通气状态;若 $L_j - L_b < L_g$,则掺气设施处于间歇性通气状态或空腔淹没状态。

5.2 空腔回水的理论分析

5.2.1 空腔回水的形成机理

关于空腔回水的形成机理问题，前人已经从不同角度对其作出了不同程度的分析和总结，现根据已有的资料将具有代表性的几个观点归纳如下。

(1)空腔回水的临界值理论分析

当空腔射流的挑距相同时，其落点横向分布是一致的，一旦射流挑距小于某一临界值，则射流回灌，空腔消失，呈淹没射流。杨永森等[2]分析认为，对于某具体水流条件、掺气坎尺寸和底坡而言，存在保持空腔稳定的一个最小空腔长度——空腔稳定的临界值。空腔射流的挑距大于临界值，则空腔稳定；空腔射流的挑距小于临界值，则射流回灌，空腔消失。连续挑坎的空腔长度只有一个值，一旦水流条件变化到空腔长度小于临界值，则水流回灌，空腔消失。

(2)空腔回水的力学理论分析

空腔回水与射流落水点处的紊动强度及落水点水流质点的相互作用有关。掺气坎射流落点落在一条垂直于泄洪洞轴线的横线上，使得挑射水流在落水处产生碰撞，并且各射流落水质点相互作用，产生的较大回漩力，影响空腔的稳定，引起空腔回水。

张立恒的试验表明[3]，对小底坡明流泄洪洞，在低 F_r 数流动情况下，掺气阻力影响可忽略，但重力作用十分显著。当坎高较小时，水流经过挑坎后所形成的自由空腔较小，且很不稳定，空腔内的波动回水严重。如加高挑坎，空腔长度有所增加，但其稳定性较差。

(3)用掺气坎掺气机理分析空腔回水

杨永森[2]等认为，空腔区的掺气是通过两种机理实现的：气水界面处的紊动交换作用和射流冲击底板时的局部掺气作用。一些试验成果也表明，通过空腔界面掺入水股的气量与水股撞击底板时卷带入水股的气量之比约为 2∶1。这也证实了水股撞击底板时卷带入水股的气量在整个射流挟气量中占有很大比重。其中，射流冲击底板时的局部掺气量的大小不仅取决于冲击点处的局部紊动强度，也随着射流落水点长度的增加而增大。因此，掺气设施有效空腔长度越大，底板上射流落水点长度越大时，掺气设施掺气越充分，空腔回水越小。

张立恒[3]从理论上对空腔回水的形成机理进行了进一步的研究，最后从分析总流的动量方程式入手,对空腔回水的形成作了理论上的解释。流向掺气设施的水流经过掺气坎时,由于受到掺气挑坎的作用,水流向上挑射,脱离坎的下边界,当挑坎具有一定的高度时,就能在坎下形成空腔,使水流掺气。经挑坎挑射而形成的水舌,由于受到重力作用的影响,在行进过程中,重新回落到下游底板上。在回落的过程中,挑射水流以一初速度射向下游平直底板,当水流被底板阻挡以后,可分为两股,其中一股水流沿底板流向下游,另一股水流则沿底板向上回流入掺气空腔中,从而形成了空腔回水。

5.2.2 影响空腔回水的因素

随着掺气减蚀设施在工程实践中越来越广泛的应用,掺气空腔内的回水问题已成为掺气减蚀研究中的一项重要课题。为了减小空腔回水对水流掺气的影响,我们必须提出一些能减免空腔回水的有效措施,而所有的减免措施都是建立在对影响空腔回水的因素的分析基础上的。

影响空腔回水的因素很多,主要有以下几方面:

(1)掺气设施体型

前面已经提及,空腔回水与掺气坎的几何参数(掺气坎高度、体型等)有关。例如,当采用连续式掺气坎,且坎高较小时,由于挑射水流较低,形不成自由稳定的空腔,容易引起空腔回水;新型的掺气设施体型(如 U 型坎、V 型坎等)较传统的连续式掺气坎更易形成稳定的空腔形态,有利于水流充分掺气以及有效地减免空腔回水。

(2)坎上来流的水流特性

来流的水流特性包括来流流量、坎上流速和坎上水深等,它们的量值的变化对空腔回水的形成也起到了一定的作用。

(3)掺气设施下游底板坡度

经过掺气设施挑射后的水流回落到下游底板上,底板坡度的大小将直接影响水流的流态和空腔的形态。底板坡度过小,形成的射流水舌冲击角 θ 也相应较小,并将缩短水流挑射距离,减小射流的空腔长度,使掺气空腔难以稳定,水流掺气不充分,造成空腔内回水。

虽然影响因素很多,但其中最主要的是射流水舌冲击角。该角综合反映了各影响因素的作用,它的大小与水槽底板坡度,掺气坎的几何参数(体型、高度等)及坎上来流的水力条件(流速、水深等)等因素有关。同等条件下,此角越大,空腔回水深度越大,回水越严重[4]。

5.3 空腔回水问题的研究现状

越过掺气坎的高速水流，在坎后将形成分离区，由于两侧向该区补气，此分离区将变为由空气填充的空腔。研究表明[4]，空腔的几何状态是影响掺气减蚀设施掺气量的最重要的因素，所以研究掺气坎后空腔的水力特性，尤其是关于如何避免空腔回水影响的问题具有十分重要的工程价值。

前人对掺气减蚀设施的掺气特性进行了较多的试验与理论研究，但对空腔回水问题研究较少。事实上，在小底坡的情况下，避免空腔回水常常是设计中面临的一个难题。空腔回水对掺气设施的掺气效果有明显的影响，严重时还将直接影响掺气设施的正常运行。空腔内回水较深时，甚至可能完全阻塞进气通道，致使掺气减蚀设施失效。

杨永森[2]等分析认为，对于某具体水流条件、掺气坎尺寸和底坡而言，存在着一个空腔稳定的临界值，当射流的挑距小于临界值，则射流回灌，空腔消失。王海云[4]等认为空腔回水与射流落水点处的紊动强度及落水点水流质点的相互作用有关。李延农[5]等认为空腔末端射流冲击角大于 10°时将出现空腔回水，但其研究是针对具体的工程模型进行的，试验数据不多，因此，有必要做进一步的更为系统的研究。Chanson[6]对空腔淹没的临界条件进行了分析，认为对不同结构型式的掺气设施，当 F_r 低于某个临界值或者水深和跌坎高度的比值大于某个特征值时，掺气空腔将被淹没。张立恒等[3]通过试验发现，掺气坎后空腔回水的形成与上游坎射流冲击角有密切关系，此角越大，空腔积水深度越大，回水越明显。

可见，在小底坡和低 F_r 条件下，由于空腔回水的困扰，常规的掺气设施不能获得满意的掺气效果，如何解决这个问题已成为今后掺气设施设计的重要难题。

5.4 掺气坎体型研究

掺气设施的掺气效果除受来流条件影响外，还取决于掺气设施的型式和尺寸。在泄洪洞底坡与来流条件一定的情况下，调整掺气设施的型式和尺寸是获得满意的掺气效果的办法之一。

近年来，一些科研单位结合具体的工程实际，针对低 F_r 数小底坡泄洪洞空腔回水问题在掺气坎体型设计方面做了许多研究改进工作，提出了一些办法，取得了一定的成果。

工程实践经验表明，坎式掺气设施大多运用于泄水建筑物的陡坡段和缓坡段。对于陡坡段的掺气坎，由于坎下的底坡坡度一般都比较大，坎后形成的掺气空腔尺度较大，体型与尺寸相对容易确定；而对于缓坡段上游的掺气坎，由于底坡坡度较小，坎后形成的掺气空腔尺度较小，同时在空腔末端由于挑射水舌冲击底板常常会产生回溯水流。低 F_r 数流动情况下，当回水较强时，会影响坎后空腔的形态和通气井的正常运行，因此，掺气坎类型有待进一步的研究，设置掺气槽(坎)最关键的因素是采用性能良好的掺气设施。

为了消除泄洪洞内小底坡情况下，掺气坎后空腔内容易出现回水壅堵的水力学问题，研究人员结合具体工程曾提出了多种掺气坎体型，如：齿墩式掺气坎、U 型槽式坎、V 型槽式坎以及凸型坎等方案。

杨永森[7]等对掺气设施体型进行过优化比较，得出掺气设施的坎高优化主要与来流的 F_r 数有关。

刘俊柏[8]结合龙羊峡底孔泄洪洞小底坡明流段的掺气减蚀研究，通过七个方案的比较试验，提出了一种八字形挑坎加设排水设施的掺气设施。此种型式的掺气设施通过选择合适的通气槽下游贴流坎，使射流越过通气槽后，沿贴流坎贴流而下，减小回溯水流，降低排水量。同时通过设置于底空腔下部的排水设施，将回水排走，使射流下缘保持有底空腔和畅通供气通道。

庞昌俊[9]等提出了一种适合于高流速、大单宽流量的新颖的 U 型槽式掺气挑坎。因该掺气坎的出口处为 U 字形而得名。这种掺气坎既具有常规挑坎加跌坎掺气槽的优点，又利用了 U 型槽所形成的豁口射流将坎下空腔内的回水冲走。具体说来，其目的就是利用中间 U 型坎射流的冲击作用，将空腔内的回溯水流推向主流，随射流拖曳而下，可以克服小底坡上掺气挑坎在大单宽流量时出现的空腔内回溯积水现象，并能保证在各种来流工况下均能使空腔稳定。取得了较好的效果，并已在二滩水电工程中得到应用。

孙双科[10]等结合小湾泄洪洞，对缓坡条件下的掺气减蚀设施的体型进行了研究，提出了一种凹型掺气坎，通过对比试验研究认为：平面凹型掺气坎因空腔内水气交界面积大，对提高空腔内的总通气量、改善掺气条件有利；另外，相对于其他型式的掺气坎而言，凹型掺气坎在两侧边墙处空腔更为完整一些，这对提高边壁角隅区域水流的掺气能力，增进边墙的抗空蚀效果也有一定的益处。

刘超、杨永全、王海云[11,12]等对掺气坎的体型进行了深入的研究，提出了一种新型的 V 型槽式掺气坎，经模型试验检验，掺气减蚀效果良好。这种空间三维连续变动的 V 型掺气坎能使挑射水流形成连续变化的空腔长度，并使坎后的射流水舌的横向重力分布发生了变化，掺气坎后的射流水舌的流速、挑角和高程，沿中心线两侧都呈现连续变化，进而水舌落水点的范围形成一个连续变化的曲线。由于水舌落点处的流速也是连续变化的，就可以起到减弱和消除水流与底板碰撞形成的回水作用。同时水流的三维扩散作用更加充分，水舌与空腔的接触面积显著增加，较二维掺气坎更易形成稳定的空腔形态，有利于水流充分掺气。

支栓喜[13]为了提高掺气设施在高水头、低F_r数条件下的掺气性能，提出了齿墩式掺气坎。这种坎具有掺气性能和保护长度显著大于传统的掺气坎，水舌的冲击压力小等优点，其掺气效率很高，通气比可为普通掺气坎的数倍，齿坎的齿墩高度对通气比的影响极为显著，随齿墩高度的增加，通气比迅速增加。并且这种坎的掺气保护长度大于组合坎的掺气保护长度；水舌的最大冲击压力也远小于组合坎，并随齿数的增多和齿高的加大而减小。

吴伟伟[14]等研究表明，平底下游加设贴坎掺气设施比常规平底掺气设施具有更好地抑制空腔回水的特性。平底下游加设贴坎掺气设施空腔长度和通气量均与来流F_r和下游贴坎的几何尺寸有关。针对平底泄洪洞的掺气减蚀，通过理论分析和的大比尺模型试验，他们进行了四个方案的对比研究，提出了一种新型的挑坎下游加设贴坡的掺气设施，有效地抑制了空腔回水，获得了稳定的掺气空腔，并且通气量、气水比等掺气特性指标都有明显改善。

对于掺气设施新体型，国内的很多试验研究人员都已对此进行了专门的研究工作。杨纪元[15]根据已有资料归纳总结出三种方法：

(1)排水法

这种办法是在掺气槽下游侧或槽底设置排水管，利用排水管进出口高程差所产生的水头将槽中的积水排掉，以保证进气通畅。该方法已经成功地用在龙羊峡水电站泄水底孔明槽段的两个掺气槽上，收到了较好的效果。

试验表明，在小坡度明渠上布置通气设施的最大困难是挑射水流部分逆坡回溯，封堵下方的空腔。采用排水法，即在槽下游侧或槽底设置排水管，利用排水管进出口高程差所产生的水头将槽中的积水排掉，可以保证进气通畅。

(2)冲水法

这种方法是将掺气挑坎做成差动式，即挑坎中间留一豁口，豁口形成的水舌冲击坎下空腔中的回水并将其带走，以形成稳定的进气空腔。该法被用于二滩水电站泄洪洞洞身的部分掺气装置上。

(3)砂丘型掺气坎

这种方法是将掺气坎做成砂丘形状，水流经过砂丘体时，砂丘体后下游侧不仅可以形成稳定的掺气空腔，而且还可以防止含砂水流在坎后淤积，堵塞进气通道。

实践证明，这些优化改进后的体型对类似工程掺气设施的合理设计具有十分重要的参考价值和一定的指导作用。

参考文献

[1] 肖兴斌. 水工泄水建筑物掺气减蚀设施综述. 长江水利教育，1996，13(1)：22—29.

[2] 杨永森，杨永全，帅青红. 低 *Fr* 数流动跌坎掺气槽的水力及掺气特性. 水利学报，2002(2)：27—31.

[3] 张立恒. 掺气减蚀设施空腔回水问题试验研究. 成都：四川大学，2006.

[4] 王海云，戴光清. 明流泄洪洞掺气减蚀设施优化试验研究. 水力发电，2003，29(11)：54—56.

[5] 李延农，王怡. 解决大流量、小底坡、泄洪洞掺气减蚀设施空腔回水问题的一种办法. 泄水工程与高速水流，2004.

[6] H. Chanson, Flow Downstream of an Aerator-Aerator Spacing. Journal of Hydraulic Research, 1989，27(4)：519—536.

[7] 杨永森，杨永全. 掺气减蚀设施体型优化研究. 水科学进展，2000(6).

[8] 刘俊柏. 龙羊峡泄水建筑物全水头运行下小坡度明渠上通气减蚀措施评述. 西北水电，1987(2)：7—13.

[9] 庞昌俊. 大型"龙抬头"明流泄洪洞小底坡掺气减蚀设施的选型研究. 水利学报，1993(6)：61—66.

[10] 孙双科，柳海涛，王晓松等. 缓坡条件下凹型掺气坎布置形式研究. 水力学与水利信息学进展，2003.

[11] 刘超，杨永全. V 型掺气坎体型研究. 水力学与水利信息学进展，2003(9)：319—322.

[12] 王海云，戴光清. V 型掺气坎在龙抬头式泄洪洞中的应用. 水利学报，2005，36(11)：1371—1374.

[13] 支栓喜，阎晋垣. 齿墩式掺气坎的水力特性的研究. 水利学报，1991(2)：42—46.

[14] 吴伟伟. 平底底孔水力特性研究. 河海大学硕士学位论文，2007.

[15] 杨纪元. 介绍几种解决掺气槽积水及空腔不稳定的办法. 西北水电，1993(3)：42—43.

6

低 F_r 数小底坡泄洪洞掺气坎选型试验研究

6.1 低 F_r 数大单宽缓底坡掺气坎的特点

F_r数也称佛劳德数，是一个无量纲数，用符号 F_r表示。F_r数在水力学中是一个极其重要的判别数，它的形式是：

$$F_r = \frac{v}{\sqrt{g\bar{h}}} = \sqrt{2\,\frac{v^2/2g}{\bar{h}}} \tag{6-1}$$

式中：v 为水流速度，g 为重力加速度，$v^2/2g$ 表示代表单位重量液体的动能，$\bar{h}$ 表示单位重量液体的位置势能。由式(6-1) 可以看出，F_r 数是表示过水断面单位重量液体平均动能与平均势能之比的 2 倍开平方，随着这个比值大小的不同，反映了水流流态的不同。当水流的平均势能等于平均动能的2倍时，$F_r=1$，水流是临界流。F_r 数越大，意味着水流的平均动能所占的比例越大。

F_r 数的力学意义是代表水流的惯性力和重力两种作用的对比关系。当这个比值等于1时，说明惯性力作用与重力作用相等，水流是临界流；当 $F_r>1$ 时，说明惯性力作用大于重力作用，惯性力对水流起主导作用，这时水流处于急流状态；当 $F_r<1$ 时，惯性力作用小于重力作用，这时重力对水流起主导作用，水流处于缓流状态。

对于一般的泄洪隧洞，由于其 F_r 数大，水流的流速大，使用一般的挑坎、跌坎和通气槽相结合的掺气坎就能形成足够的空腔，越过掺气坎的高速水流，在坎后将形成分离区，由于两侧向该区补气，此分离区将变为由空气填充的空腔，得到很好的掺气减蚀效果。

一般来说，对于$F_r<7$的流动称为低F_r数流动，此时，掺气设施水力及掺气特性与高F_r数流动情况有显著差别，掺气设施的设计也有其特点。低F_r数流动情况下，往往水深都较大，其断面F_r数较小，重力影响十分显著，远远大于惯性力，空腔区流线弯曲严重，掺气空腔内常常会因为水流回溯而出现积水。

空腔积水的存在对掺气设施的水力及掺气特性有明显影响。在一定条件下，由于回溯水流的波动，会出现空腔不稳定，甚至空腔消失等不利流态，影响掺气坎的掺气减蚀效果。如果用一般的掺气坎，水流经过挑坎或跌坎后，水流会很快落向隧洞底板，空腔很小；如果底板坡度较缓，落水会堆积在落点处，且具有一定的动能，水流将向上、下游流动，水流动能若是大于缓坡形成的阻力，则大空腔内要形成回溯水流，严重会淹没空腔，达不到掺气减蚀的作用。空腔积水严重时还将直接影响掺气设施的正常运行，使得掺气设施的减蚀功能难以发挥。因此，为了得到较稳定的空腔，需要对掺气坎体型进行特殊设计，布设合理的掺气设施具有十分重要的意义。

本章的研究结合大岗山水电站小底坡泄洪洞掺气减蚀设施研究，通过1∶40的大比尺模型试验，在进行了多种常规掺气设施方案的对比试验研究的基础上，提出了一种“局部陡坡＋槽式挑坎”掺气设施，该新型掺气坎能适应大单宽流量、低F_r数和缓底坡泄洪洞掺气要求，有效地抑制了空腔回水，获得稳定的掺气空腔和较好的掺气特性指标。

6.2 大岗山水电站泄洪洞“局部陡坡＋槽式挑坎”试验研究

6.2.1 工程概况

大岗山水电站位于四川省西部大渡河中游石棉县境内，混凝土双曲拱坝最大坝高210m，是大渡河干流近期开发的大型水电工程之一。电站正常蓄水位1130m，总库容7.42亿m^3，电站装机容量2600MW。枢纽工程规模巨大，拱坝洪水流量大，水头高，泄洪功率大，约为15400MW。泄洪消能是本工程的重要技术问题之一。初步拟订的泄洪消能方式为坝身4深孔挑流消能，下游设消能水垫塘，右岸布置一条泄洪隧洞。其中泄洪洞尺寸14m×18m(宽×高)，流量为3340m^3/s，总长度为1100m。

水电站枢纽主要由挡水、泄洪、电站引水系统及地下电站厂房等建筑物组成。主要建筑物有:坝身、左岸地下厂房、右岸泄洪洞等。泄洪洞剖面图见图6-1。

右岸泄洪洞进口堰顶高程1110m,孔口宽度为16m,进口设置一道检修平板闸门和一道弧形工作门。后接坡度为$i=0.1054$的洞身,洞身为城门洞,洞高为18m,洞宽为14m,出口采用扭鼻坎挑流泄入下游河道。泄洪洞全长1110m,落差170m,设计底坡为10.46%的泄洪洞,为开敞式进口、全洞无压泄洪、洞线为直线的布置,洞身采用“一坡到底”的布置,其中布置有6级掺气坎。

6.2.2 试验目的与内容

本章将结合大岗山水电站对泄洪洞单体模型试验进行掺气设施试验研究,主要目的在于通过掺气减蚀设施的比较和优化研究,根据其水力特性得到合理的掺气设施的布置与体型,从而保证泄洪洞的安全运行。

试验内容主要包括:

泄洪洞水工模型试验的主要目的在于通过掺气减蚀设施和挑坎体型的比较和优化研究,确定泄洪洞掺气设施的布置形式和体型,避免不良水流条件,保证泄洪洞的安全运行。具体内容包括:

(1)观测不同掺气设施体型是洞身的水流流态,测量各工况泄洪洞沿程各断面水深、流速分布、水位波动及洞顶余幅;

(2)测量各工况泄洪洞沿程压力分布,分析水流空化数;

(3)测量特征工况下,掺气浓度分布、掺气槽进气量、空腔长度与空腔负压值及挑射水舌对底板的冲击力,优化掺气设施的体型,提出掺气保护范围及掺气坎布置级数。

6.2.3 试验模型设计

为了满足各水力参数相似性要求,确定模型几何比尺$\lambda=40$,水工模型为单体、正态,上游模拟对进口流态有影响的构筑物,下游河道模拟长度600m,能保证下游流态的相似性。

在线性比尺为$\lambda_L=40$的条件下,各水力参数的相应比尺如表6-1所示。

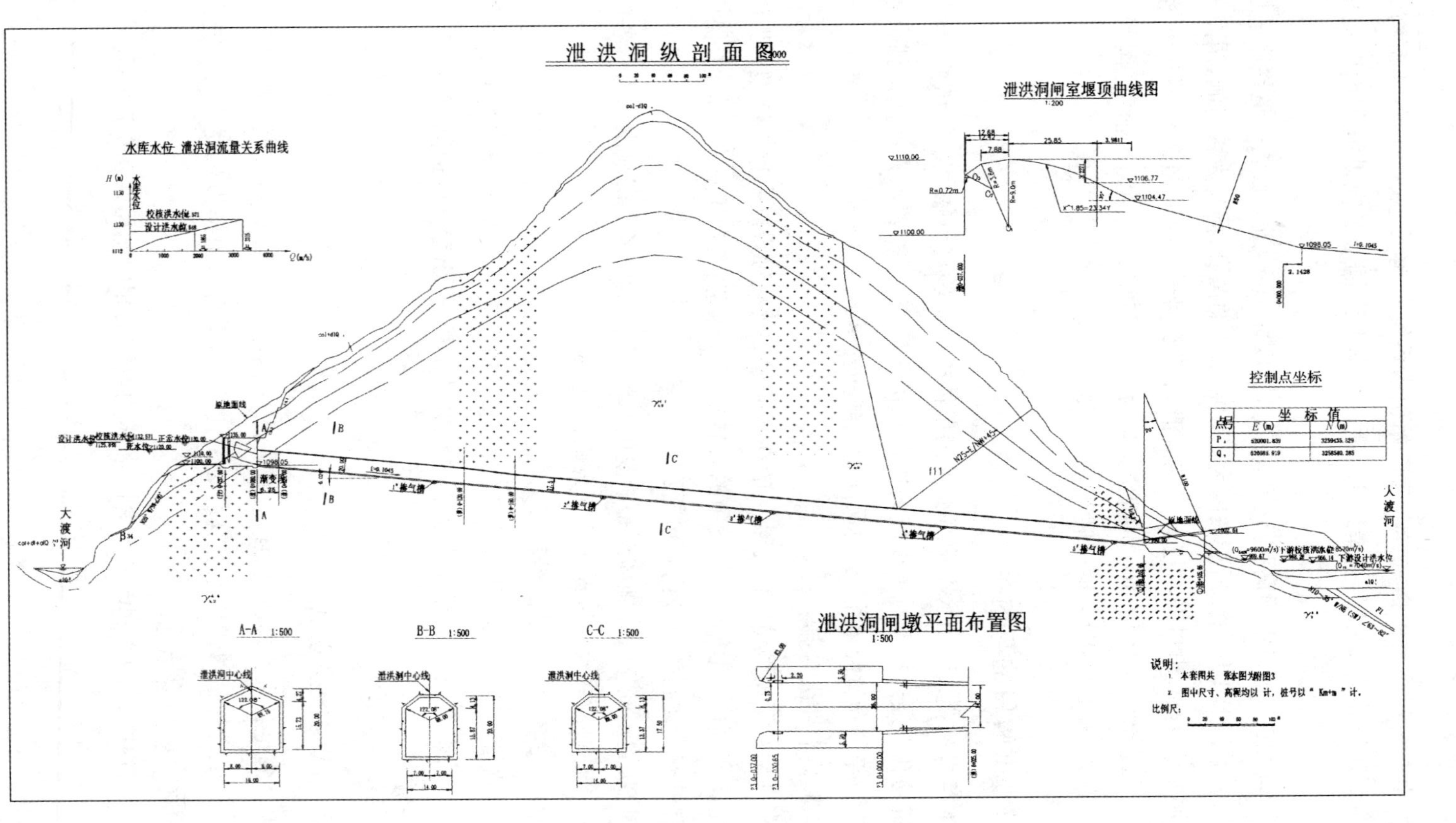

图 6-1 大岗山水电站泄洪洞剖面图

表 6-1　各水力参数的相应比尺

参　数	线性比尺	时间比尺	速度比尺	流量比尺	压强比尺	糙率比尺
比　尺	λ_L	$\lambda_T=\sqrt{\lambda_L}$	$\lambda_v=\sqrt{\lambda_L}$	$\lambda_Q=\lambda_L^{2.5}$	$\lambda_p=\lambda_L$	$\lambda_n=\lambda_L^{\frac{1}{6}}$
	40	6.325	6.325	10119.288	40	1.849

根据已知的原型糙率 $n_p=0.014$，则沿程阻力相似所要求的模型糙率应为 $n_m=n_p/\lambda_n\approx 0.007739$，根据经验，有机玻璃板制作的模型糙率约为 0.008，即该模型的水流阻力也是近似的。

试验模拟范围包括开敞式进口、洞身及上游库区段(见图 6-1)。泄洪洞特征水位和泄量见表 6-2。

表 6-2　泄洪洞泄流能力试验结果

水　位(m)	流　量(m^3/s)	水　头(m)	流量系数	式(4-1)拟和值	流量拟和值	相对误差(%)
1114.64	288.96	4.64	0.408	0.407	288.39	0.2
1117.76	638.72	7.76	0.417	0.426	652.51	−2.2
1122.34	1350.93	12.34	0.440	0.446	1371.51	−1.5
1124.02	1684.99	14.02	0.453	0.452	1681.10	0.2
1126.14	2077.36	16.14	0.452	0.457	2100.52	−1.1
1127.78	2448.62	17.78	0.461	0.460	2443.63	0.2
1129.25	2751.09	19.25	0.460	0.462	2762.92	−0.4
1131.23	3206.97	21.23	0.463	0.462	3204.56	0.1
1132.80	3564.58	22.80	0.462	0.462	3563.33	0.0
1134.89	4042.25	24.89	0.459	0.460	4045.72	−0.1

6.2.4　试验设备

模拟试验全景如图 6-2 所示，试验设备主要有：

(1)流速采用电脑旋浆流速仪测量(重庆交通大学西科所生产)，测量精度达到 1cm/s。

(2)动态数据采集采用 HP3567A 动态信号分析仪测量(美国 HP 公司生产)，经过国际质量认证。

(3)掺气浓度采用中国水利水电科学研究院生产的掺气浓度仪测量。

(4)流量采用矩形薄壁堰(三角堰)测量,测量精度达到0.1L/s.

(5)水位测量采用测针测量,测量精度达到0.2mm。

(6)底板上下表面脉动压力采用脉动压力传感器(宝鸡智衡传感器有限公司生产)测量,测量精度达到2%。

(7)通风量采用电脑风速仪测量(重庆交通大学西科所生产),测量精度达到1cm/s。

图6-2　模型试验全景

6.2.5　掺气坎体型优化

1.常规掺气坎体型试验研究

掺气设施掺气效果的影响因素主要包括来流条件(坎上流速V_o、坎上水深d_0等)和掺气设施的结构体型(如泄洪洞底坡i、挑坎挑角φ、挑坎高度t_r、跌坎高度t_s、掺气槽宽度L_g等)。其中,来流条件由于受到客观条件的限制,往往不能改变,因此,需要根据来流条件,选择合适的掺气结构体型,以取得较好的掺气效果。

为了找寻适合于大岗山水电站小底坡低F_r数泄洪洞的掺气设施型式和尺寸,首先进行了5个常规掺气坎体型方案的研究,各方案体型结构参数见图6-3

～图 6-7。

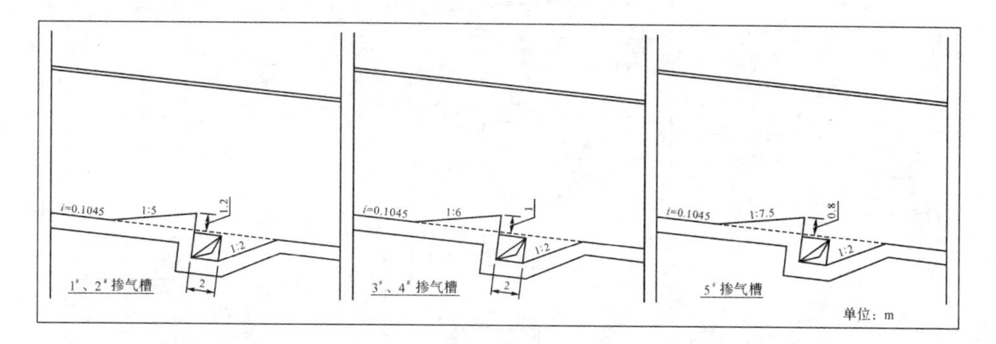

图 6-3　掺气坎体型 1 大样图

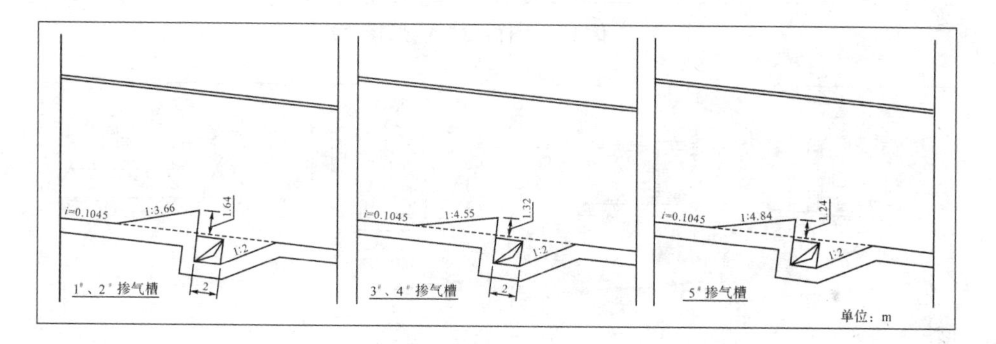

图 6-4　掺气坎体型 2 大样图

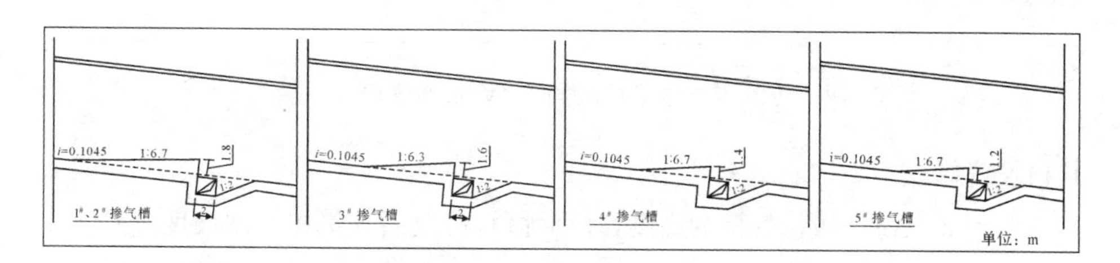

图 6-5　掺气坎体型 3 大样图

其中，体型 1 采用坎槽结合的掺气设施，5 级掺气槽的高度分别为 1.2m、1.2m、1.0m、1.0m、0.8m，掺气坎坡度分别为 1∶5、1∶5、1∶6、1∶6、1∶7.5。5 级掺气槽的深度均为 2.0m，底宽为 2.0m，与下游底板的连接段采用坡度为1∶1 斜坡。

体型 2 在方案 1 的基础上将 5 级掺气槽的高度增加，分别为 1.64m、1.64m、1.32m、1.32m、1.24m，掺气坎坡度分别为 1∶3.66、1∶3.66、1∶4.55、1∶4.55、1∶4.84。5 级掺气槽的深度和底宽不变均为 2.0m，与下游底板的连

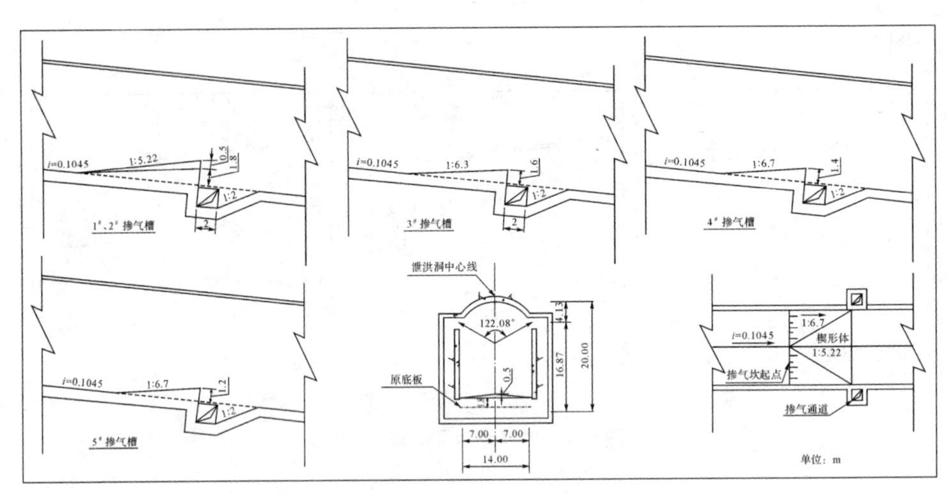

图 6-6 体型 4 大样图("∧"形掺气坎)

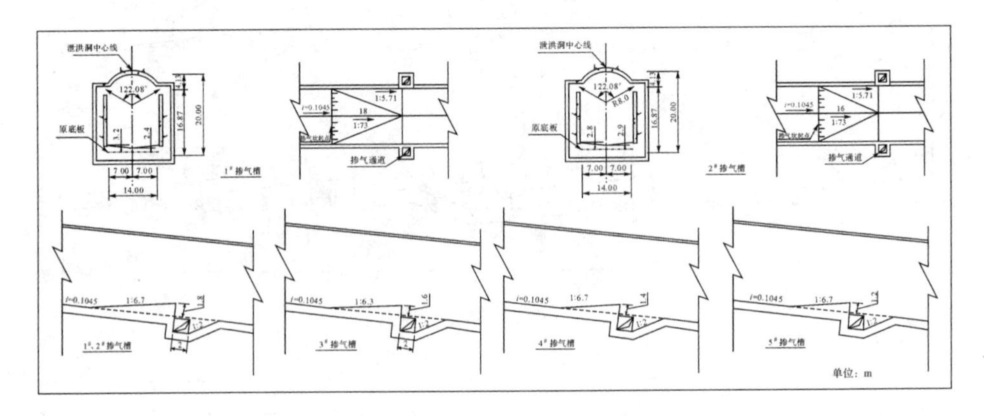

图 6-7 体型 5 大样图("V"形掺气坎)

接段坡度修改为 1∶2。

体型 3 保持 5 级掺气槽的高度，减小挑角，修改后 5 级掺气坎坡度分别为 1∶6.7、1∶6.7、1∶6.3、1∶5.7、1∶6.7。5 级掺气槽的深度和底宽不变均为 2.0m，与下游底板的连接段坡度修改为 1∶2。

体型 4 采用"∧"形掺气坎。

体型 5 采用"V"形掺气坎。

2. 试验结果与分析

(1)流态及空腔形态

①体型 1

试验表明，在正常蓄水位 1130m，泄洪洞全开时掺气设施体型 1 各级掺气坎空腔形态见图 6-8。在掺气坎附近的水流速度、水深和空腔长度见表 6-3。表 6-3 中同时给出了相应的水流 F_r数。试验表明，由于 1#、2# 掺气坎处的水流速度不足 30m/s，而水深达到 10m 左右，因此，水流 F_r数不足 3.0。由于重力作用较大，水流经过掺气坎后下落较快，而且底板落点处的角度较大，因此，空腔内的回溯现象比较明显，基本封住了通气孔，通气效果很不理想。3#、4#、5# 掺气坎通气效果要好一些，但是掺气空腔长度在 10～15m，空腔高度仅有 1.0m 左右，因此，掺气面积偏小。

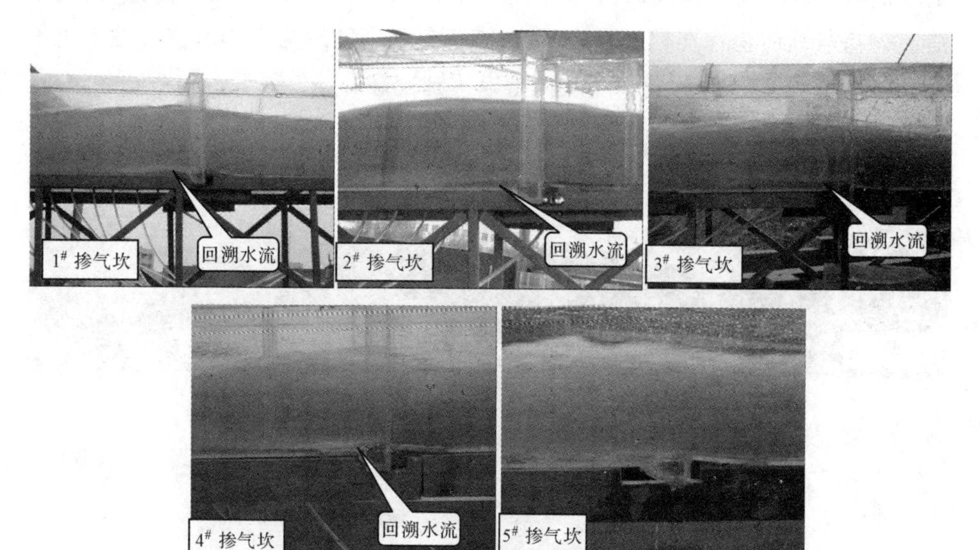

图 6-8　掺气设施体型 1 各级掺气坎空腔形态

综合上述试验结果，5 级掺气坎需要进一步修改，以便增加掺气空腔长度，改善通气效果。

表 6-3　掺气设施体型 1 掺气坎水力参数测量结果

编　号	1#	2#	3#	4#	5#
水深(m)	9.0	8.2	7.0	5.8	6.2
流速(m/s)	30	34	36	39	40
F_r数	3.2	3.8	4.3	5.2	5.1
空腔长度(m)	8～10	10～12	10～15	10～15	15～20
空腔高度(m)	0.1	0.5	0.8	1.0	1.5
空腔形态	差	差	较差	较好	较好

②体型 2

在正常蓄水位 1130m，泄洪洞全开时掺气设施体型 2 各级掺气设施空腔形态见图 6-9。在掺气坎附近的空腔长度和高度见表 6-4。掺气坎体型 2 的 3#、4#、5# 掺气坎后掺气空腔比较稳定，实测掺气空腔高度约为 2.0m 以上，空腔长度在 20m 以上，掺气效果较好。1# 掺气坎后掺气空腔存在积水现象，尤其是 1# 掺气坎积水严重，实测掺气空腔高度约为 0.5m，由于回溯水流表面波动，有时会出现积水封堵通气井进气口的情况，掺气效果不好，掺气坎体型需要调整或取消。2# 掺气坎后也存在积水现象，实测掺气空腔高度约为 0.7m，掺气效果也不十分理想，必须进一步优化掺气坎体型以达到较好的掺气效果。

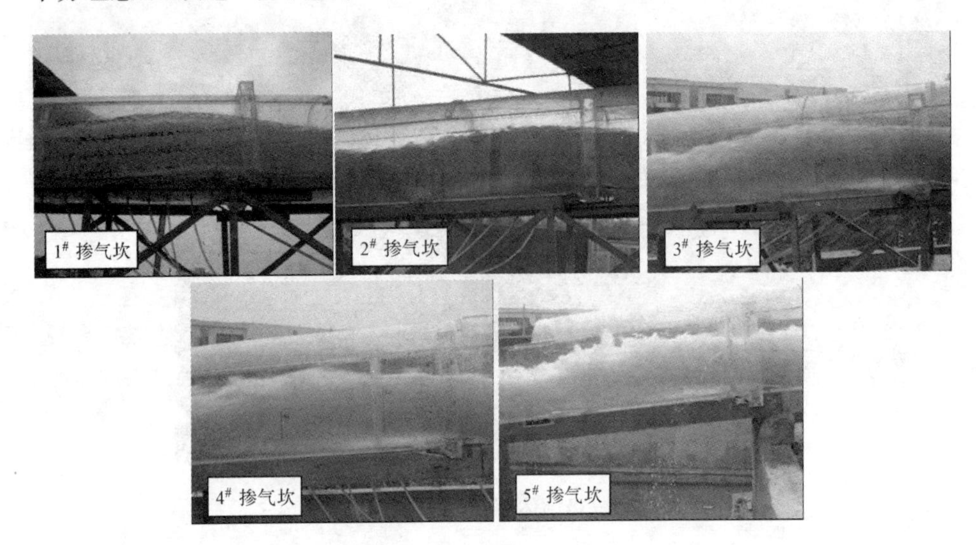

图 6-9　掺气设施体型 2 各级掺气坎空腔形态

表 6-4　掺气坎体型 2 水力参数测量结果

工况	坎号	坎高(m)	空腔高度(m)		空腔长度(m)		坎上水深(m)	坎上速度(m/s)	F_r 数($F_r = V/\sqrt{gh}$)	备注(空腔形态)
			最小	最大	最小	最大				
库水位1130m	1	1.64	0	0.5	0	26.0	8.36	25.03	2.76	积水
	2	1.64	0.3	0.7	16.0	30.8	6.86	30.51	3.72	积水
	3	1.32	2.4	2.6	26.8	39.2	6.48	32.30	4.05	较好
	4	1.32	2.4	2.6	29.2	40.0	5.08	41.20	5.84	良好
	5	1.24	2.2	2.4	26.4	36.0	5.36	39.05	5.38	良好

③体型 3

正常蓄水位 1130m 泄洪洞全开时掺气设施体型 3 各级掺气设施空腔形态见图 6-10。试验表明，对于掺气坎体型 3 中的 3[#]、4[#]、5[#] 掺气坎来说，在各种可能运行工况空腔稳定，空腔长度均在 20m 以上，其中 3[#] 掺气坎在 1132.35m 以上水位运行时有少量回水，但不影响掺气效果，因此，在挑坎坡度减小后，过挑坎时水面波动有所减小。

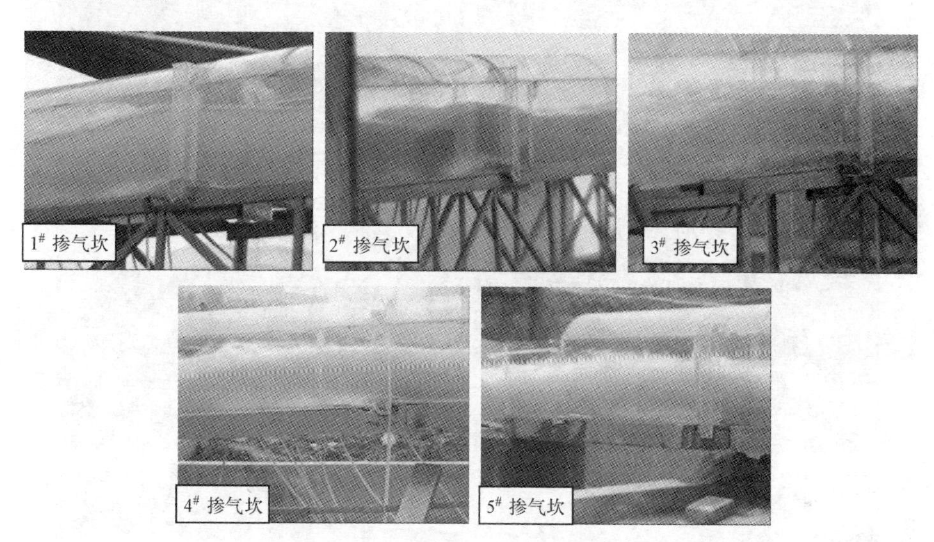

图 6-10　掺气设施体型 3 各级掺气坎空腔形态

对于 1[#]、2[#] 掺气坎来说，随着库水位的增加，挑坎处水深增加，流速却增加很慢，水流 F_r 数减小，掺气依然比较困难。实测结果表明，1[#] 掺气坎在库水位 1120m 时开始出现回溯水流，但尚有约 10m 的空腔长度和约 1.8m 的空腔高度，掺气效果较好(由于流速较小)，到库水位 1123.5m 时回溯水流已经影响进气口进气，掺气空腔高度也只有 0.5m 左右，而且出现间断性的闭气现象。到了 1125m 及以上库水位时，掺气口处于周期性的掺气状态，掺气效果很差。2[#] 掺气坎情况稍好一些，在库水位 1123m 时开始出现回溯水流，空腔长度和高度均比较稳定，掺气效果较好。到库水位 1125m 时回溯水流已经影响进气口进气，也出现间断性的闭气现象，但是掺气效果比 1[#] 掺气坎要好一些。2[#] 掺气坎后回溯水流表面波动，还会出现积水封堵通气井进气口的情况，掺气效果不是太好，掺气坎体型需要进一步优化，使掺气坎达到较好的掺气效果。

④体型 4

掺气设施体型 4 不同库水位泄洪时掺气设施空腔形态见图 6-11。实测的各级掺气坎空腔长度见表 6-5。

图 6-11　掺气设施体型 4 不同库水位泄洪时掺气坎空腔形态(左为 1#，右为 2#)

表 6-5　掺气坎体型 4 水力参数测量结果

工　况	坎　号	坎高(m)	空腔高度(m)		空腔长度(m)		坎上水深(m)	坎上速度(m/s)	备注(空腔形态)
			最小	最大	最小	最大			
库水位1120m	1	2.00	2.20	2.20	21.2	23.6	3.3	21.19	稳定
	2	1.80	2.00	2.00	28.0	32.0	3.1	22.55	稳定
	3	1.80	1.60	1.60	19.6	25.2	2.8	24.97	稳定
	4	1.60	1.68	1.68	19.6	25.2	2.8	24.97	稳定
	5	1.20	1.48	1.48	18.0	21.6	2.7	25.90	稳定
库水位1123m	1	2.00	2.00	2.40	20.8	26.0	4.8	22.17	稳定
	2	1.80	2.60	2.60	24.0	33.2	4.5	23.65	稳定
	3	1.80	2.00	2.00	26.8	30.8	3.6	29.56	稳定
	4	1.60	1.84	1.84	26.0	31.2	3.9	27.29	稳定
	5	1.20	1.60	1.60	26.0	30.0	3.6	29.56	稳定
库水位1125.36m	1	2.00	/	1.20	/	15.0	7.5	18.49	坎后积水
	2	1.80	2.40	2.40	22.0	30.0	5.2	26.67	稳定
	3	1.80	2.20	2.20	24.8	30.0	4.1	33.83	稳定
	4	1.60	2.00	2.00	26.0	32.8	4.6	30.15	稳定
	5	1.20	1.32	1.32	21.2	27.6	3.7	37.49	稳定
库水位1132.57m	1	2.00	/	0.5	/	15	10.0	25.43	坎后积水
	2	1.80	/	0.8	/	23	8.6	29.57	坎后积水
	3	1.80	1.60	1.60	24.0	32.0	7.6	33.46	坎后轻微积水
	4	1.60	1.60	1.60	26.0	32.0	8.5	29.92	稳定
	5	1.20	1.28	1.28	26.0	34.0	7.0	36.33	稳定

试验表明，随着库水位的增加，1#、2#掺气坎掺气效果改善不明显。1#掺气坎在库水位1121m时开始出现回溯水流，有约10m的空腔长度和约1.8m的空腔高度，掺气效果较好，到库水位1124m时回溯水流已经影响进气，而且出现间断性的闭气现象。到了1125m及以上库水位时，掺气口处于周期性的掺气状态，掺气效果很差。2#掺气坎情况稍好一些，到了正常蓄水位1130m开始出现间歇性掺气状态，但是掺气效果仍不理想。

⑤体型 5

掺气坎体型 4 中的 1# 、2# 掺气坎掺气效果仍然较差，因此，继续对 1# 、2# 掺气坎体型进行优化。修改后的掺气设施体型 5 采用“V”形掺气坎。

泄洪洞全开时掺气设施体型 5 各级掺气设施空腔形态见图 6-12。实测的各

图 6-12　掺气设施体型 5 不同库水位泄洪时掺气坎空腔形态(左为 1#，右为 2#)

级掺气坎空腔长度见表6-6。试验表明，随着库水位的增加，1#、2#掺气坎掺气效果明显有所好转。1#掺气坎在库水位1123m时开始出现回溯水流，有约15m的空腔长度和约1.8m的空腔高度，掺气效果稍有增大，到库水位1125m时回溯水流开始出现间断性的闭气现象，掺气效果较差。2#掺气坎情况稍好一些，在库水位1125.36m时开始出现回溯水流，有约20m的空腔长度和约2.0m的空腔高度，掺气效果稍有增大，到正常蓄水位1130m时回溯水流开始出现间断性的闭气现象。

表6-6 掺气坎体型5水力参数测量结果

工况	坎号	坎高(m)	空腔高度(m)	空腔长度(m)		坎上水深(m)	坎上速度(m/s)	F_r	备注
				最小	最大				
库水位1120m	1	2.00	3.80	22.0	28.0	3.3	21.19	3.72	
	2	1.80	3.20	28.0	34.0	3.6	19.42	3.27	
	3	1.80	1.90	24.0	29.2	2.0	34.96	7.89	
	4	1.60	1.80	22.0	28.0	2.6	26.89	5.32	
	5	1.20	1.50	20.0	27.0	2.2	31.78	6.84	
库水位1123m	1	2.00	1.80	15.0	20.0	4.2	25.34	3.95	坎后少量积水
	2	1.80	3.50	20.0	32.0	4.2	25.34	3.95	
	3	1.80	2.00	16.0	25.2	2.6	40.93	8.10	
	4	1.60	2.00	16.0	25.2	3.8	28.00	4.59	
	5	1.20	1.50	14.0	24.0	3.4	31.30	5.42	
库水位1125.36m	1	2.00	/	/	/	5.6	24.77	3.34	坎后积水较严重
	2	1.80	2.00	20.0	28.0	5.8	23.91	3.17	坎后少量积水
	3	1.80	3.50	22.0	31.2	4.2	33.02	5.14	
	4	1.60	1.90	22.0	28.0	4.4	31.52	4.80	
	5	1.20	1.50	20.0	26.0	3.8	36.50	5.98	
库水位1132.57m	1	2.00	/	/	/	10.1	24.46	2.46	
	2	1.80	3.40	22.0	30.0	8.6	28.72	3.13	坎后积水严重
	3	1.80	1.70	20.0	24.8	7.8	31.67	3.62	坎后少量积水
	4	1.60	1.70	20.0	26.0	8.2	30.13	3.36	
	5	1.20	1.40	18.0	24.0	7.2	34.31	4.08	

注：坎上速度为由实测水深计算而得，仅供参考。

(2)水面线与洞顶余幅

由于掺气坎体型1的5级掺气坎空腔长度和高度不足,通气效果不佳,因此不做水面线测量。试验中量测了其他四个方案的水面线与洞顶余幅。

①体型2

正常库水位1130m泄洪时,掺气设施体型2泄洪洞内水面线、洞顶余幅实测结果见图6-13与图6-14。试验结果表明,在正常库水位1130m泄洪洞泄洪时,洞内各水力参数均满足规范和设计要求。

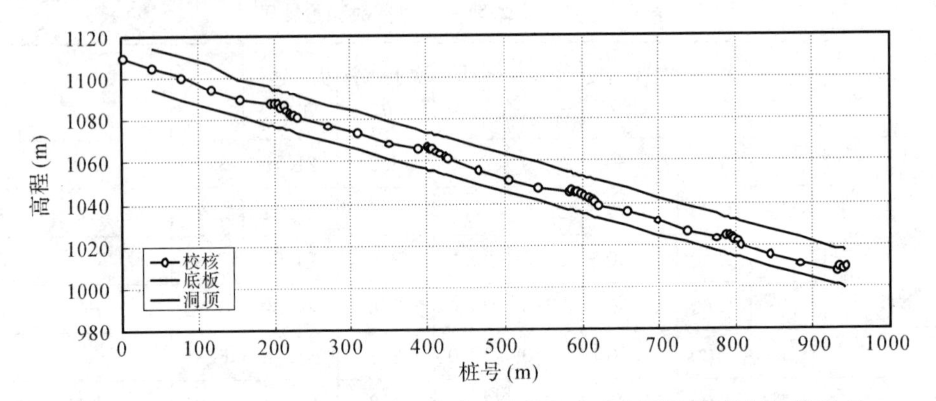

图6-13 正常蓄水位1130m泄洪洞内水面线沿程分布实测结果(掺气坎体型2)

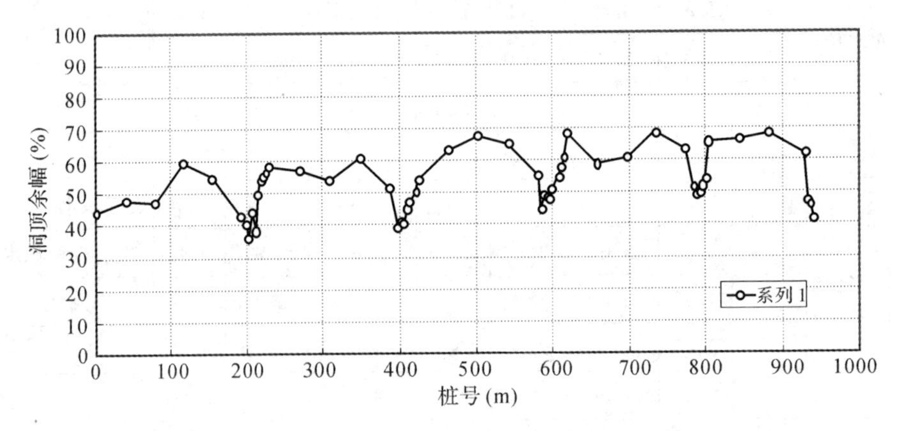

图6-14 正常蓄水位1130m泄洪洞内洞顶余幅沿程分布实测结果(掺气坎体型2)

②体型3

实测库水位1130m泄洪时,掺气坎体型3泄洪洞内的水面线、洞顶余幅沿程分布见图6-15与图6-16。试验结果表明,在该水位泄洪时,洞内水面线明显好于体型2,尤其是经过几级掺气坎后水面跳跃明显减小。

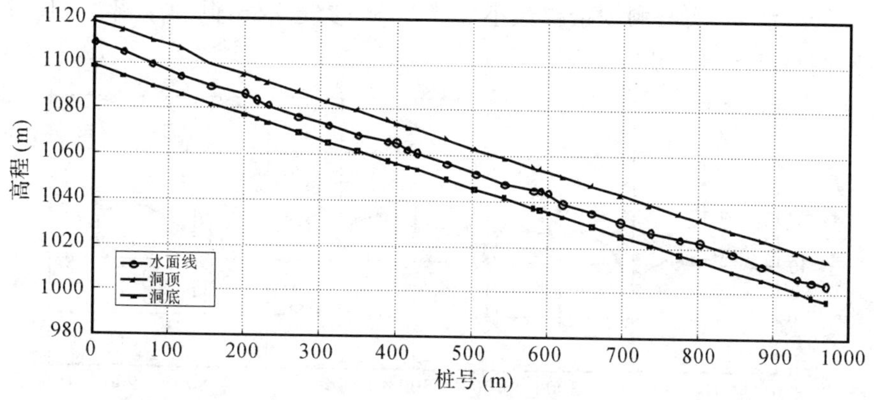

图 6-15 正常蓄水位 1130m 泄洪洞内水面线沿程分布(掺气坎体型 3)

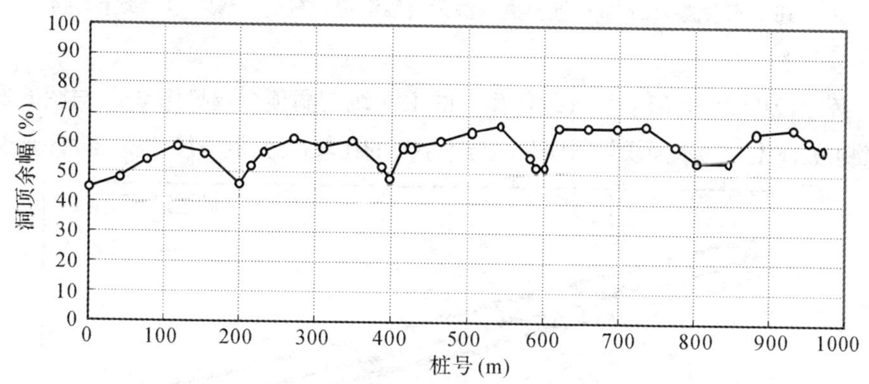

图 6-16 正常蓄水位 1130m 泄洪洞内洞顶余幅沿程分布(掺气坎体型 3)

③体型 4

实测校核洪水位 1132.35m 时，掺气坎体型 4 泄洪洞内的水面线、洞顶余幅沿程分布见图 6-17 与图 6-18。试验结果表明，洞顶余幅控制工况为校核水位

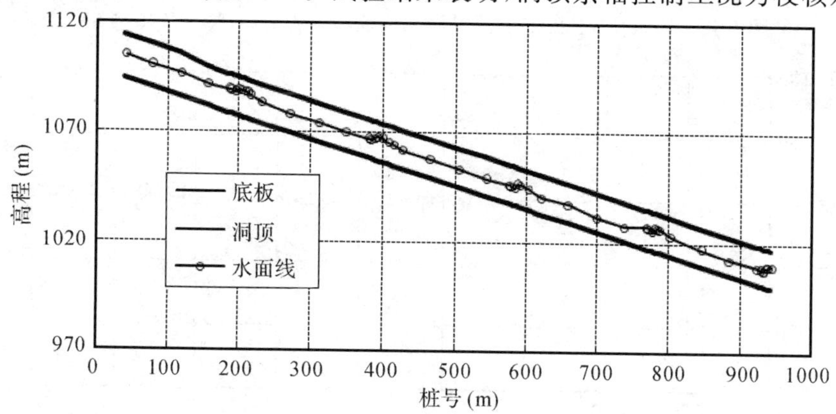

图 6-17 库水位 1132.35m 泄洪洞内水面线沿程分布测量结果(掺气坎体型 4)

1132.35m 泄洪，实测洞顶余幅最小位置在 1[#] 掺气坎处，洞顶余幅为 21.5%。因此，洞身尺寸满足设计要求。

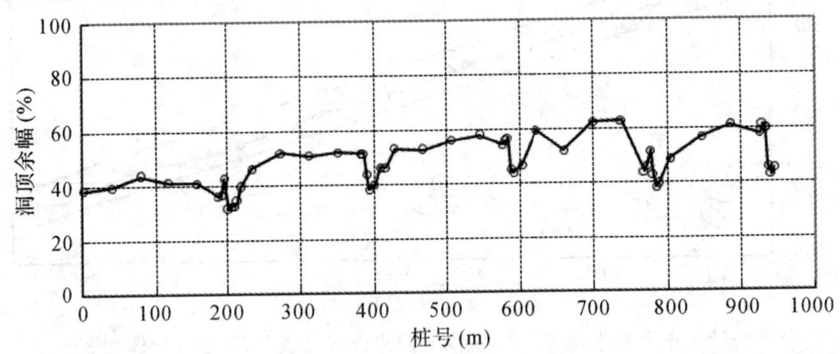

图 6-18　库水位 1132.35m 泄洪洞内洞顶余幅沿程分布测量结果(掺气坎体型 4)

④体型 5

库水位 1132.35m 时，掺气坎体型 5 的水面线与洞顶余幅见图 6-19 与图 6-20。由图可见体型 5 的水面线与洞顶余幅与体型 4 的比较接近，洞身尺寸满足设计要求。

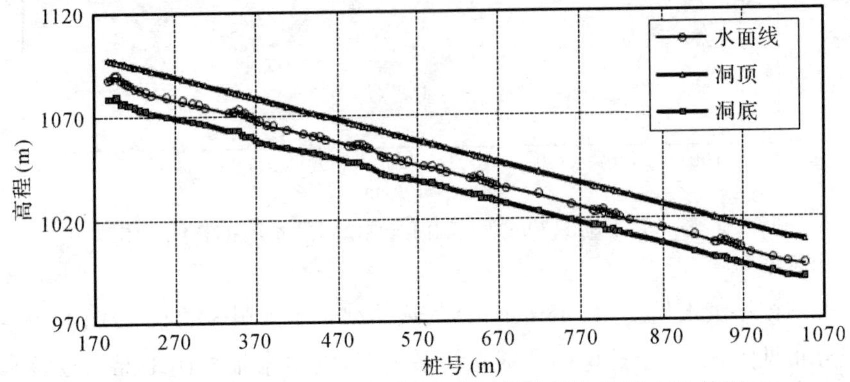

图 6-19　库水位 1132.35m 泄洪洞内水面线沿程分布(掺气坎体型 5)

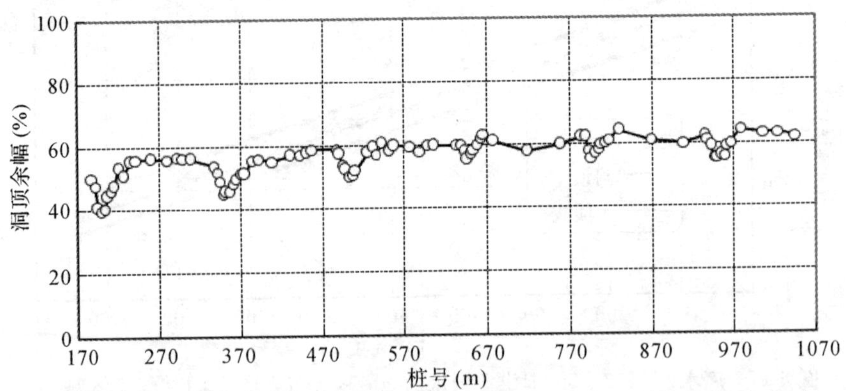

图 6-20　库水位 1132.35m 泄洪洞内洞顶余幅沿程分布(掺气坎体型 5)

(3)水深与流速沿程分布

掺气坎体型2实测校核洪水位1132.35m泄洪时泄洪洞内水深沿程分布和水深计算结果见图6-21。除了掺气挑坎附近水深实测值与计算值相差较大外，其余位置上的水深实测值与计算值吻合较好。掺气坎体型2校核洪水位1132.35m泄洪洞内平均流程变化计算与实测结果比较见图6-22。试验和计算表明，在泄洪洞出口挑坎起始位置，水流流速达到40m/s，通过反算得到的泄洪洞流速系数约为0.7744，结果是合理的。从图6-22中可以看出，模型试验值比较分散，主要是流速较高，水面紊动剧烈，水面线测量非常困难所致。

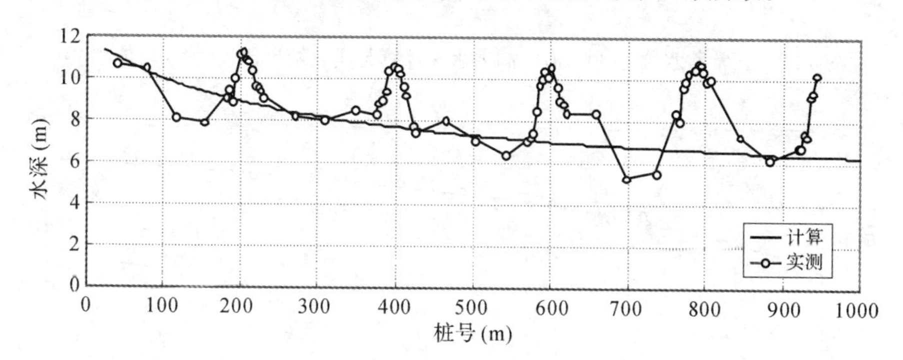

图6-21　校核洪水位1132.35m泄洪洞内水深计算与实测结果比较(掺气坎体型2)

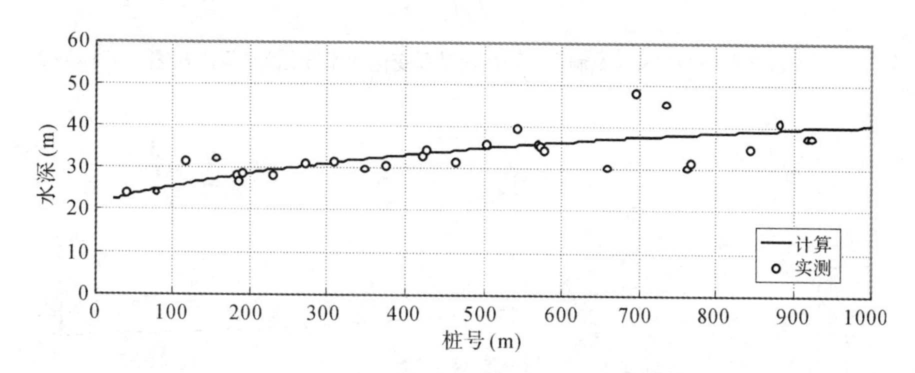

图6-22　校核洪水位1132.35m泄洪洞内平均流程变化计算与实测结果比较(掺气坎体型2)

正常库水位1130m泄洪时，泄洪洞内水深、流速和水流空化数实测结果见图6-23～图6-25。试验结果表明，在正常库水位1130m泄洪洞泄洪时，洞内各水力参数均满足规范和设计要求。

综上所述，由于1#掺气坎处水深大，水流F_r数较低，容易出现水流回溯现象，而在桩号0+300m以后水流空化数一般大于0.3，水流流速也小于30m/s，因此，根据有关设计规范可以将1#掺气坎适当向下游移。

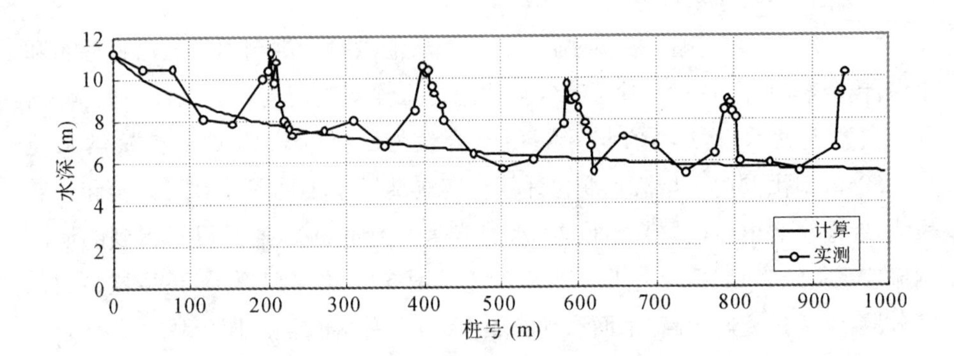

图 6-23　正常蓄水位 1130m 泄洪洞内水深计算与实测结果比较(掺气坎体型 2)

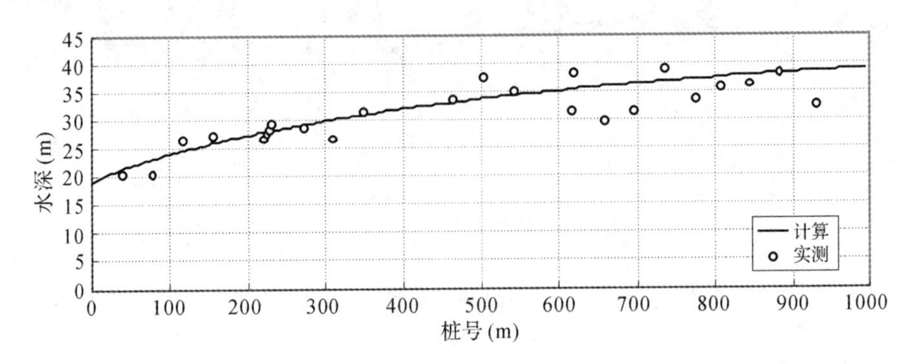

图 6-24　正常蓄水位 1130m 泄洪洞内平均流速沿程变化计算与实测结果比较(掺气坎体型 2)

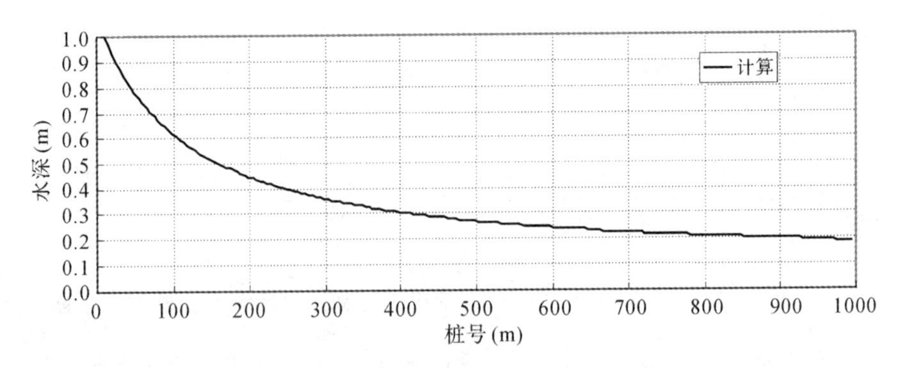

图 6-25　正常蓄水位 1130m 泄洪洞内水流空化数沿程计算结果(掺气坎体型 2)

掺气坎体型 3 实测库水位 1130m 泄洪时泄洪洞内的水深、平均流速和水流空化数沿程分布见图 6-26～图 6-28。试验结果表明，在该水位泄洪时，洞内水面线明显好于体型 2，尤其是经过几级掺气坎后水面跳跃明显减小。

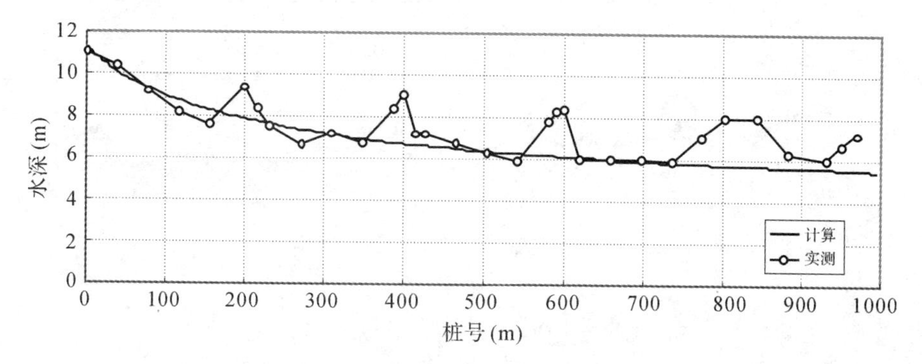

图 6-26 正常蓄水位 1130m 泄洪洞内水深计算与实测结果比较(掺气坎体型 3)

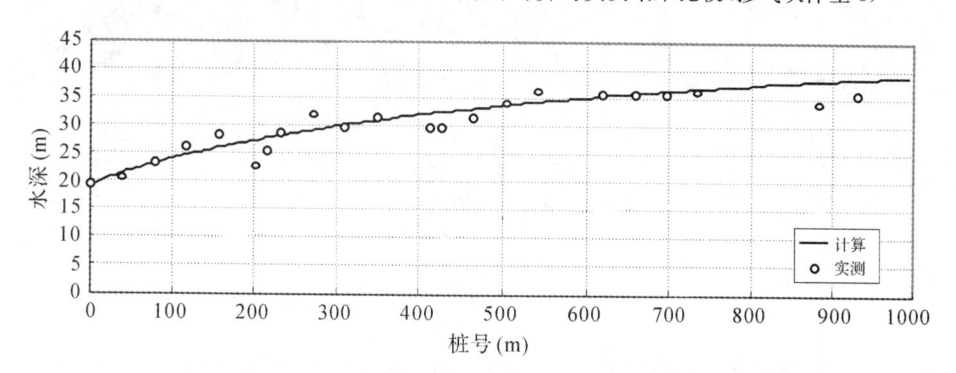

图 6-27 正常蓄水位 1130m 泄洪洞内平均流速沿程变化计算与实测结果比较
(掺气坎体型 3)

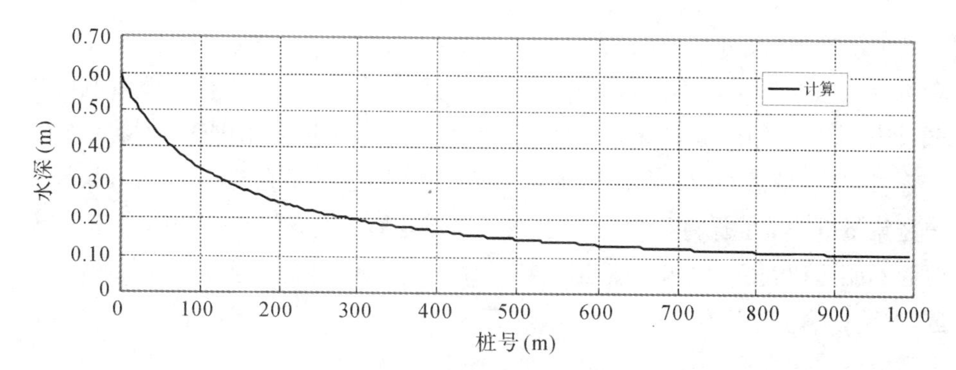

图 6-28 正常蓄水位 1130m 泄洪洞内水流空化数沿程变化计算结果(掺气坎体型 3)

掺气坎体型 4 与体型 5 库水位 1132.35m 泄洪洞内平均流速、水深实测结果见图 6-29 与图 6-30。由图可以看出,在泄洪洞内流速沿程分布体型 4 与体型 5 基本相同,实测挑坎出口处的流速约为 35m/s。

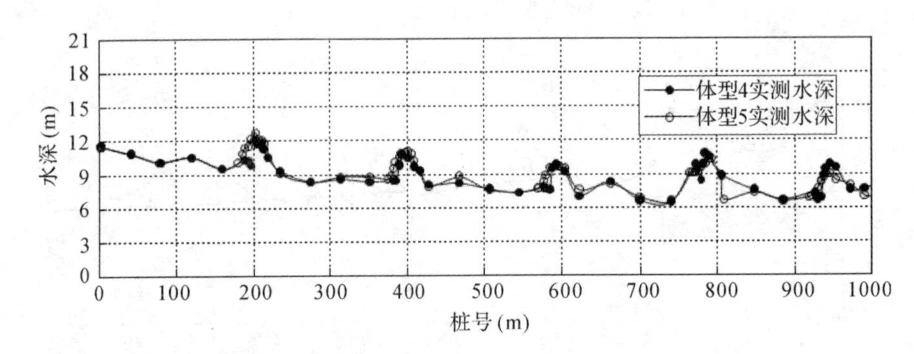

图 6-29　库水位 1132.35m 洞内水深沿程分布

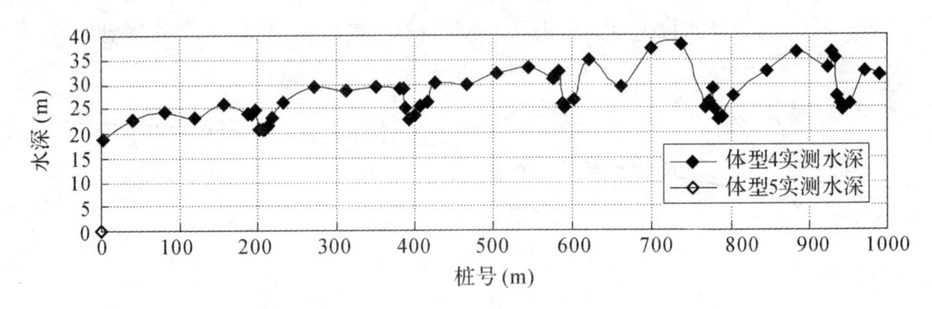

图 6-30　库水位 1132.35m 洞内流速沿程分布

6.2.6　掺气坎的选型优化——新型的“局部陡坡+槽式挑坎”

1. 体型优化

如前所述，大岗山水电站泄洪洞第 1 级掺气坎处的水流流速接近 30m/s，其单宽流量超过 240m³/s，F_r数约为 2.5，为了探讨适合大岗山水电站泄洪洞的掺气设施，在前面的模型试验中，为了提高掺气效率，先后采用倒 V 型掺气坎、V 型掺气坎、U 型掺气坎等多种常规掺气坎体型。试验结果表明，V 型掺气坎较小单宽流量下基本能保持稳定的空腔，掺气效果也有所改善，但是在单宽流量较大时尚不能达到满意的效果。采用连续式掺气坎体型，空腔积水几乎充满整个空腔，严重影响了通气孔中空气的卷吸。可见，在高水头、大单宽流量、小底坡与低 F_r数泄洪洞内合理地设计掺气设施具有十分重要的意义。

水流在低 F_r数、泄洪洞底坡较缓的情况下，传统掺气设施往往会在空腔内出现回溯积水，阻挡了通气孔的顺畅进气，从而影响到掺气减蚀的效果，有时由于空腔积水的震荡与波动，导致空腔不稳定。为了提高大流量、小底坡低 F_r数泄洪洞底部掺气效率，需要改进和研究一些新型的掺气设施。因此，为了在不同工况下均能保证形成通气顺畅的稳定空腔，需根据不同的实际工程和水力条件，探索合适的掺气设施。

2."局部陡坡+连续式挑坎"掺气设施流态与空腔特性

对小底坡泄洪洞最容易想到的就是人为地增加底坡坡度,为了减小水舌底缘与底坡夹角来抑制回流,从而减少对底板的冲击力,可在连续式掺气坎后面加一局部陡坡;由于局部陡坡段坡度及长度有限,同时为了在有限长度内获得较陡的局部陡坡段坡度(可节省开挖量),在连续式掺气坎后加一缓坡平台(见图6-31),为此形成了本研究第一种掺气坎修改体型——"局部陡坡+连续挑坎"。

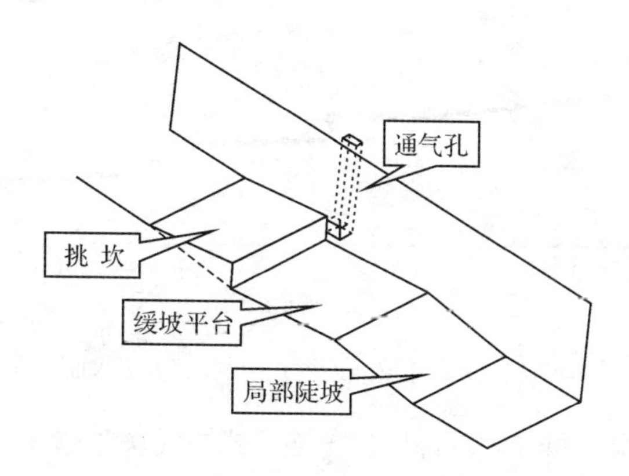

图6-31 "局部陡坡+连续式挑坎"掺气设施三维示意图

对这一改进形式的掺气坎进行了水力特性的试验研究,结果如图6-32所示。

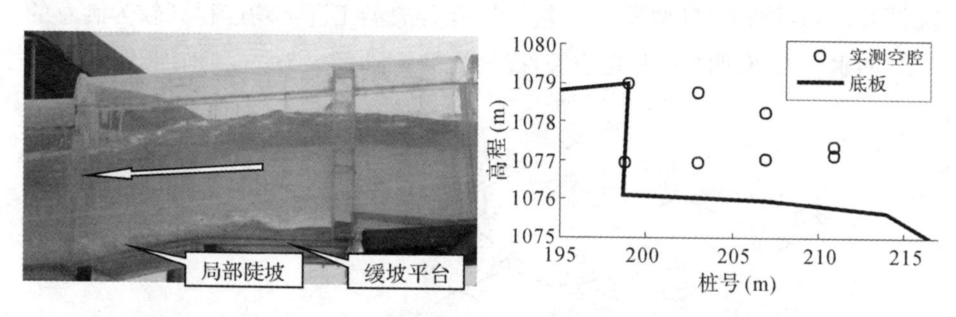

图6-32 "局部陡坡+连续式掺气坎"方案的空腔形态(左为试验照片,右为实测空腔形态)

由图6-32可见,在"局部陡坡+连续式掺气坎"体型方案中,掺气坎后面有10m左右的空腔,空腔后则为一条水气掺混强烈的掺气带。因加设了局部陡坡,水流与底板接触时的夹角减小,反旋滚的强度也得以减弱;水流在陡坡上回溯到上游需要更大的能量。可见,局部陡坡促使空腔形成的作用非常明显。由模型试验观测到，此体型的空腔不太稳定，空腔底部存在较多积水且积水的波动剧烈，会间歇性封闭通风井，对掺气效果仍存在不利影响。

图 6-33 为"局部陡坡＋连续式掺气坎"掺气型式实测水面线结果比较，可以看出，在掺气坎处的水面线比较平稳，有略微的隆起，该处仍有足够的洞顶余幅。

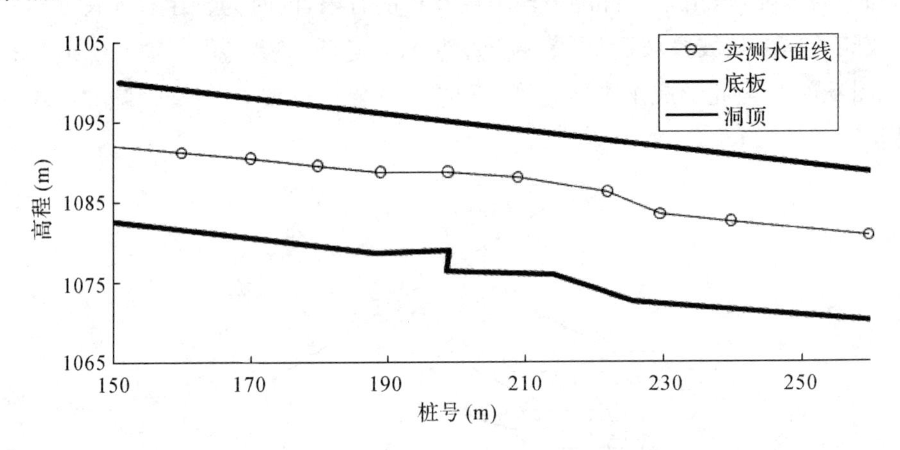

图 6-33 "局部陡坡＋连续式掺气坎"方案水面线

由试验结果分析可知，"局部陡坡＋连续式掺气坎"方案较常规掺气坎体型要好，但仍不能形成稳定的空腔，达不到掺气减蚀的要求。

为此，在这一修改体型的基础上，经过多组次的试验，最后提出一种优化的掺气型式："局部陡坡＋U 型挑坎"型式，简称"局部陡坡＋槽式挑坎"掺气设施（见图 6-34）。该种掺气型式经试验验证，在各典型工况下均能得到较为满意的效果：回水消失，有明显的稳定空腔，掺气效果显著。

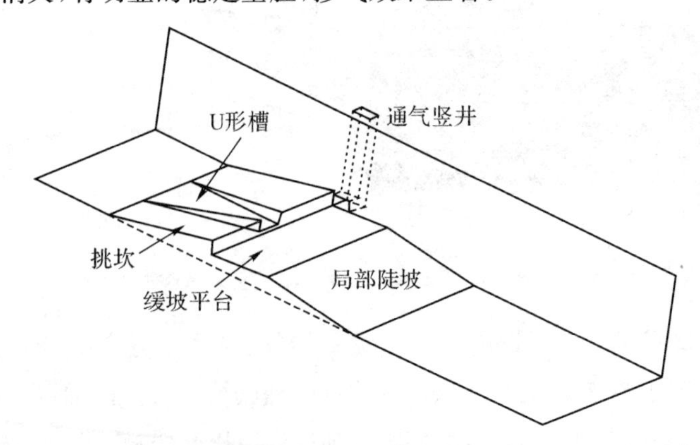

图 6-34 "局部陡坡＋缓坡平台＋槽式挑坎"掺气设施三维示意图

局部陡坡段的坡度及U型槽的坡度和宽度是这种掺气体型的主要控制参数，由模型试验优化确定。

3.“局部陡坡＋槽式挑坎”水力特性分析

经过对这种新体型多组次的优化试验，本次试验建议的掺气坎体型为：1# ～4# 掺气槽采用“U型挑坎＋局部陡坡”型式；5# ～6# 掺气槽采用常规挑坎。拟定的6级掺气坎的高度分别为1.5m、1.5m、1.2m、1.0m、1.0m、1.0m，掺气坎后跌坎高度分别为1.2m、1.2m、0.8m、0.8m、1.2m、0.5m，其中，1# ～3# 掺气跌坎下游由4段坡度组成，分别为4.13%、28%、7.29%、10.54%；4# ～6# 掺气跌坎下游由2段坡度组成，分别为4.13%、10.54%；通气井尺寸为1.2m×1.6m(高×宽)。模型试验推荐的掺气设施具体尺寸见图6-35。

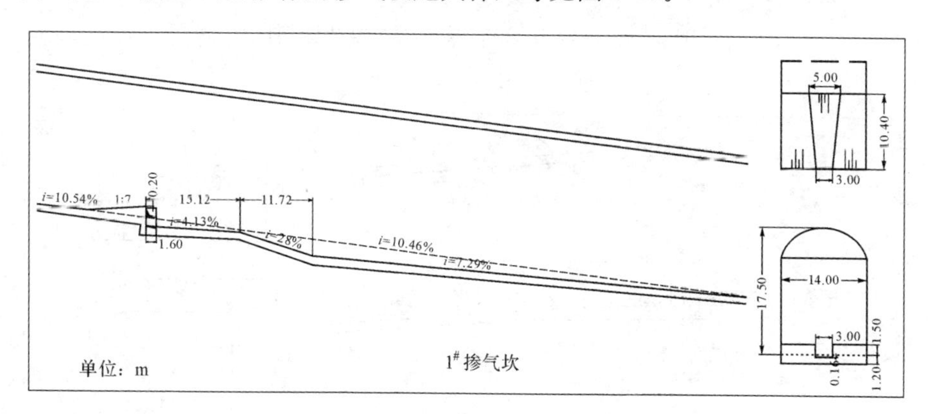

图6-35a　推荐方案1# 掺气坎布置及详细尺寸

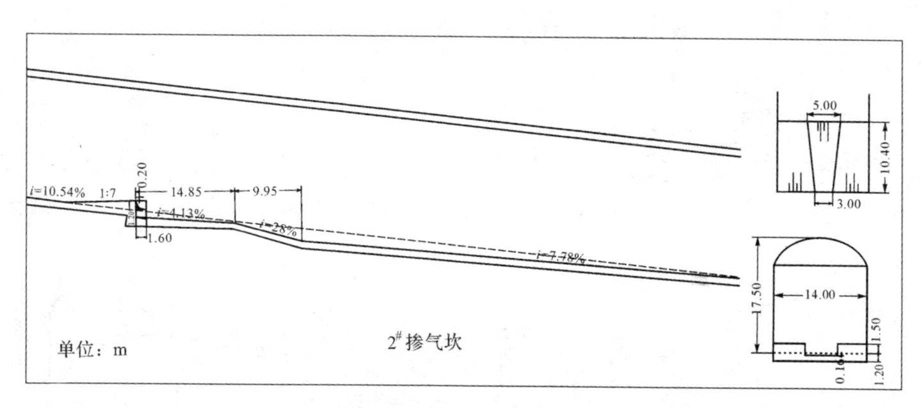

图6-35b　推荐方案2# 掺气坎布置及详细尺寸

优化得到的1# 掺气设施布置(见图6-35a)为：首先是一坡度为4.13%、长15.1m的缓坡平台段，然后接一坡度为28%、长11.7m的陡坡段，再接一坡度为

7.29%的过渡段，直至泄洪洞 10.46%的底坡；U 型槽的进、出口宽分别为 5m、3m，挑坎底坡为 1∶7。

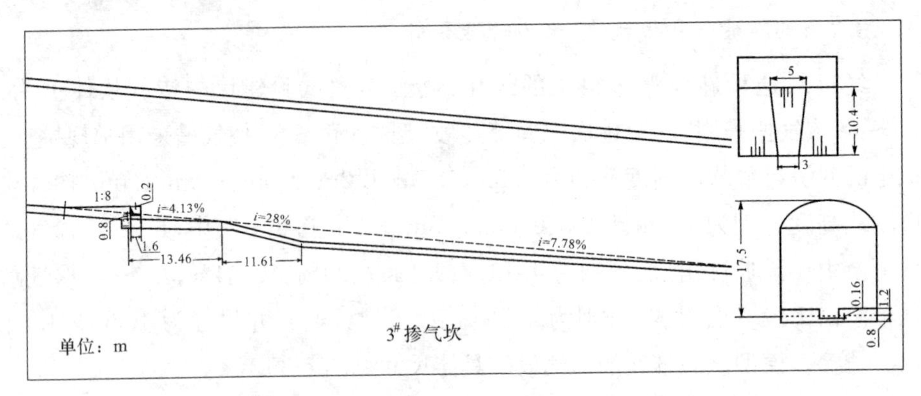

图 6-35c　推荐方案 3# 掺气坎布置及详细尺寸

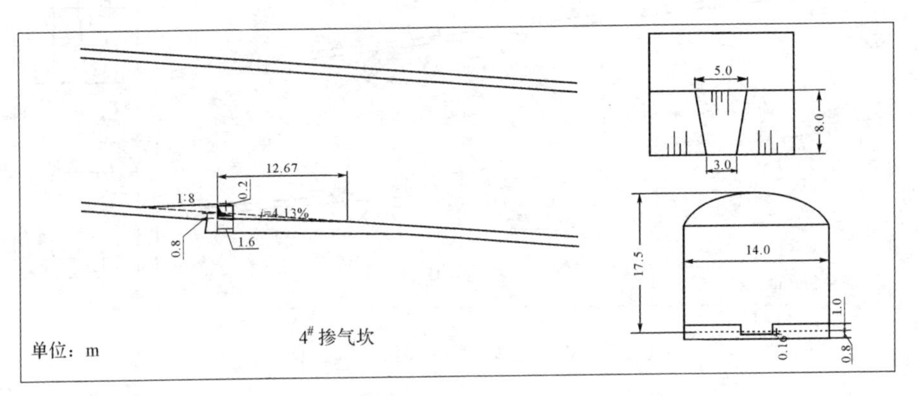

图 6-35d　推荐方案 4# 掺气坎布置及详细尺寸

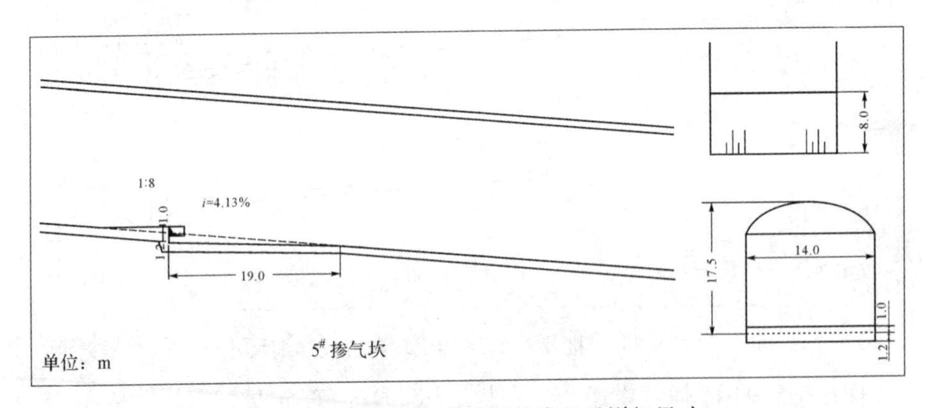

图 6-35e　推荐方案 5# 掺气坎布置及详细尺寸

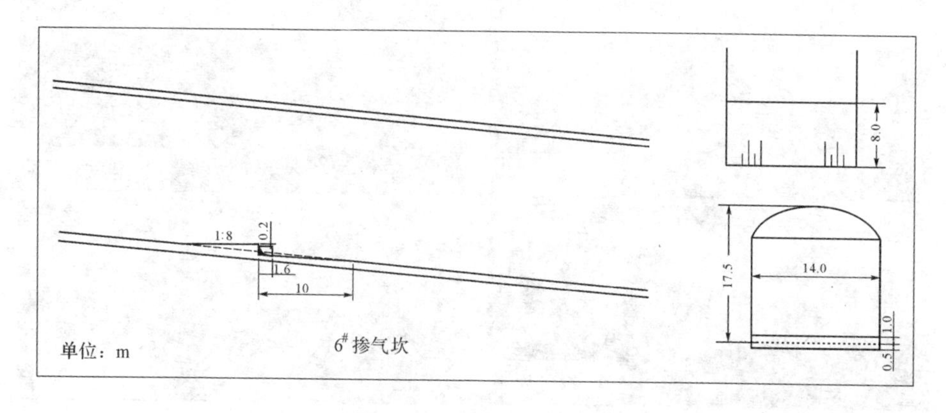

图 6-35f　推荐方案 6# 掺气坎布置及详细尺寸

(1)"局部陡坡+槽式挑坎"掺气设施掺气与空腔特性分析

各级掺气坎空腔形态见图 6-36 和图 6-37。各级掺气坎空腔长度、高度、通风井风速见表 6-7。

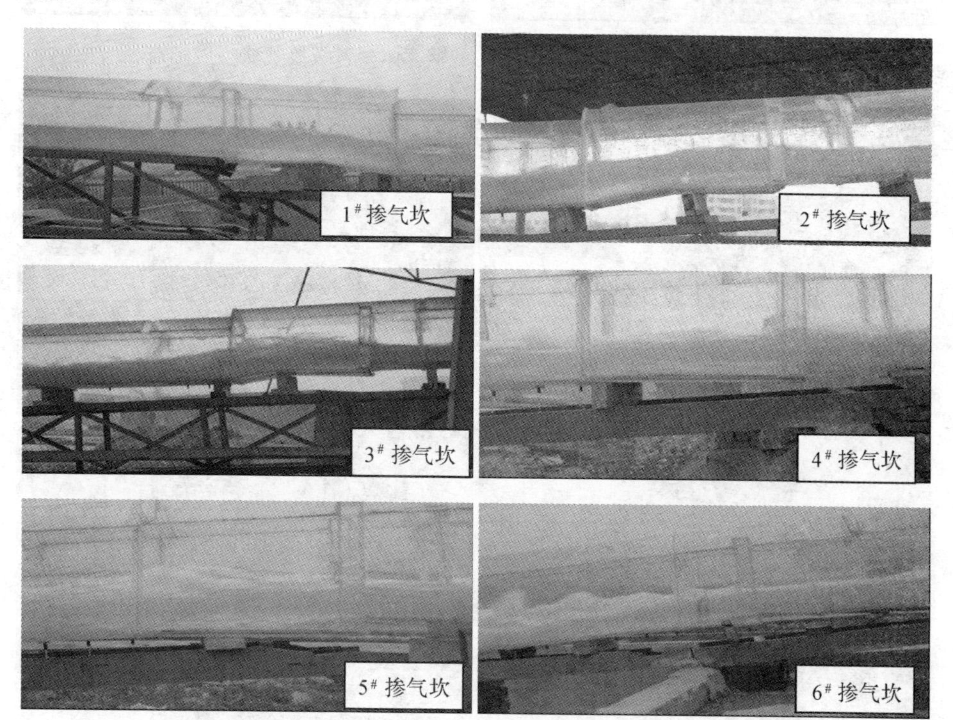

图 6-36a　库水位 1125.36m 工况下推荐体型各级掺气坎空腔形态

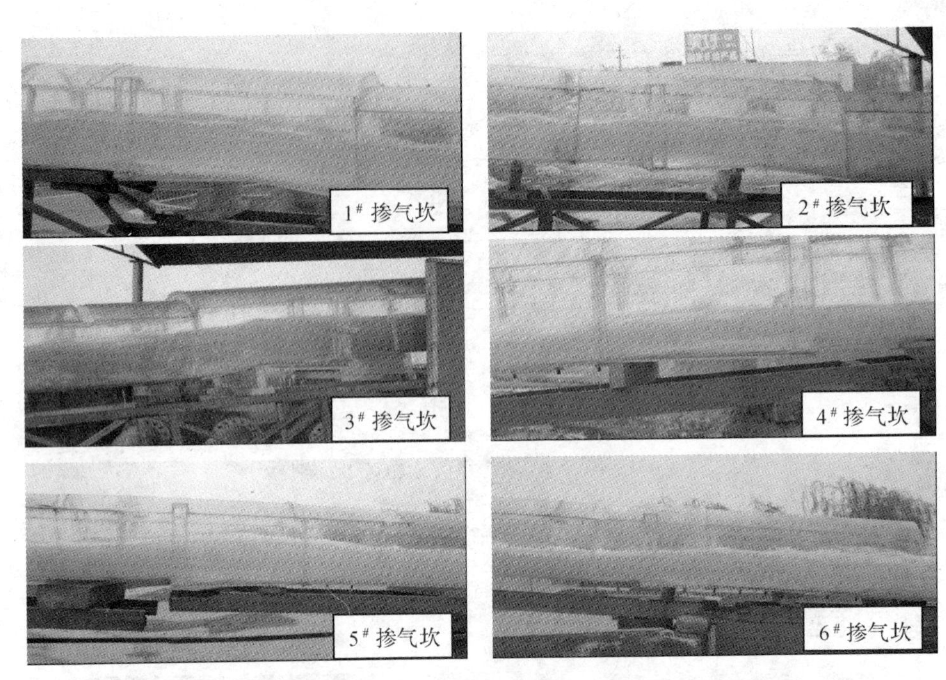

图 6-36b 库水位 1130.00m 工况下推荐体型各级掺气坎空腔形态

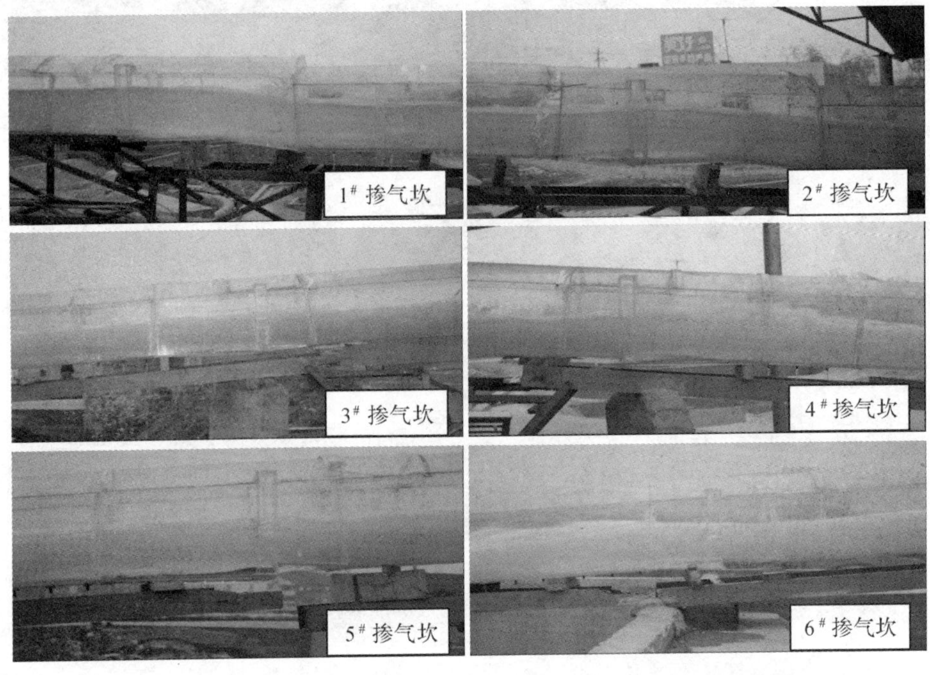

图 6-36c 库水位 1132.57m 工况下推荐体型各级掺气坎空腔形态

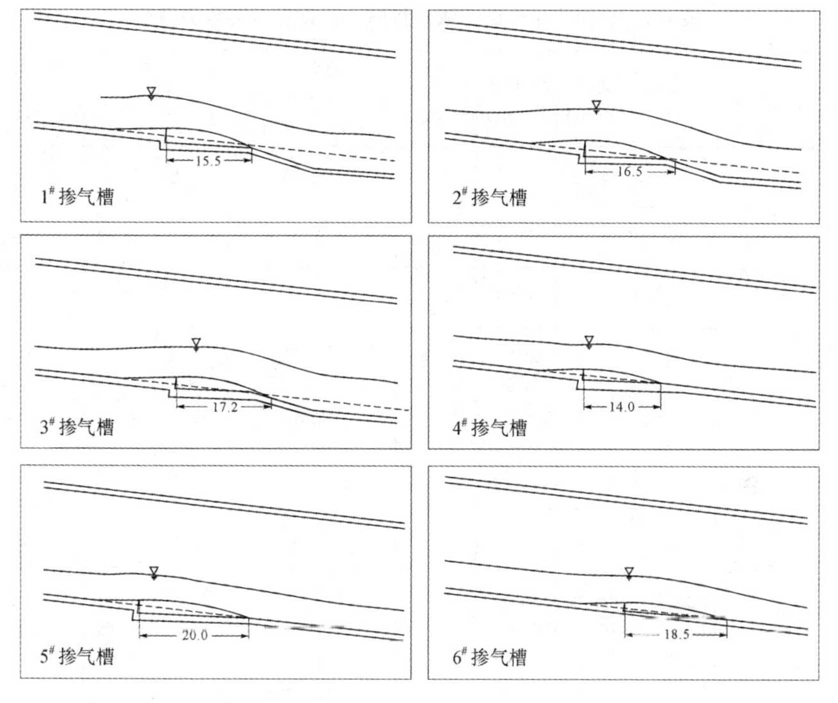

图 6-37a 库水位 1125.36m 各级掺气坎空腔形状试验结果(单位:m)

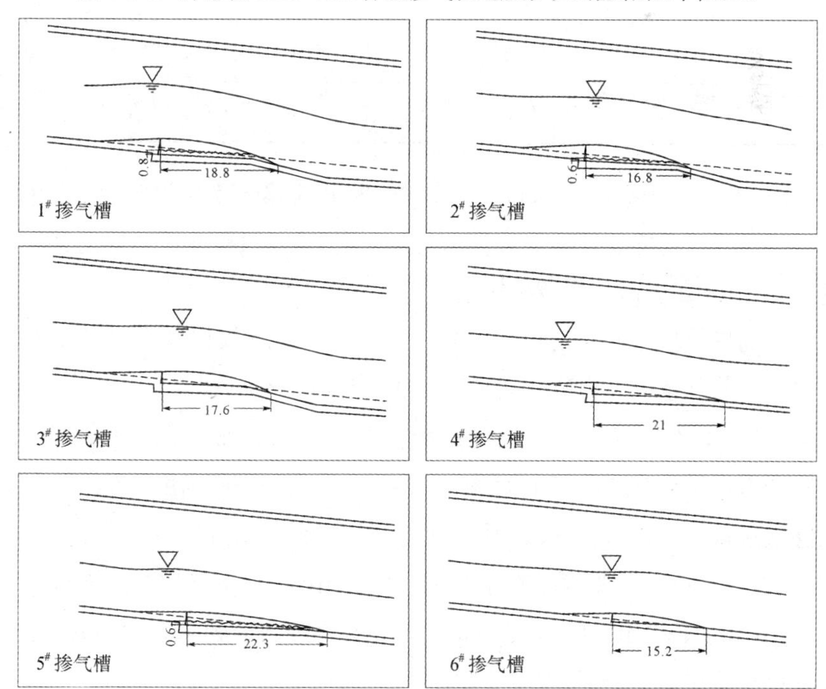

图 6-37b 库水位 1132.57m 各级掺气坎空腔形状试验结果(单位:m)

表 6-7　大岗山水电站泄洪洞掺气坎新体型空腔水力特性

工　况	坎号	空腔高度(m)	空腔长度(m)	坎上水深(m)	坎上速度(m/s)	通气井(1.2m×1.6m)风速(m/s)	通气量(m^3/s)	F_r	备注(回水深 m)
库水位 1125.36m	1	2.72	15.5	6.55	20.43	30.48	58.5	2.55	无
	2	2.60	16.5	6.47	20.67	32.32	62.1	2.59	无
	3	2.20	17.2	5.71	23.42	33.39	64.1	3.13	无
	4	1.40	14.0	4.87	27.45	30.23	58.0	3.97	无
	5	1.40	20.0	4.95	27.03	25.68	49.3	3.88	无
	6	1.40	18.5	5.33	25.10	21.25	40.8	3.47	无
库水位 1132.57m	1	2.72	18.8	9.90	25.30	20.62	39.6	2.57	0.8
	2	2.72	16.8	9.06	27.64	45.09	86.6	2.93	0.6
	3	2.00	17.6	8.00	31.33	56.73	108.9	3.54	无
	4	1.64	21.0	7.61	32.89	32.07	61.6	3.81	无
	5	1.52	22.3	7.61	32.89	36.94	70.9	3.81	0.4
	6	1.60	15.2	7.61	32.89	34.66	66.5	3.81	无

从图 6-36 可以看出，库水位 1125.36m 时 6 级掺气坎后空腔明显，由表 6-7 可知，1# ～6# 空腔长度分别为 15.5m、14.4m、17.2m、14.0m、20.0m、18.5m，空腔高度为 1.4～2.7m，掺气效果比较理想。

建议的掺气坎体型在正常蓄水位 1130m 以下时各级掺气坎掺气效果较佳，掺气坎后空腔基本没有出现回溯水流，此时空腔比较完整。

库水位 1132.57m 时 1# 、2# 和 4# 掺气坎后空腔出现少量回溯水流，但回水没有完全淹没至通气井。其中 1# 和 2# 掺气坎实测的空腔高度为 2.7m 左右，此时能够通过掺气坎进行补气；4# 掺气坎实测的空腔高度为 1.4m 左右，不致影响掺气效果。实测结果表明，库水位 1132.57m 时 1# ～6# 空腔长度分别为 18.8m、16.8m、17.6m、21.0m、22.3m、15.2m，空腔高度为 1.6～2.7m，可知，掺气效果比较理想。

由表 6-8 与图 6-38a 可见，库水位 1125.36m 时，1# ～2# 掺气坎的掺气浓度从2.97%衰减至1.22%，2#～3#掺气坎的掺气浓度从4.94%衰减至1.87%，3#～4#掺气坎的掺气浓度从3.43%衰减至1.91%，4#～5#掺气坎的掺气浓度从5.04%衰减至1.83%，5#～6#掺气坎的掺气浓度从3.81%衰减至1.02%，6#掺气坎后的掺气浓度在3.81%左右。

表 6-8 大岗山水电站泄洪洞掺气坎推荐体型掺气浓度测量结果

工况	坎号	掺气浓度(%)	工况	坎号	掺气浓度(%)
库水位 1125.36m	1#～2#	3.0～1.3	库水位 1132.57m	1#～2#	6.0～1.7
	2#～3#	5.0～1.9		2#～3#	5.9～1.4
	3#～4#	3.4～1.9		3#～4#	5.5～1.7
	4#～5#	5.0～1.8		4#～5#	4.4～1.6
	5#～6#	3.8～1.0		5#～6#	3.5～0.7
	6#～出口	3.8～3.7		6#～出口	2.1～3.7

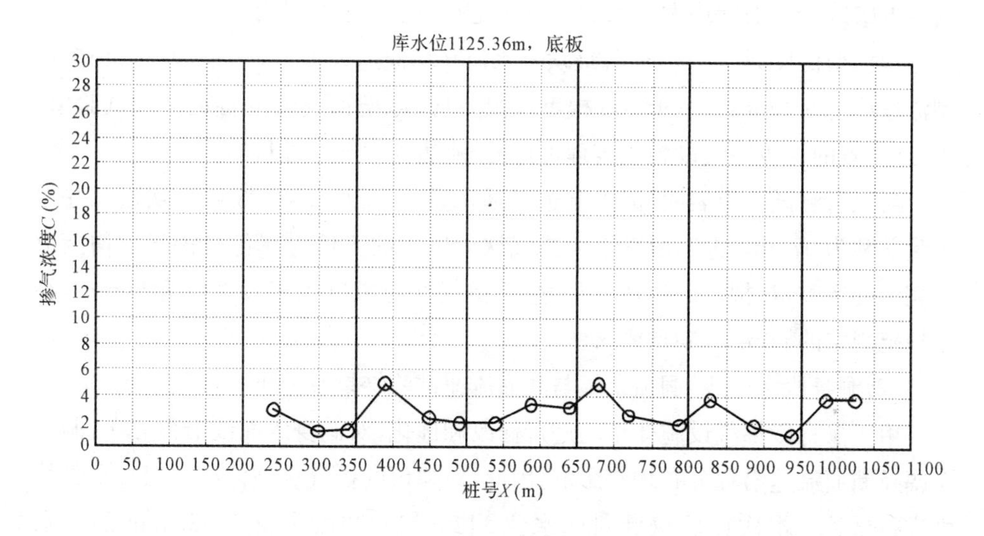

图 6-38a 库水位1125.36m泄洪洞底板上掺气浓度沿程分布

实测的库水位1132.57m时沿程掺气浓度见表6-7与图6-38b。由图可知，1#～2#掺气坎的掺气浓度从6.01%衰减至1.7%，2#～3#掺气坎的掺气浓度从5.9%衰减至1.34%，3#～4#掺气坎的掺气浓度从5.5%衰减至1.71%，4#

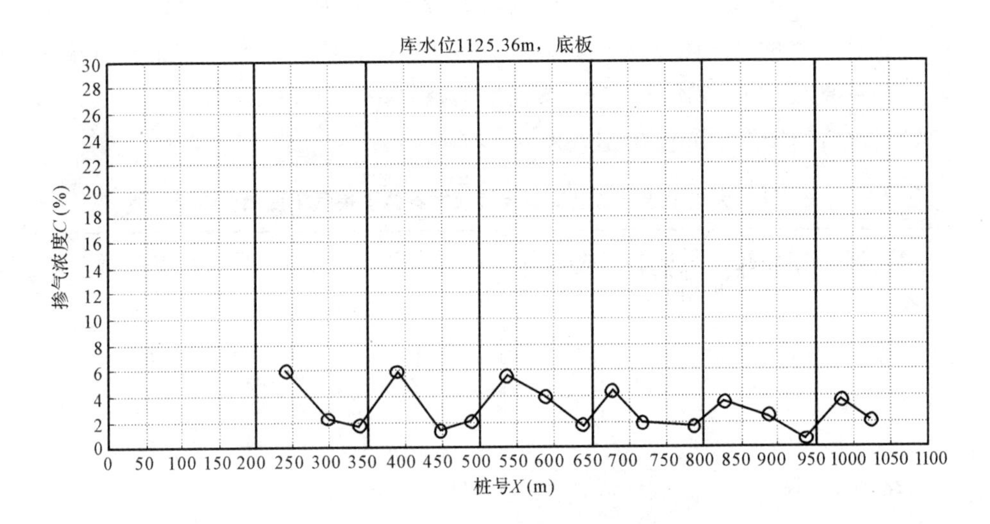

图 6-38b　库水位 1132.57m 泄洪洞底板上掺气浓度沿程分布

～5# 掺气坎的掺气浓度从 4.4%衰减至 1.63%，5# ～6# 掺气坎的掺气浓度从 3.51%衰减至 0.72%，6# 掺气坎后的掺气浓度从 3.71%衰减至 2.2%。在掺气坎后近壁区掺气浓度均大于 1.2%，能够起到保护底板的作用。

本模型比尺为 1∶40，而各级坎上水流平均流速大多为 33m/s 左右，相应模型流速约为 5.2m/s。由于存在模型比尺效应，原型掺气浓度将远大于试验值，因此，布置的 6 级掺气设施是合理可行的，能达到掺气减蚀目的。

通风量测试结果表明，泄洪洞进口通风量为 4300m^3，各级掺气坎通风井通风量总和为 970m^3，进口通风量为掺气坎通风量的 5 倍。在各级掺气坎均能形成完整的空腔，在拟定的通风口尺寸下，掺气坎通风口风速最大值为 56m/s，小于规范规定的 60m/s，满足要求。

(2)洞身段水面线、洞顶余幅与断面流速试验结果及分析

由于洞身段掺气设施体型已进行修改和优化，对洞身水面线沿程分布、洞顶余幅及断面流速沿程分布均有影响，因此，对建议的掺气设施体型的洞身水力特性进行试验。本次试验仅针对库水位 1125.36m 和库水位 1132.57m 的洪水工况。

库水位 1125.36m 和 1132.57m 泄洪洞内流速、水深、洞顶余幅试验结果见图 6-39～图 6-44。

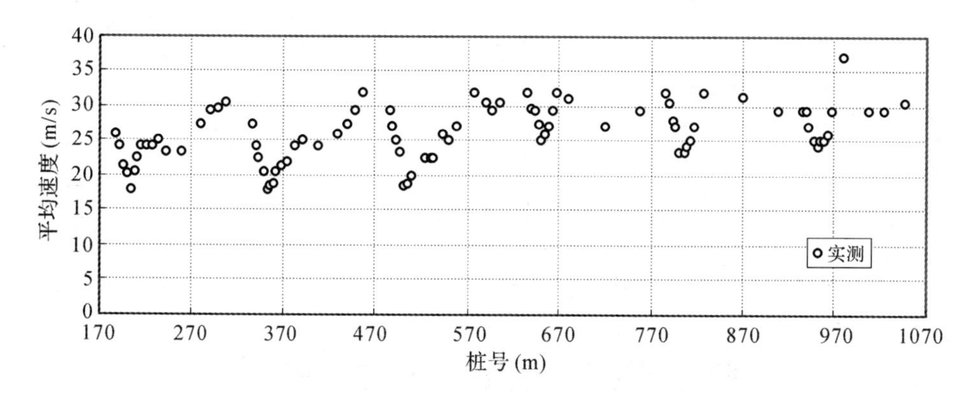

图 6-39　库水位 1125.36m 洞内平均流速沿程变化试验结果

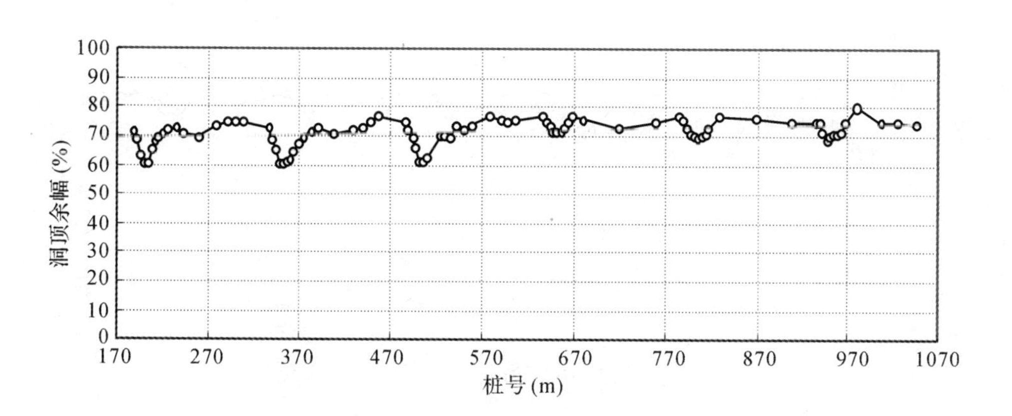

图 6-40　库水位 1125.36m 洞内洞顶余幅试验结果

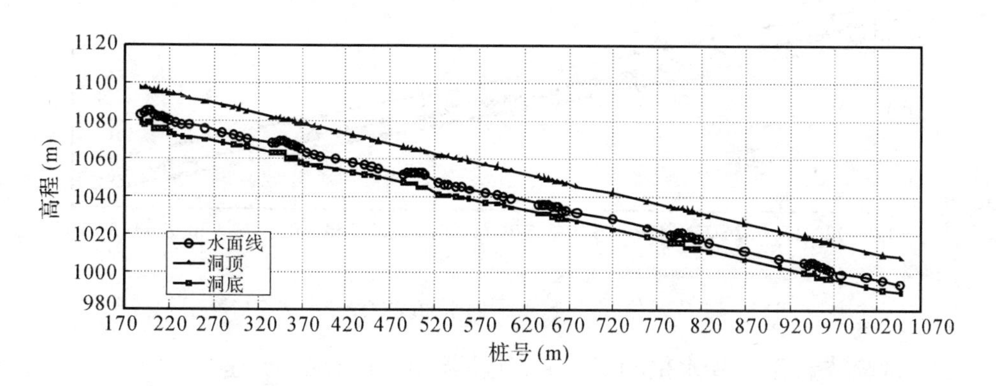

图 6-41　库水位 1125.36m 洞内水面线沿程分布试验结果

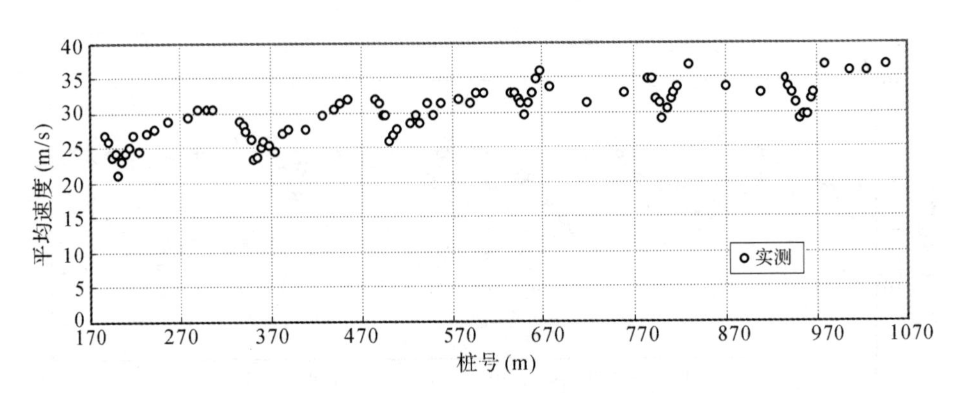

图 6-42　库水位 1132.57m 洞内平均流速试验结果

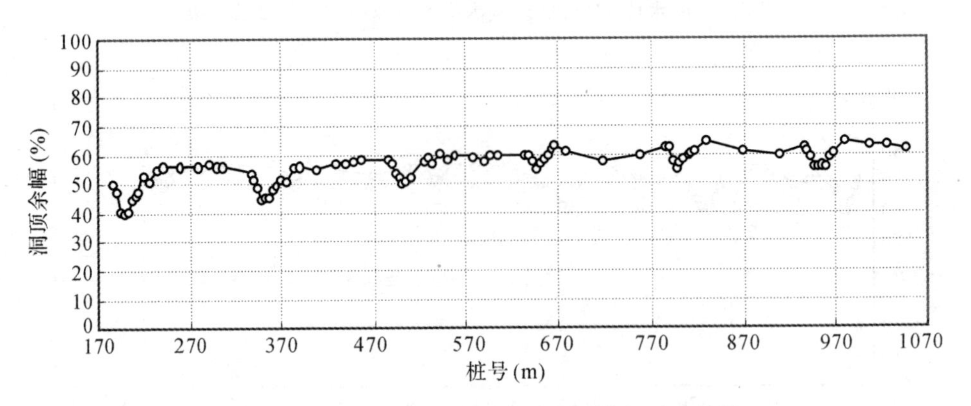

图 6-43　库水位 1132.57m 洞内洞顶余幅试验结果

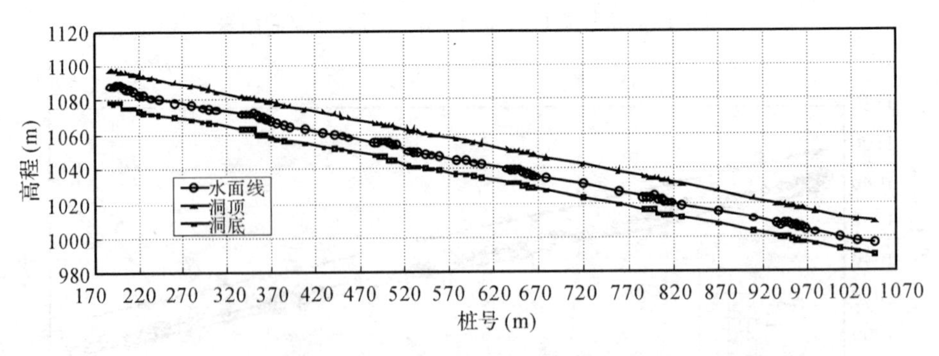

图 6-44　库水位 1132.57m 洞内水面线沿程分布试验结果

试验结果表明，库水位 1125.36m 泄洪洞泄洪时，洞内流速在 32m/s 以下，洞顶余幅超过 60%，水面线分布也较为平稳；校核洪水位泄洪时，洞内流速在 40m/s 以下，洞顶余幅在 1# 掺气坎处已超过 40%，其余各处余幅在 50%～

60%。因此,推荐的洞身体型和尺寸是合适的。

研究表明,推荐的掺气坎体型有利于洞身施工,即一期洞身施工开挖按底坡10.46%进行,待完成主要施工、交通任务后,进行跌坎附近的二次开挖。在洞身渐变段后洞顶为"一坡到底"的型式,渐变段后洞身直墙高度不低于13.0m,在泄洪洞出口处洞身直墙高度不低于12m,拱顶高度为4.13m,这样既能满足洞顶余幅的要求,又能满足掺气设施的需要。

(3)脉动压力特性试验结果及分析

脉动压强传感器为西安交大维纳仪器有限公司生产的固态单晶硅片压阻式传感器。传感器输出的信号通过成都泰斯特公司生产的TST5000型高速数据采集器接入计算机,由计算机自动控制采集、监测和数据处理,测试系统如图6-45所示。测量之前,首先对压强传感器进行了标定,标定结果表明,压强传感器的压强水头与输出电压之间存在良好的线形关系,标定曲线见图6-46。试验采样频率为128Hz,采样时间16s,样本容量2048个。

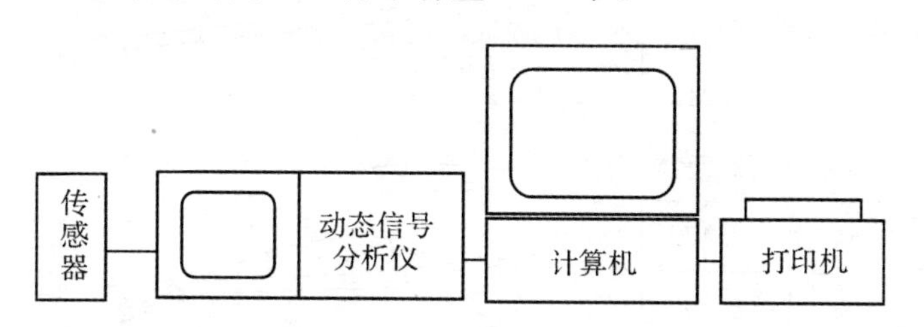

图6-45　压力测量系统配置

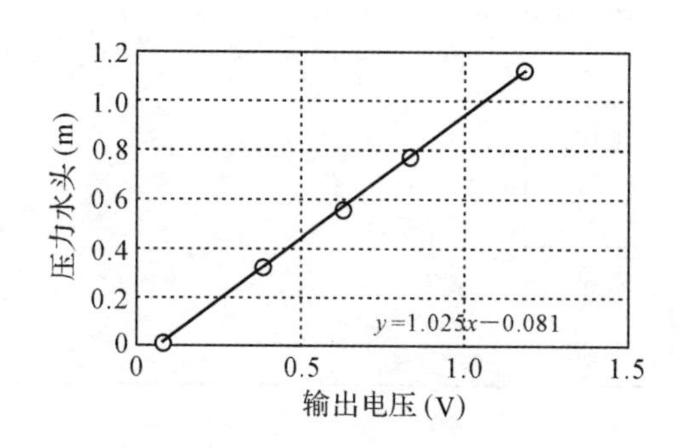

图6-46　压强传感器标定曲线

根据本次模型试验成果,推荐采用的各级掺气坎体型特殊,因此,试验测试了掺气坎后的水舌落水点底板上的脉动压力,测量结果见表6-9。在各级掺气坎后水舌落水点测量了3个点,在库水位1125.36m,底板上脉动压力均方根值最大值为3.00m水柱(29.43kPa)。在库水位1132.57m,底板上脉动压力均方根值最大值为3.17m水柱(31.1kPa)。因此,设计此处的底板时应考虑脉动压力对底板稳定的影响。

表6-9 泄洪洞掺气坎后底板脉动压力测试结果

桩 号	库水位 1132.57m	库水位 1125.36m	测点布置示意图
6-3	2.48	2.14	
6-2	2.69	2.34	
6-1	1.70	2.28	
5-3	1.88	2.48	
5-2	1.88	2.76	
5-1	1.58	2.12	
4-3	1.45	2.21	
4-2	1.50	2.21	
4-1	1.55	2.27	
3-3	1.64	2.48	
3-2	1.93	2.79	1#-1; 1#-2; 1#-3 1#掺气坎
3-1	2.23	2.77	
2-3	1.89	2.82	
2-2	1.89	2.92	
2-1	3.17	3.00	
1-3	1.70	2.80	
1-2	1.73	2.69	
1-1	1.86	2.65	

6.2.7 小结

(1)试验进行的多种常规掺气坎体型无法满足大岗山水电站大单宽流量、低F_r数泄洪洞第1级和第2级掺气减蚀要求,在研究和分析常规掺气体型形成的空腔、空腔回水及掺气效果的基础上,提出了一种能适应大单宽流量、低

F_r数泄洪洞掺气减蚀要求的新体型:"局部陡坡+缓坡平台+U型槽挑坎"掺气设施。

(2)试验结果表明,泄洪洞第1级和第2级掺气设施采用本研究提出的新的"局部陡坡+U型挑坎"掺气设施体型后,能够在低F_r数、大单宽流量、缓底坡情况下,形成稳定、干净的空腔,消除了空腔回水现象,在各典型工况下均能得到较为满意的掺气效果。

(3)运用该掺气坎后,泄洪洞内流态平稳,最小洞顶余幅约为40%;1#~2#掺气坎的底板掺气浓度从6.01%衰减至1.7%,能够起到保护底板的作用;通风量测试结果表明,泄洪洞进口通风量为4300m^3,各级掺气坎通风井通风量总和为970m^3,进口通风量为掺气坎通风量的5倍,在拟定的通风口尺寸下,掺气坎通风口的风速最大值为56m/s,小于规范规定的60m/s,满足要求;U型槽采用收缩体型,压力特性良好,脉动压力均方根值最大值约为3.00m水柱(29.43kPa)左右,在库水位1132.57m,底板上脉动压力均方根值最大值为3.17m水柱(31.1kPa)。

(4)"局部陡坡+槽式挑坎"掺气设施体型的特点在于:

①局部陡坡段前设置一小坡度平台,目的是保持泄洪洞主轴线的布置不变,以使设计方案避免大的调整下,在有限长度内获得较陡的局部陡坡段坡度,同时可节省开挖量。

②局部陡坡的作用是:由于局部陡坡的存在,减小水舌底缘与底坡夹角(理论上二者相切为最佳)来抑制回流。水流在过挑坎后能挑起,水流落点在坎后的陡坡附近,水流方向和坡度方向角度很小,水流在陡坡上回溯到上游需要更大的能量,同时,还减少了对底板的冲击力。

③由于局部陡坡段坡度及长度有限,因此在挑坎中部设置一U型槽,槽身采用收缩的断面,使得该处的射流流速较大,利用中间U型坎射流的冲击作用,将空腔内回漩水流推向主流,随着射流的拖曳作用而下,可以克服小底坡掺气坎后空腔内出现的回溯积水现象,保证稳定空腔的形成。

④"局部陡坡+U型掺气坎"的掺气布置方式很好地解决了空腔回水问题,虽然在体型上有所改变,但是体型较为简单,并且没有改变"一坡到底"的洞身布置,没有增加施工难度,开挖量的增加也有限。因此,"局部陡坡+槽式挑坎"是一种解决小底坡泄洪洞空腔回水问题的较好的措施,具有良好的工程应用前景。

6.3 “局部陡坡＋槽式挑坎”在瀑布沟泄洪洞应用试验研究

前述泄洪洞的试验结果表明，采用常规掺气坎体型很难满足这种低 F_r 数、大单宽流量和缓底坡掺气减蚀要求，为此提出一种能适应这种低 F_r 数、大单宽流量和缓底坡掺气减蚀要求的新型掺气设施：“局部陡坡＋槽式挑坎”。为了进一步了解这款新型掺气设施的适应性和有效性，本章结合瀑布沟工程的泄洪洞掺气设施优化试验对其掺气及水力特性进行深入研究，为类似工程的应用和设计提供参考。

6.3.1 工程概况

瀑布沟工程是大渡河中游的一个大型水电站，装机总容量 3600MW，总库容约 53.9 亿 m^3。工程以发电为主，兼有防洪、拦沙等综合效益。枢纽主要由拦河坝、溢洪道、泄洪洞、引水系统、地下厂房、尾水系统、防空洞等建筑物组成。拦河大坝为直心墙土石坝，最大坝高 186m，地下厂房位于左岸。

深孔无压泄洪洞布置于左岸地下厂房靠山内侧花岗岩岩体内，由进口、洞身(含通气斜井)、出口三个部分组成，采用无压洞型式、轴线方位角 N60°30′W，总长 2024.818m，纵坡 $i=0.058$，进口高程 795m，工作门尺寸为 11.0m×11.5m(宽×高)。隧洞尺寸为 12m×15m，校核洪水泄流量为 3412m^3/s，最大流速达 38m/s。泄洪洞进口包括引渠及进口岸塔，进口引渠中心线长度约 54m，底板高程 793m，边墙采用单侧约 5°的收缩角，行进段宽 22m。塔顶高程 856m，塔体尺寸 54m×22m×67m(长×宽×高)，置于弱风化、弱卸荷的花岗岩岩体上，最大开挖边坡高度为 117m。进口底板高程为 795m，进口孔口采用有压短管，顶板采用椭圆曲线，曲线方程为 $x^2/162+y^2/52=1$，两侧边墙曲线方程为 $x^2/162+y^2/42=1$。岸塔内设事故检修闸门和工作闸门各一道，事故检修闸门尺寸为 11m×14m(宽×高)，工作闸门为弧形闸门，孔口尺寸为 11m×11.5m(宽×高)，期间采用 1∶4 的水流压板。进水塔顺水流方向长 52m。

无压隧洞洞身段长 2024.818m，洞身段底坡 $i=0.058$。隧洞沿线设置掺气槽，掺气槽间距 200m。断面型式为圆拱直墙型，宽度 12m，根据水力学计算及模型试验确定洞高除局部 16.5m 外其余均为 15m。泄洪洞出口位于瀑布沟沟口上游，隧洞出口接挑流消能工，挑坎型式为舌型鼻坎，长度 43.0m，反弧半径 96.1185m，挑角 30°，坎顶高程 688.36m。图 6-47 为该工程泄洪洞洞身纵剖面图。

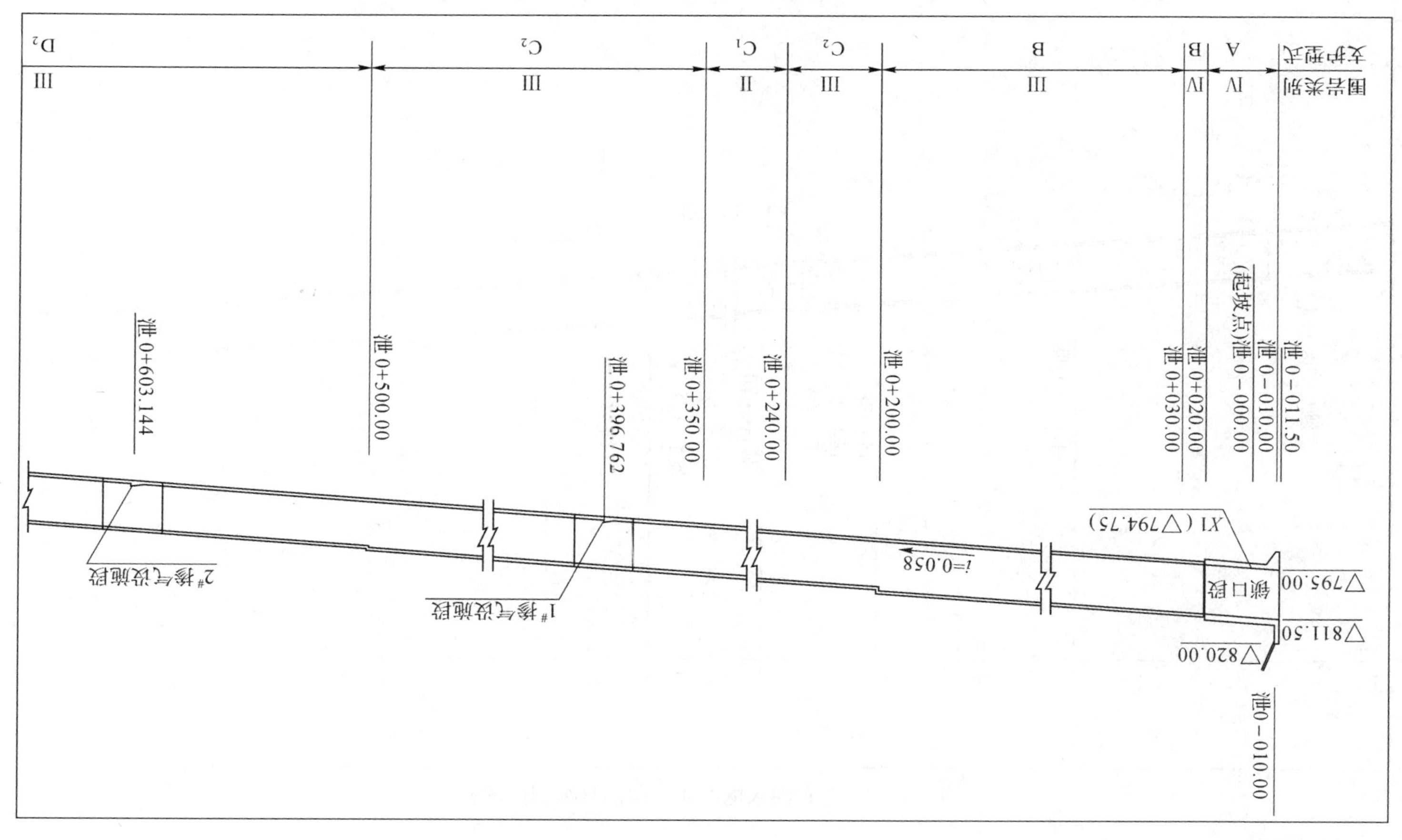

图 6-47a 瀑布沟水电站泄洪洞洞身纵剖面图 (1)

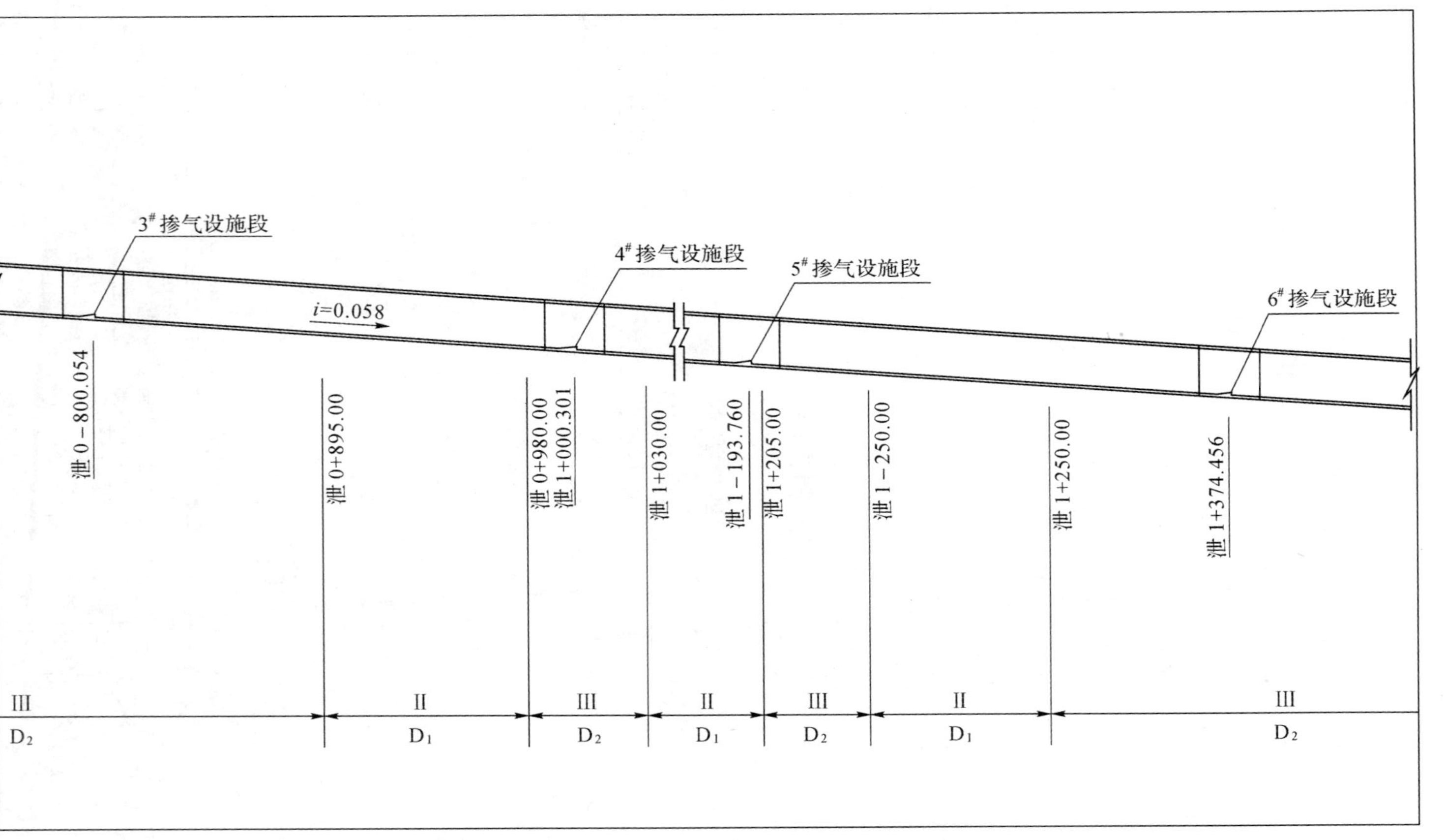

图 6-47b 瀑布沟水电站泄洪洞洞身纵剖面图(2)

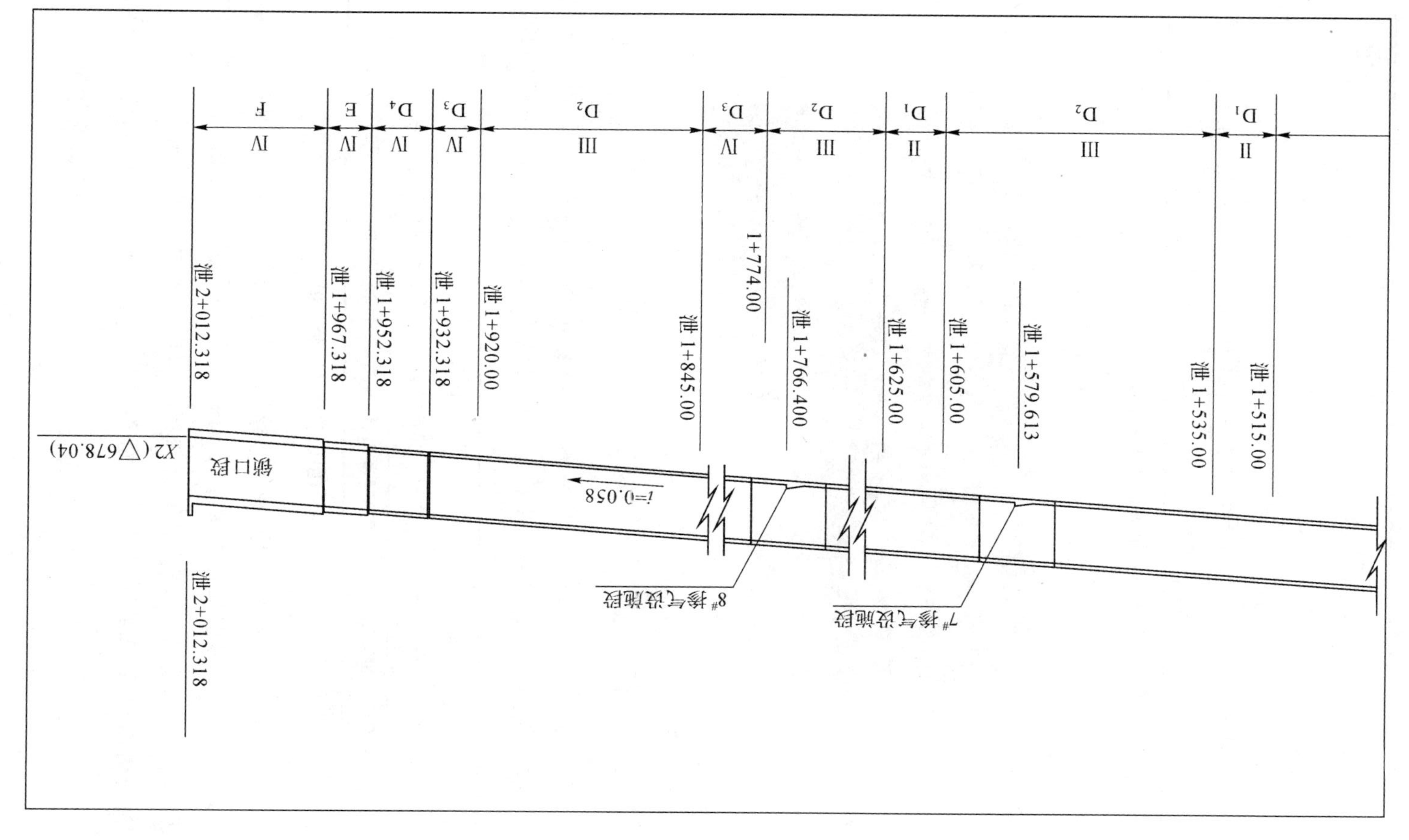

图 6-47c 瀑布沟水电站泄洪洞洞身纵剖面图(3)

6.3.2 试验模型设计

为了满足各水力参数的相似性要求，模型按 F_r 数相似准则设计，模型比尺选为 1∶35，正态模型。选取掺气难度较大的 1# 和 2# 掺气坎段约 400m 进行局部单体模型试验，模型采用模拟来流水深相似的方法模拟来流条件。

在线性比尺为 $\lambda_L=35$ 条件下，各水力参数的相应比尺如表 6-10 所示。

表 6-10　各水力参数的相应比尺

参　数	线性比尺	时间比尺	速度比尺	流量比尺	压强比尺	糙率比尺
比　尺	λ_L	$\lambda_T=\sqrt{\lambda_L}$	$\lambda_v=\sqrt{\lambda_L}$	$\lambda_Q=\lambda_L^{2.5}$	$\lambda_p=\lambda_L$	$\lambda_n=\lambda_L^{\frac{1}{6}}$
	35	5.916	5.916	7247.198	35	1.809

试验模型由库区水池、进口调节段、洞身段及下游水池和量水堰组成，泄洪洞模型的全部过流流道均用有机玻璃制作。整体布置见图 6-48，泄洪洞特征水位和泄量见表 6-11。

图 6-48　泄洪洞试验段模型全景照

表 6-11　典型库水位下泄洪洞下泄流量设计计算值

工　况	库水位(m)	泄流量(m^3/s)	
		设计计算值	试验值
常年洪水(5 年一遇)	848.58	3263.98	3289.00
设计洪水(500 年一遇)	849.08	3282.38	3309.00
校核洪水(PMF)	852.84	3420.00	3452.00

续表

工　况	库水位(m)	泄流量(m^3/s)	
		设计计算值	试验值
正常蓄水位	850	3315.98	3344.50
	853	3423.23	3457.90
	840	2930.26	2931.80
	830	2485.39	2452.80
	820	1941.10	1865.20

6.3.3　掺气坎体型优化

根据本工程泄洪洞的设计布置及水力学参数，可以通过简单计算得到，当泄流流量在2900～3300m^3/s范围时，1、2级掺气坎处的F_r数在3.5左右，属于低F_r数、大单宽和缓底坡流动，其掺气设施的设置将是该泄洪洞布置的关键所在。为此，曾进行了前期单体试验，提出了“挡坎型”的掺气坎。由于该坎体型需布置额外的排水装置，施工和布置难度大，因此提出了体型深化研究的要求。下面将在简单分析前期试验推荐体型存在问题的基础上，对该工程采用“局部陡坡＋槽式挑坎”新型掺气设施的可行性和效果进行论述。

1. 前期试验优化体型掺气坎水力特性分析

该电站掺气设施前期试验优化体型如图6-49所示，为阻挡空腔积水，该型式的掺气坎在挑坎下游设置一曲线形(中间高两侧低)挡坎，考虑到泄洪洞沿程流速的变化，1#～4#掺气坎同一方案，即八字下游坎距上游坎的距离为6m，横断面采用R=45m的圆弧，中间坎高为0.8m，两侧坎高为0.4m，下游面的坡度为1∶5；5#～9#掺气坎采用同一方案，即八字下游坎距上游坎的距离为7m，横断面采用R=60m的圆弧，中间坎高为0.8m，两侧坎高为0.5m，下游面的坡度为1∶5。另外，考虑到施工和结构上的要求，八字下游坎的上游侧以1∶1的坡度与隧洞底板相接。

试验对库水位分别为840m、853.78m校核水位的泄洪工况进行了流态、空腔特性等试验。

图6-50为该掺气坎体型泄洪洞试验段洞内水流流态。观测表明，840m工况下，洞内水深较深，且由于底坡较小，水深沿程衰减较慢；同时，由于掺气坎坎高较低，洞内水面较为光滑和平顺，仅在掺气坎附近水面稍有隆起；水深断面横

向分布也较均匀，水面均没有超出直墙高度。

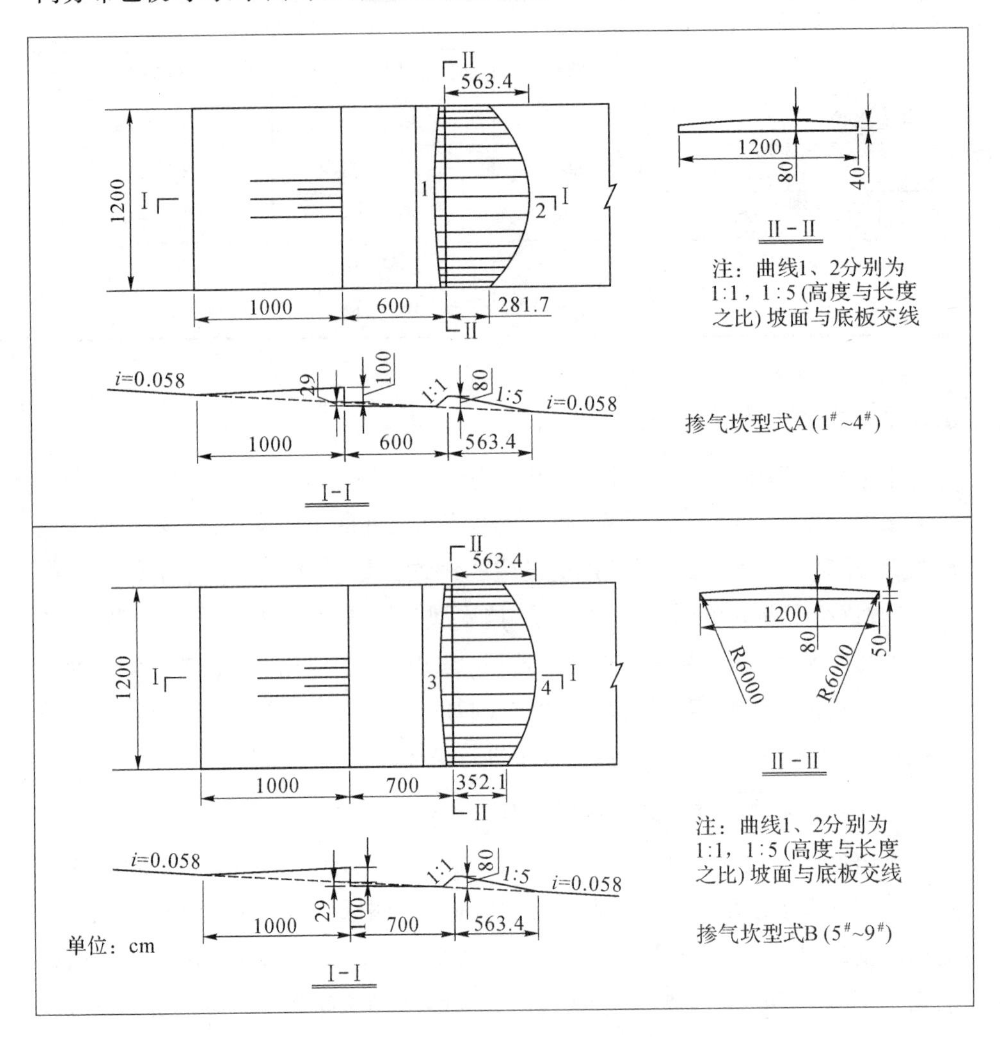

图 6-49　原推荐掺气坎体型

图 6-50　库水位 840m 工况下前期试验优化体型掺气坎段水流流态

但 840m 与 853.78m 水位下，空腔均严重积水。因为空腔体积小，没有形成真正的空腔，各工况下 1# 和 2# 掺气坎空腔形态及流态见图 6-51。

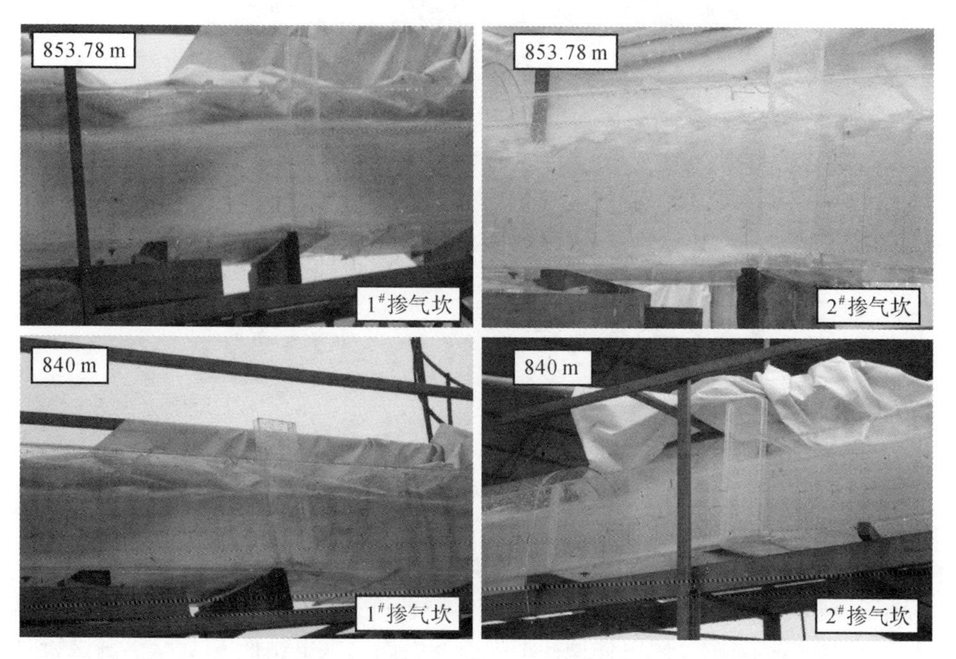

图 6-51　库水位 853.78m(校核洪水)和 840m 原推荐掺气坎空腔情况

可以看出，在各库水位时，该掺气坎体型没有形成空腔，通气竖井进水严重；在 840m 以上，尽管在挑坎附近可见有一定“小空腔”，但空腔内严重积水且不稳定，积水时常封闭通风竖井，形成间歇性掺气；挑坎下游“挡坎”阻挡回水效果较差，反而抬高了空腔积水高度，加之通风竖井出口开口位置较小，容易形成封闭通气井和通气井进水等不利现象。

图 6-52 为泄洪完成后，掺气坎处的积水情况。试验观察表明，该体型泄洪完成后，挑坎和挡坎之间有积水情况，若不设排水设施，泄洪时无法将空腔积水吸走，则“挡坎”与挑坎间积水将永远无法排出，使小流量时积累的积水影响大流量时的空腔大小和稳定性，降低掺气效果。

总之，尽管前期试验推荐掺气坎体型能保证洞内水流流态良好，但各级库水位下空腔积水仍较严重，通气竖井位置布置不尽合理，容易造成通气竖井出口封闭和进水，宜进行修改或采用其他掺气坎体型，以达到尽量减少或消除空腔积水和运行水位较低时形成稳定空腔的目的。

试验中曾进行过“V”型和“凹”型等诸多体型掺气设施的试验，结果均表明，由于该泄洪洞底坡过缓，F_r数底，这些类型的掺气设施未能形成有效空腔。

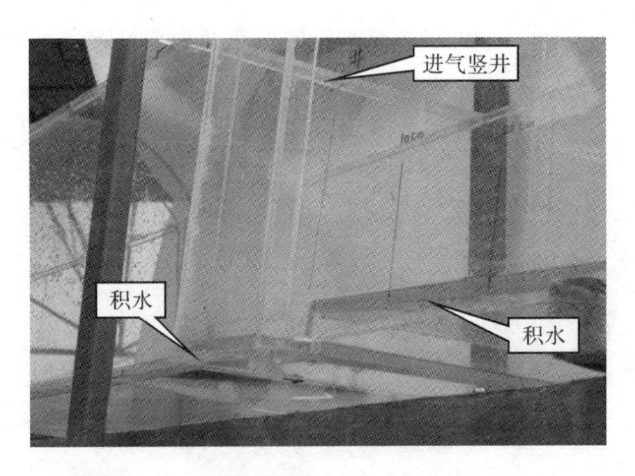

图 6-52　洪洞泄洪后掺气坎空腔段泄积水情况

2.优化方案设计

如前所述，前期试验优化体型存在严重积水及空腔较小等问题，为了妥善解决这种缓底坡、大单宽流量泄洪洞掺气问题，进行了如下 6 种掺气坎体型的试验（见表 6-12）。其中体型 4～体型 6 即为前述大岗山水电站低 F_r 数泄洪洞试验时提出的槽式挑坎结合局部陡坡的掺气设施。如前所述，该体型利用挑坎中间 U 型槽射流的冲击作用，将空腔内回漩水流推向主流，并随着射流的拖曳和扩散作用向下游流动，变被动（挡）为主动（冲），克服了小底坡掺气坎后空腔内出现的回溯积水现象，有效地解决了低 F_r 数泄洪洞掺气设施空腔回水的问题。为了在不同工况下均能保证形成通气顺畅的稳定空腔，本次试验对该体型在本工程的应用进行了尝试，同时，考虑到 U 型槽内空腔横向范围过大，整体空腔体积小于梯形槽，本次试验还尝试将掺气坎槽身体型修改成梯形（体型 6）。

表 6-12　各种掺气坎体型表

体型编号	坎　高	坡　度	坎上槽体型	备　注	
1	1.8	1∶15	无	常规挑坎	
2	1.5	1∶10	V		
3	1.8	1∶15		加 8.0m 长平台	加局部陡坡
4	1.8	1∶15	U	加 6.5m 长平台	加局部陡坡
5	1.5	1∶10	U	加 8.0m 长平台	加局部陡坡
6	1.5	1∶10	梯形	加 10.5m 长平台	加局部陡坡

本次试验在桩号 0+396.462m 和 0+603.144m 处设置两道掺气坎，试验的第1种掺气槽体型的掺气挑坎高度为 1.8m，挑坎坡面坡度 1∶15，为常规挑坎；第2种体型为在第一种体型基础上加一 V 型；第 3～6 种体型为："挑坎(+槽)+平台段+陡坡"。每种体型在离掺气挑坎顶部 0.2m 处设一 2.1×0.8m² 的通气竖井与泄洪洞洞顶相连，各种掺气坎体型尺寸详见图 6-53。

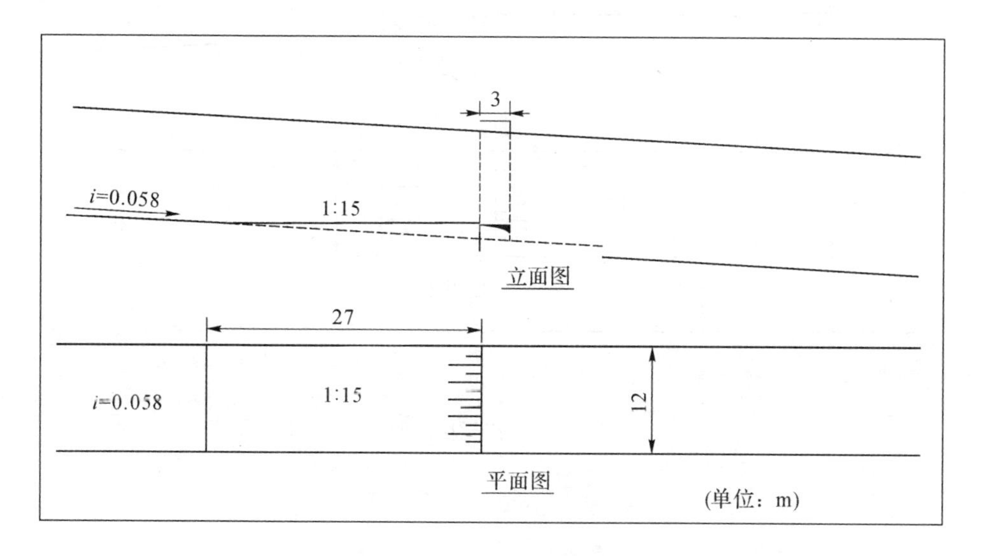

图 6-53a　掺气坎体型 1

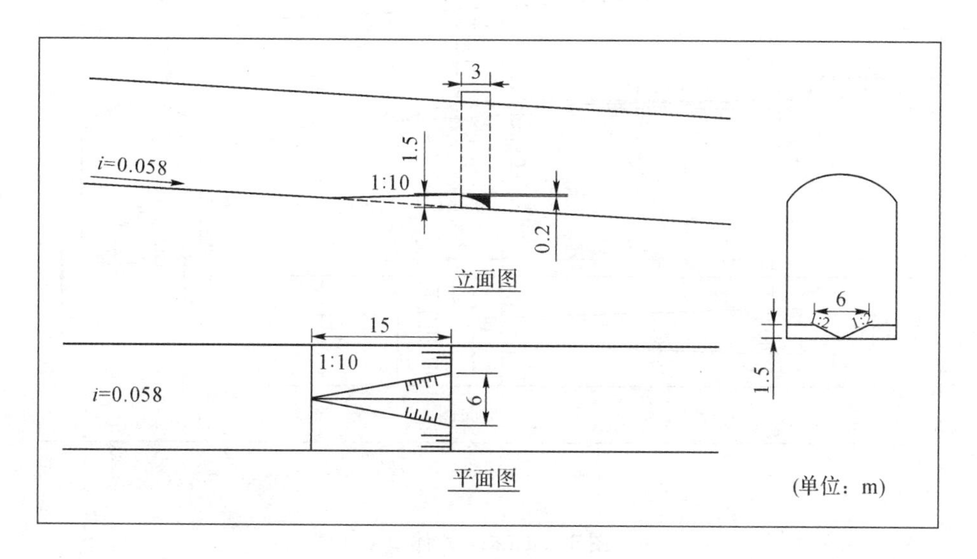

图 6-53b　掺气坎体型 2

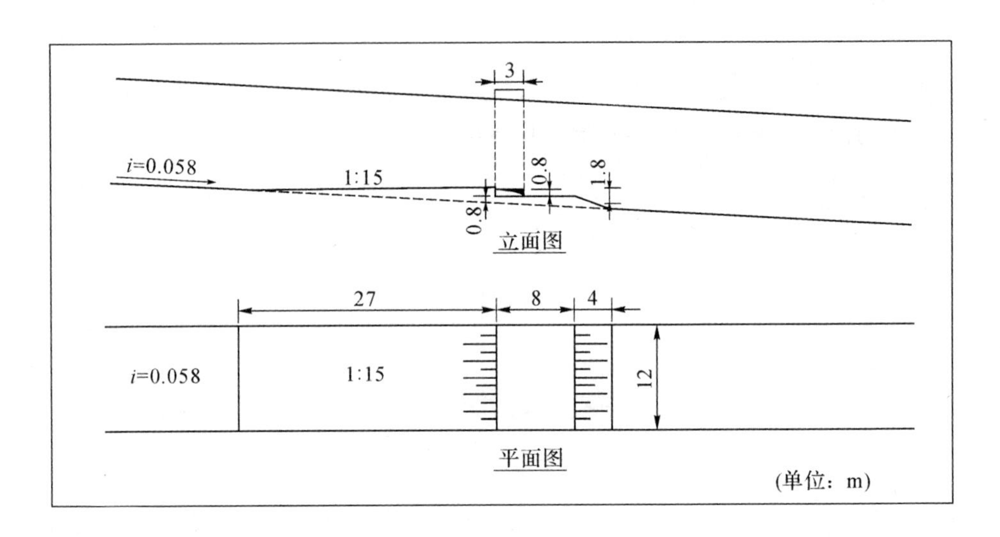

图 6-53c　掺气坎体型 3

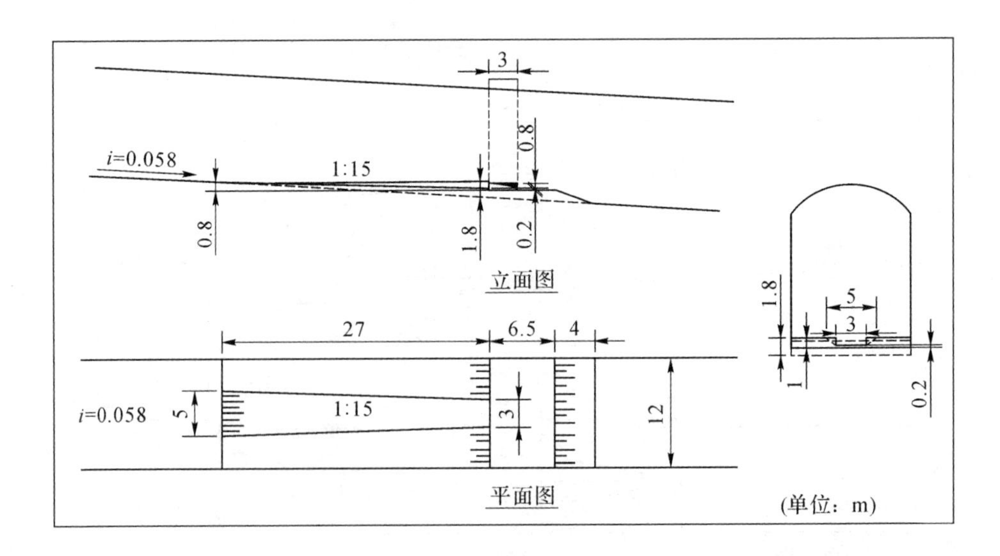

图 6-53d　掺气坎体型 4

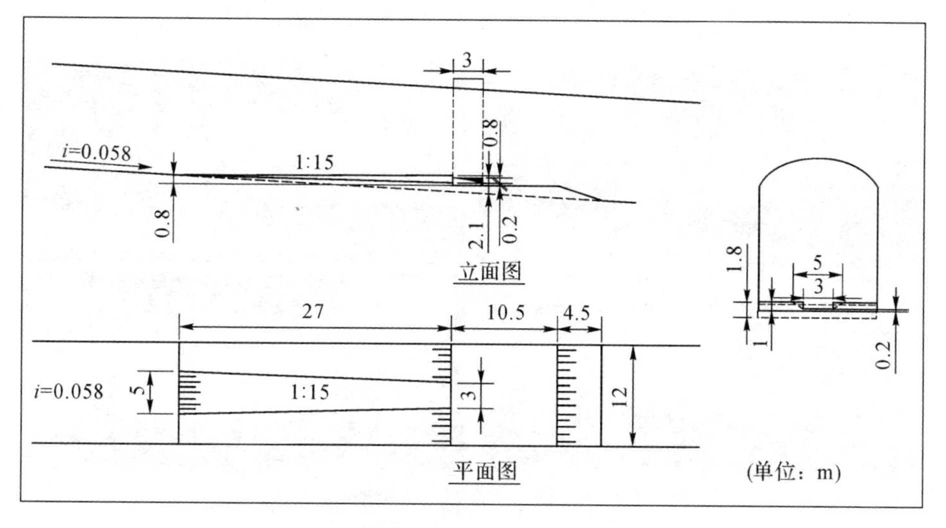

图 6-53e　掺气坎体型 5

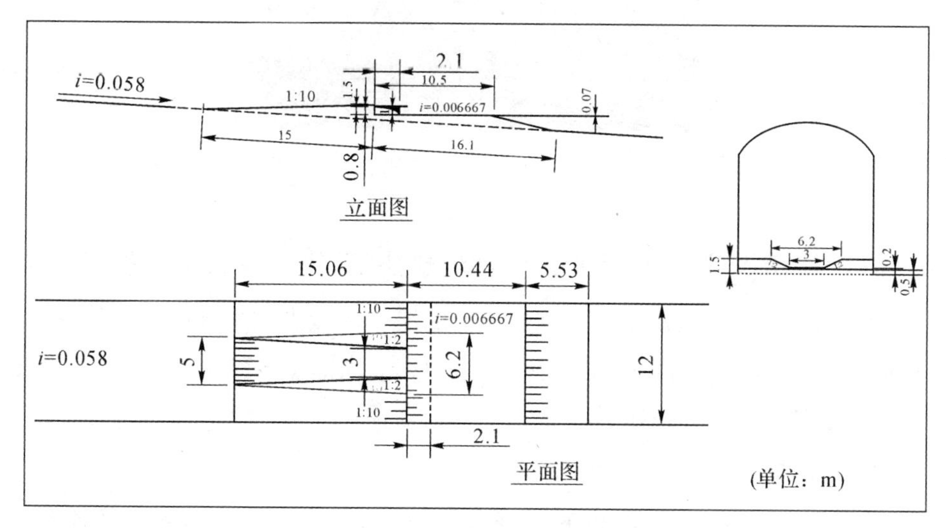

图 6-53f　推荐的掺气坎体型(体型 6)

3. 各方案流态与空腔特性比较

第 1～5 种体型掺气坎在库水位 840m 时的流态见图 6-54。试验观测表明，通过修改常规挑坎坎高和挑角或将挑坎修改成 U 型或 V 型等坎槽结合的方法仍无法消除空腔内积水；当采用“挑坎＋平台＋局部陡坡”这种体型后，空腔积水明显减弱，若在挑坎上加设 U 型槽，即形成试验时提出的“局部陡坡＋槽式挑坎”的新体型，则可见稳定空腔，且已无回水。由此可见，“挑坎(U 型槽)＋平台＋局部陡坡”掺气坎体型对消除积水和形成稳定空腔很见效，亦为本次试验推荐的掺气坎体型，对该体型进行了较为详细的掺气和水力学特性试验，试验结果如下。

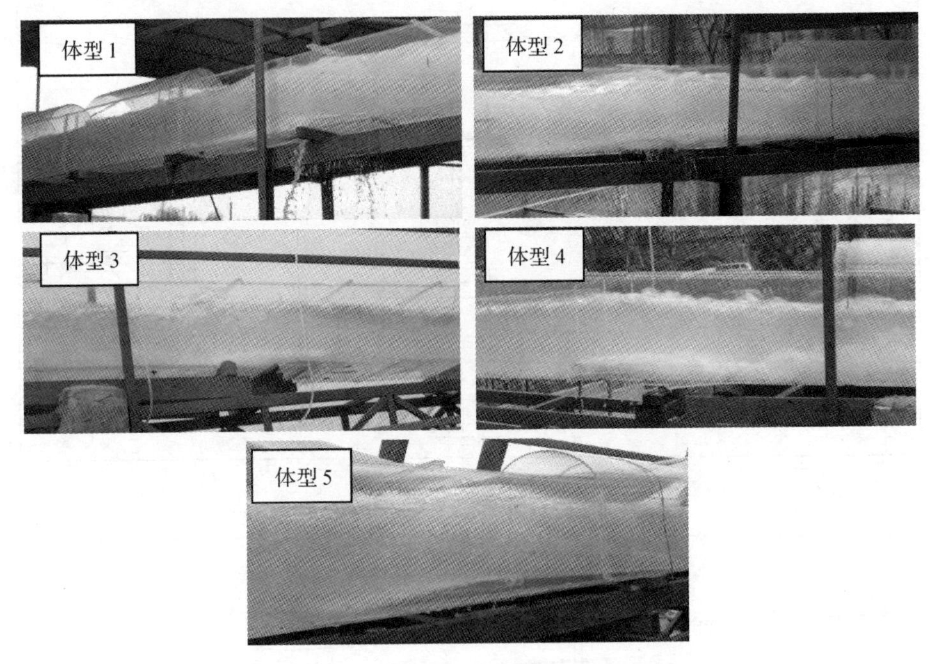

图 6-54　库水位 840m 时 5 种掺气坎体型空腔情况

6.3.4 “局部陡坡＋缓坡平台＋梯形槽挑坎”掺气设施水力特性分析

图 6-53f 为经多组次试验研究后推荐的瀑布沟泄洪洞各级掺气坎体型，对该体型进行了流态、水面线、洞顶余幅、空腔形态、底部掺气浓度沿程分布及风速风量试验研究，结果分述如下。

1. 典型泄洪工况掺气坎处流态

对库水位分别为 840m 以下、840m、843m、845m、847m、设计水位及校核水位进行了 1# 和 2# 掺气坎段流态观测；图 6-55～图 6-57 为各工况下 1# 和 2# 掺气坎段水流流态。

由图可见，水位较低时水面平稳，两边墙水深均匀；水面在掺气挑坎处隆起不太明显；1# 掺气坎没有形成空腔，其后水流仍为清水，但 2# 掺气坎可见明显的空腔，且其后能形成掺气水流。当库水位为 840m 左右，各级掺气坎均开始形成干净和稳定空腔，空腔长度均在每级掺气坎缓坡平台段后，掺气效果非常明显；梯形槽水舌亦能形成内空腔，与两侧挑坎形成的大空腔相连；掺气坎水舌形成的回水主要发生在局部陡坡段， 由于该段坡度较陡，回流已没有能量回溯到空腔

图 6-55 低水位运行 1# 和 2# 掺气坎流态

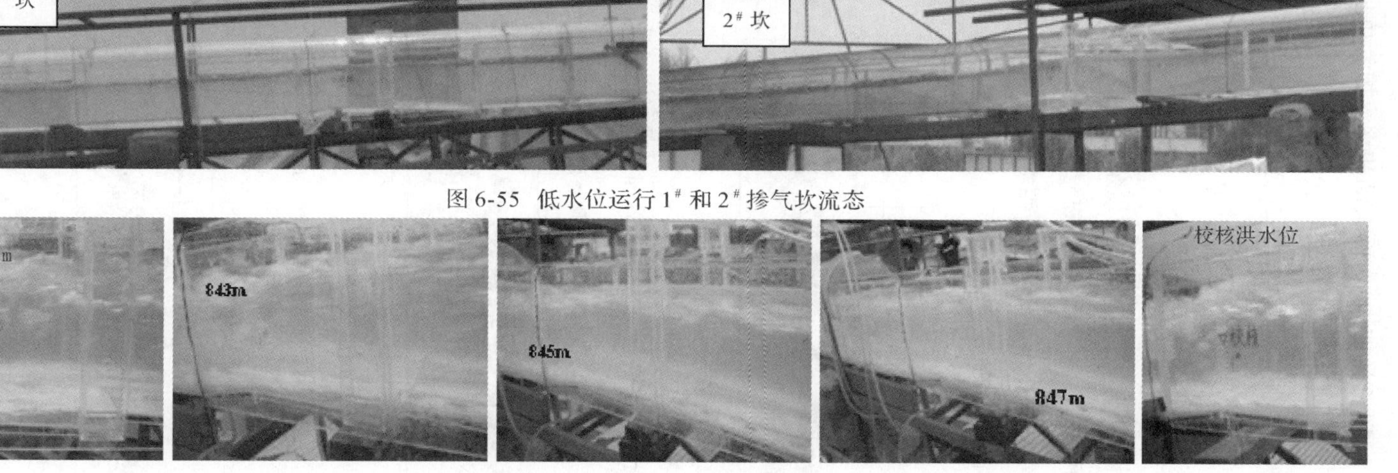

图 6-56 各工况下 1# 掺气坎处空腔及流态

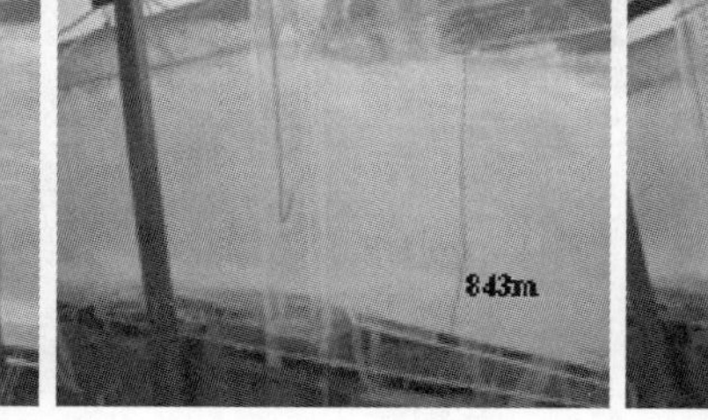

图 6-57 各工况下 2# 掺气坎处空腔及流态

处，空腔积水基本消除。随水位升高，流量加大，水面波动和水流掺气更加明显，在各级掺气坎处水面隆起也较低水位工况为高，在校核洪水位时，最大实测水深仍没有超过直墙高度；由于校核时水深接近直墙高度，建议各级掺气坎通风竖井开口位置尽可能上移，以免由于水面波动而使通风竖井进口进水。

2. 水深沿程分布试验结果及分析

校核洪水位 853.78m 及库水位 840m 时水深及洞顶余幅沿程分布结果分别绘于图 6-58～图 6-61 中。由图可见，水深沿程呈下降趋势；在 8～10m，各级掺气坎附近有波动；洞顶余幅在掺气坎附近变小，水深余幅在 34%～45%，面积余幅在 29%～41%。可见，洞顶余幅基本满足要求。

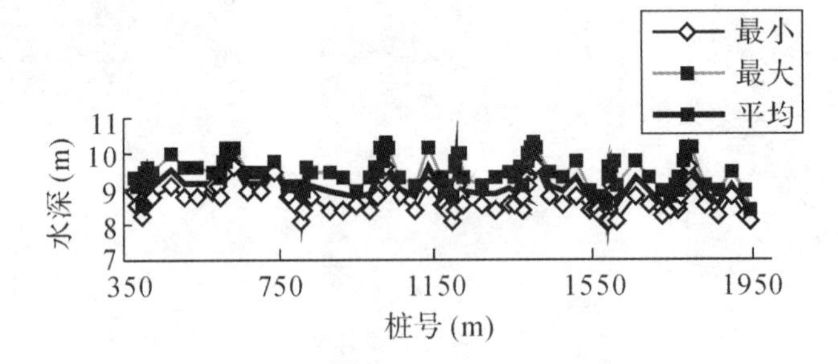

图 6-58　校核洪水位工况下水深沿程分布

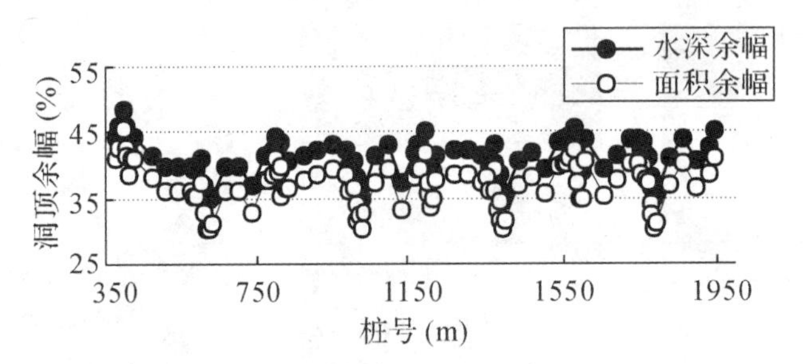

图 6-59　校核洪水位工况下洞顶余幅沿程分布

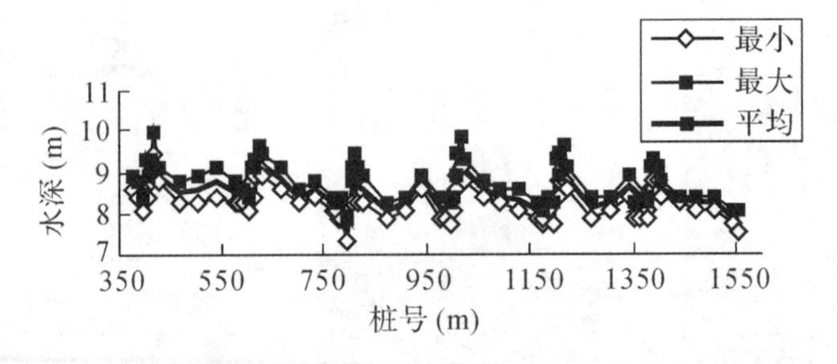

图 6-60　库水位 840m 工况下水深沿程分布

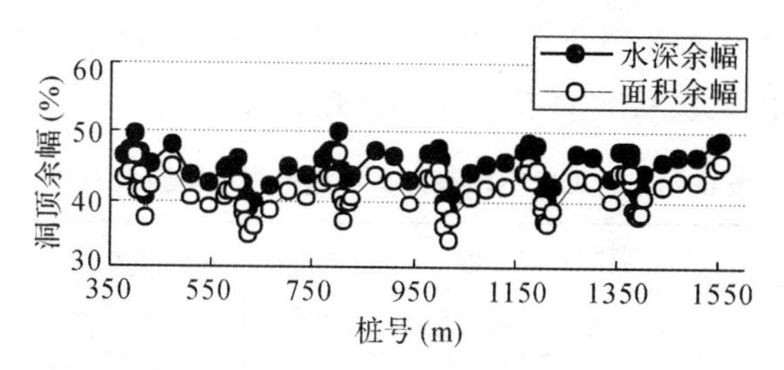

图 6-61 库水位 840m 工况下洞顶余幅沿程分布

3. 速度沿程分布试验结果及分析

整体来说，由于洞身段坡度较缓，速度沿程增加较为缓慢，其中也有波动。其沿程分布见图 6-62 和图 6-63。其中，840m 水位下，洞内速度范围约在 25～32m/s，校核工况下，在 28.5～35m/s。

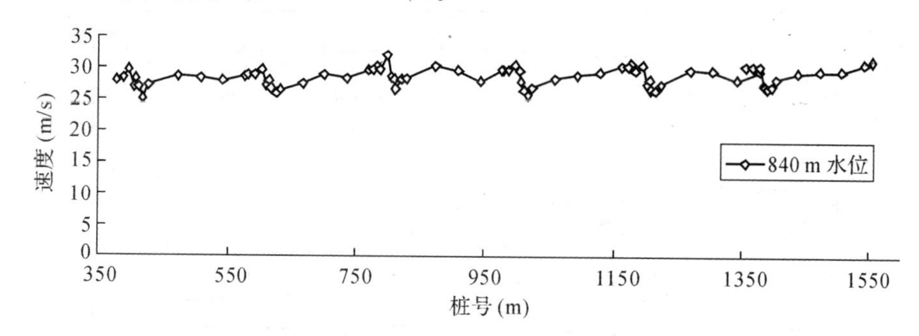

图 6-62 库水位 840m 时推荐方案速度沿程分布

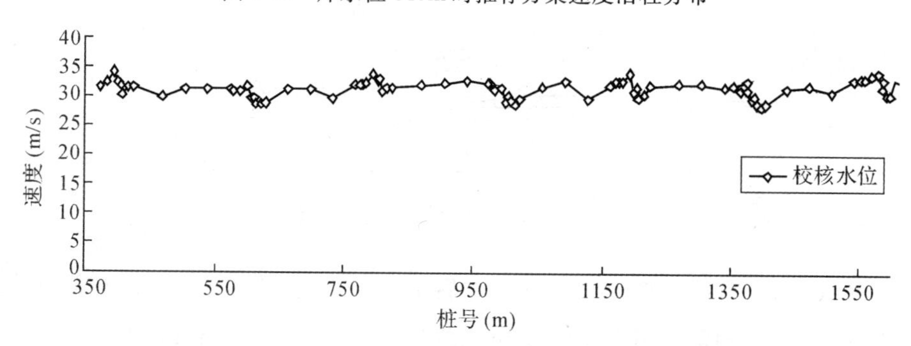

图 6-63 校核洪水位 853.78m 时推荐方案速度沿程分布

4. 空腔特性

对第 1～8 级这 8 个掺气坎处的空腔水力特性进行了试验研究，内容包括空腔附近处水面线、空腔形状、坎后积水情况及坎上 F_r数等。

表 6-13 为校核洪水位 853.78m 和 840m 洪水位工况下各级掺气坎处水力

特性试验结果，其空腔形状见图 6-64，由于各级掺气坎处速度量级相当，其空腔形状基本一致，因此仅列出 1# 掺气坎的空腔形状。

表 6-13　各工况下推荐方案各级掺气坎空腔水力特性

工　况	坎　号	空腔长度(m)		积水水深(m)	坎上水深(m)	坎上 F_r 数	速度(m/s)
		最　小	最　大				
校核洪水位 853.78m	1	16.1	17.0	0	8.93	3.44	32.21
	2	16.1	17.0	0	8.66	3.60	33.19
840m 洪水位	1	16.0	16.8	0	8.14	3.36	30.01
	2	16.0	16.8	0	8.58	3.10	28.47

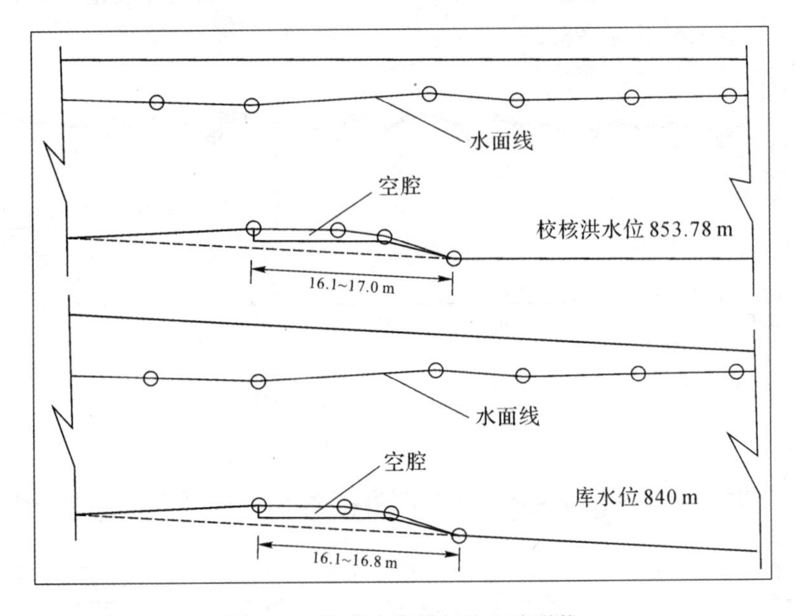

图 6-64　推荐方案掺气坎空腔形状

从表 6-13 中可以看出，各掺气坎后的空腔长度基本一样，校核洪水位 853.78m 时均在 16.1～17.0m，840m 洪水位均在 16.0～16.8m；坎上 F_r 数均在 3.5 左右，仍属低 F_r 数流动；坎上速度在 29.5m/s～34.5m/s，与前述前期试验优化体型结果基本一致。

试验观测结果表明，推荐方案掺气坎体型，即使在低于 840m 库水位仍能形成稳定空腔，840m 以上时各级掺气坎积水基本消除。说明本次试验建议的"局部陡坡＋槽式挑坎"掺气坎体型能适应本工程缓底坡、大流量及低 F_r 数流动的掺气要求，具有良好的适应性，可为类似工程参考应用。

5. 压力特性分析

对三种试验工况下的1#和2#掺气坎附近的底板压力进行了测量，测点位置布置和三种工况下的压力测量结果见图6-65。其中编号为A系列的测点距离左边墙1.75m，B系列的测点在底板中心线上，C系列的测点在2#掺气坎反坡段梯形槽的边坡中线上。

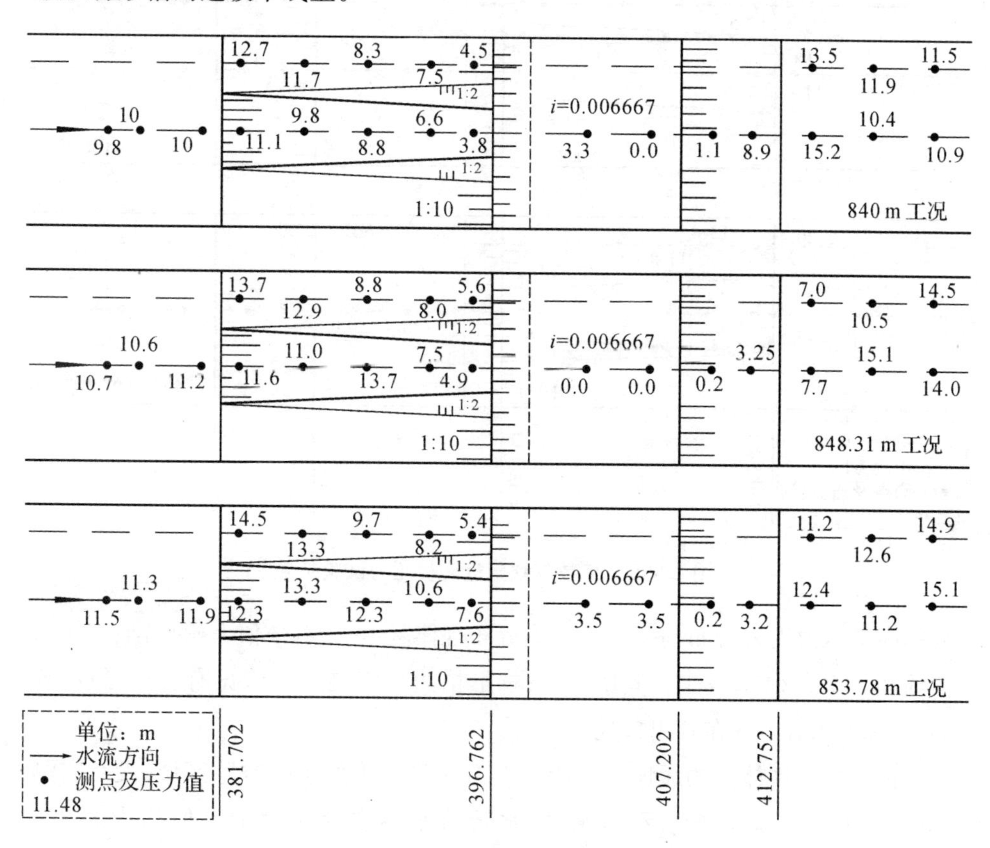

图6-65a　1#掺气坎附近底板压力试验结果

试验结果表明，三种工况下，1#掺气坎起挑部位压力有所增大，最大压力约15×9.8kPa；挑坎上压力沿程减小，至挑坎末端压力值最小，约为4.6×9.8kPa；槽身部分的底板压力沿程分布与挑坎上压力分布规律基本一致，仅数值上稍小，最小压力值约3.8×9.8kPa，发生在其出口处。

2#掺气坎起挑部位压力有所增大，最大压力约20.5×9.8kPa；挑坎上压力沿程减小，至挑坎末端压力值最小，最小压力约为2.8×9.8kPa；梯形槽槽身部

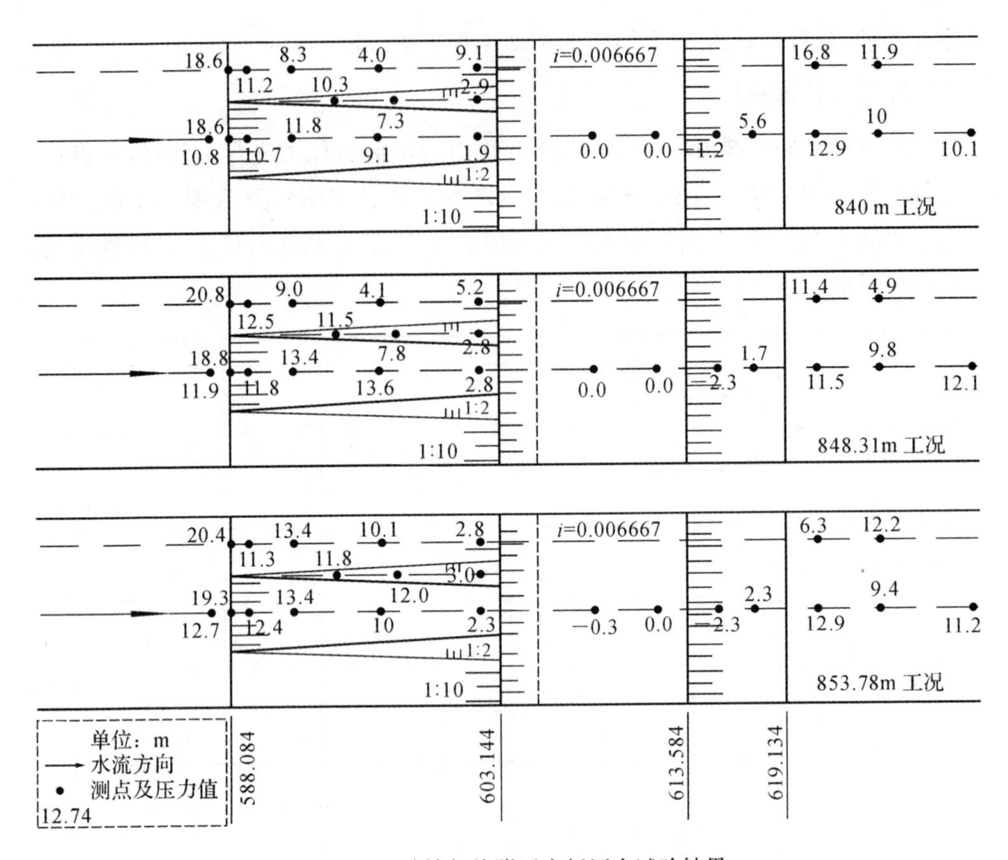

图 6-65b　2# 掺气坎附近底板压力试验结果

分的底板压力沿程分布与挑坎上压力分布规律基本一致，数值上稍小，最小压力值约 2.0×9.8kPa，发生在其出口处；梯形槽边坡实测压力未见有负压，最小约为 2×9.8kPa，出现在其出口处。

推荐掺气坎体型的缓坡平台段其左右两侧由于处于外空腔区域，没有实测其压力；中部为梯形槽水舌落水区，水舌落水冲击处压力最大值约为 3.5×9.8kPa，后部因掺了气，压力接近于 0。

推荐掺气坎体型局部陡坡段在校核洪水位时有负压，最小负压约－0.8×9.8kPa，发生在靠近平台末端处，是该处水舌脱壁所致。鉴于该处水流掺有大量空气，其抗空化特性应有良好保障，但仍建议适当提高该处混凝土标号。

局部陡坡段后的原泄洪洞底板冲击区压力最大约为 17×9.8kPa，压力特性良好。

综上所述，推荐的掺气坎体型挑坎起部位压力增大，最大约为 20×9.8kPa，末端处最小，约为2×9.8kPa；坎上梯形槽身段及边墙上均没有出现负压，最小压力约为2×9.8kPa，位于出口处；缓坡平台段大部分区域处于空腔区，中部冲击区处压力最大约为3.5×9.8kPa，后部压力接近0；局部陡坡段前端在校核洪水位时有小负压，最小负压约−0.8×9.8kPa，后半部及其后原泄洪洞底板压力均为水舌冲击区，压力较大，最大压力约为17×9.8kPa。可见，推荐的掺气坎体型各组成部分压力分布未见异常，其特性良好。

6. 掺气浓度沿程分布及风量和风速

(1)底部掺气浓度沿程分布

图6-66为校核洪水位和840m库水位时底部掺气浓度的沿程分布结果。由图可见，两种工况下，每级掺气坎后的底部掺气浓度沿程减小，至下级掺气坎前浓度仍能在2%以上。可见，各级掺气坎的体型和设计的掺气保护长度是合理可行的，能满足掺气减蚀的要求。

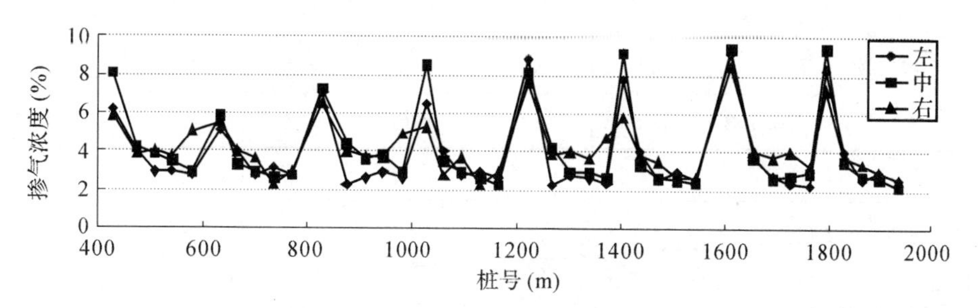

图6-66a 库水位840m时推荐方案泄洪洞底部掺气浓度沿程分布

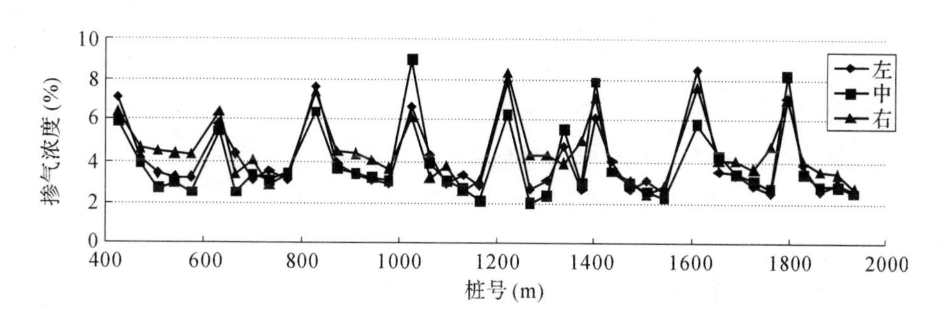

图6-66b 校核洪水位时推荐方案泄洪洞底部掺气浓度沿程分布

由图6-66可以看出，除1#掺气坎外，各级掺气坎上包括其缓坡平台段及局部陡坡段均可见明显的掺气水流现象，且其上掺气浓度在2%左右；同时，推荐的掺气坎体型采用收缩体型，其两侧是受压，压力特性良好。因此，掺气坎自身空化不应成为问题。

(2)侧墙掺气浓度分布

对1#掺气坎和2#掺气坎后若干典型位置侧墙掺气浓度进行了840m洪水位和校核洪水位两种工况下的试验，实测结果见表6-14。表中的A点、B点和C点分别位于施测断面处底板以上5.95m、3.50m和1.05m，详细情况见图6-67。

表6-14 侧墙掺气浓度分布实测结果

位置	桩号(m)	840m			校核洪水位		
		掺气浓度(%)			掺气浓度(%)		
		A点	B点	C点	A点	B点	C点
1#掺气坎	471.885	3.8	2.9	4.3	3.4	2.6	3.9
	507.176	4.4	3.2	3.4	4.1	2.8	3.4
	577.408	5.3	4.1	2.9	4.9	3.6	3.1
2#掺气坎	665.689	5.9	5.5	5.4	5.4	4.8	5.1
	700.280	3.9	4.5	2.8	3.8	4.4	3.9
	770.163	5.6	4.8	2.6	5.4	4.2	2.4

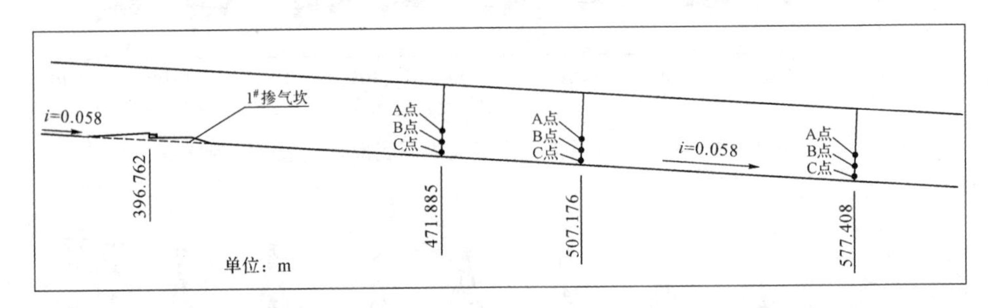

图6-67a 1#掺气坎后侧墙掺气浓度施测断面及测点布置

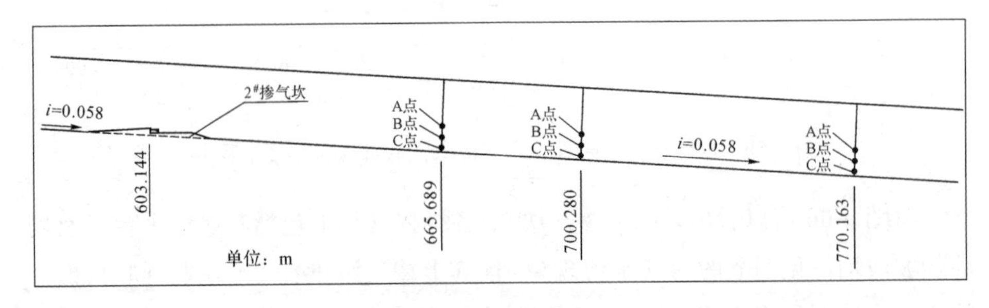

图6-67b 2#掺气坎后侧墙掺气浓度施测断面及测点布置

由表6-14可见,总体来说,两种库水位下相应两级掺气坎后各测点处的侧墙掺气浓度相当;两种工况下,A点掺气浓度沿程基本上呈增加趋势,最大掺气浓度约为6%,最小约为3.4%;B点掺气浓度沿程也略有增加之势,最小掺气浓度约为2.6%;靠近底部的C点其掺气浓度沿程呈减小趋势,掺气浓度范围在2.6%~4.3%。由此可见,两个工况下,1#掺气坎后75m以后及2#掺气坎后泄洪洞侧墙掺气浓度最小约3%,能满足掺气减蚀的要求,可以不设侧掺气设施;但1#掺气坎后仍存在一清水三角形区域,由于该段实测空化数大于0.3且流速约30m/s,亦可不设置侧掺气设施。

(3)风量和风速

在库水位为840m及校核工况下,对推荐方案的泄洪洞进口和1~8级掺气坎通风竖井的风速和通风量进行了测量,两种工况下的实测结果见表6-15。因为模型仅模拟1#、2#级掺气坎段,其中进口风速的结果仅供参考。

表6-15 各泄洪工况下推荐方案通风量测量结果

竖井位置	桩号(m)	840m水位		校核洪水位	
		风速(m/s)	风量(m^3/s)	风速(m/s)	风量(m^3/s)
进口		29.97	1145.72	26.62	1017.58
1#	426.512	18.87	63.42	19.47	65.40
2#	631.144	20.06	67.39	20.65	69.38
3#	829.804	21.24	71.37	21.83	73.36
4#	829.804	21.83	73.36	22.42	75.34
5#	1028.301	22.42	75.34	23.02	77.33
6#	1402.456	22.42	75.34	24.20	81.31
7#	1609.363	23.61	79.32	24.79	83.30
8#	1794.400	24.20	81.31	25.38	85.28

840m水位和校核洪水位下,仅模拟1#、2#级掺气坎段时泄洪洞进口实测风量分别约为1145m^3/s和1017m^3/s,洞内风速可达约30m/s,与水流速度相当。因模型模拟范围有限,本次试验无法得到全洞需风量,亦无法对泄洪洞洞身是否需要加设补气设施进行评价。

由表6-15可见,各级掺气坎通气竖井中(尺寸拟定为2.1×0.8m^2)的风速为 20～25m/s；左右两侧通风竖井所需风量约为 63～85m³/s；8 级掺气坎所需风量约为 611m³/s。因此，从风速试验结果看，通气竖井尺寸拟定能满足要求。

7. 推荐掺气坎体型槽身体型比较

对推荐掺气坎挑坎段槽身体型进行了试验观测和对比。主要比较的槽身体型为 U 型和梯形，图 6-68 为经试验验证能形成稳定空腔的挑坎段槽身的各种体型。其中图 6-68a 和图 6-68b 为梯形槽，其顶宽及底宽分别为 7m、6.2m 及 2m、3m；图 6-68c 和图 6-68d 为 U 型槽，槽宽均为 4.2m，槽深分别为 0.8m 和 0.28m，具体尺寸见图 6-68。

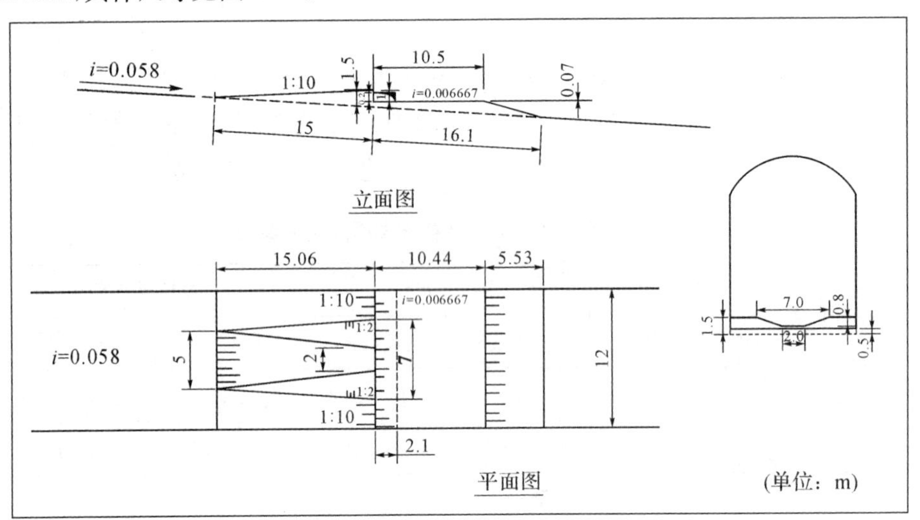

图 6-68a　推荐掺气坎槽身体型Ⅰ(梯形槽)

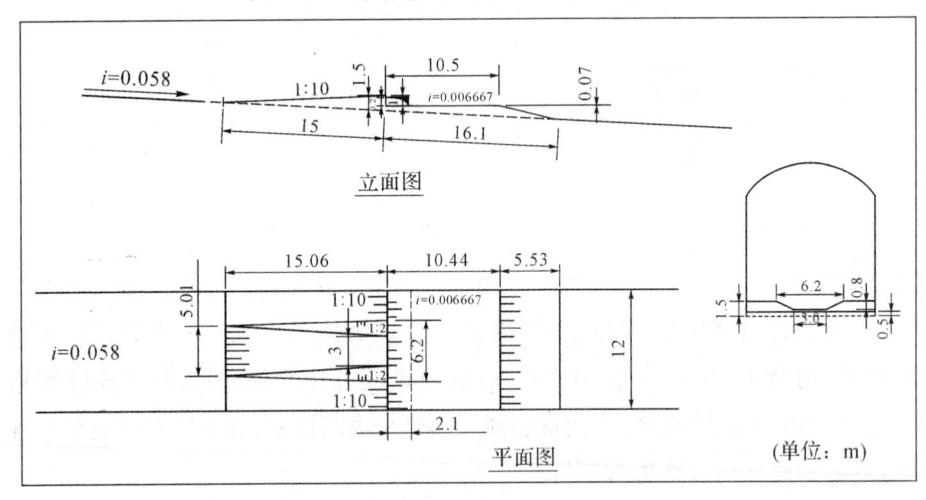

图 6-68b　推荐掺气坎槽身体型Ⅱ(梯形槽)

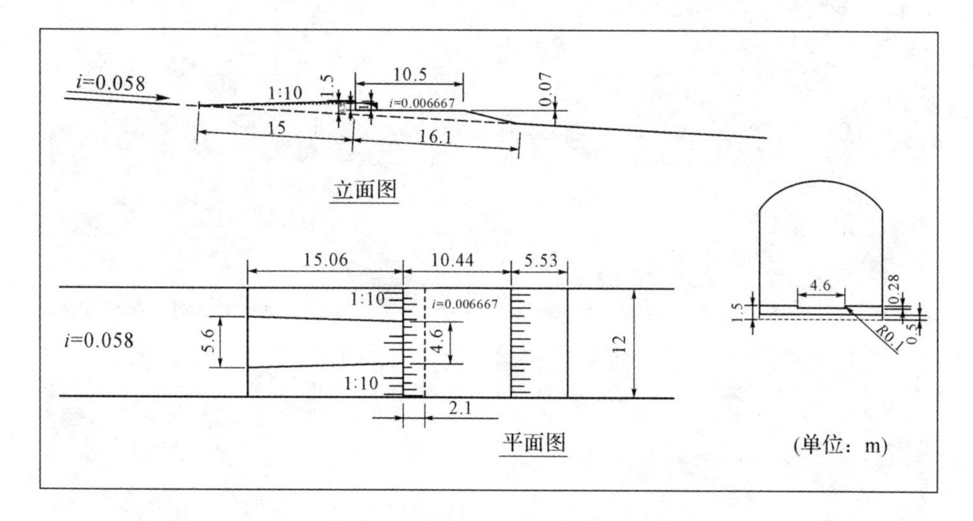

图 6-68c　推荐掺气坎槽身体型Ⅲ(U 型槽)

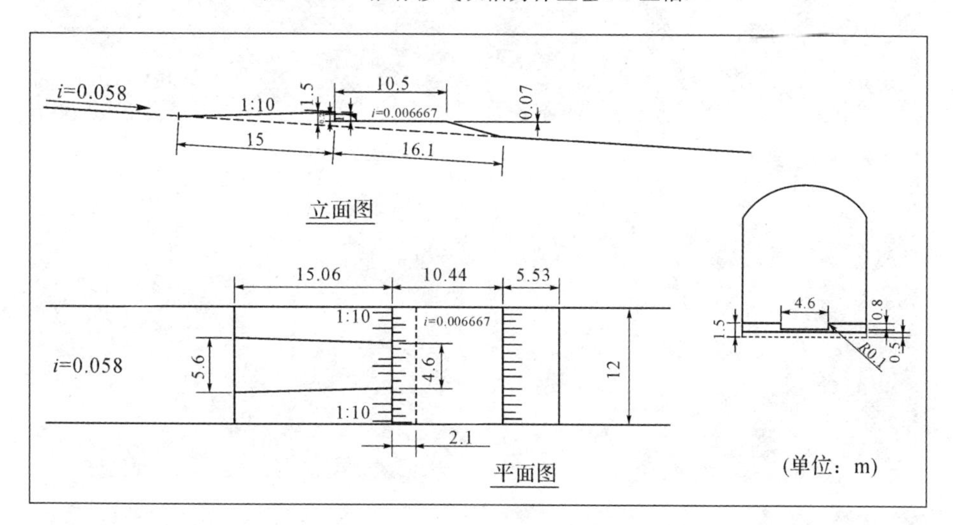

图 6-68d　推荐掺气坎槽身体型Ⅳ(U 型槽)

图 6-69 为 840m 库水位和校核洪水位下 1# 掺气坎处各种坎上槽身体型的空腔掺气形态。

试验观测表明，库水位为 830m 左右，各槽身体型均能很好地阻止住回水，能形成稳定空腔，掺气效果良好。但槽身体型Ⅳ由于 U 型槽槽深较浅，阻止回水作用较弱，因此，该款槽身体型即使在校核洪水位下，1# 掺气坎空腔内仍有积水，其余槽身体型均能保证较为干净的空腔。

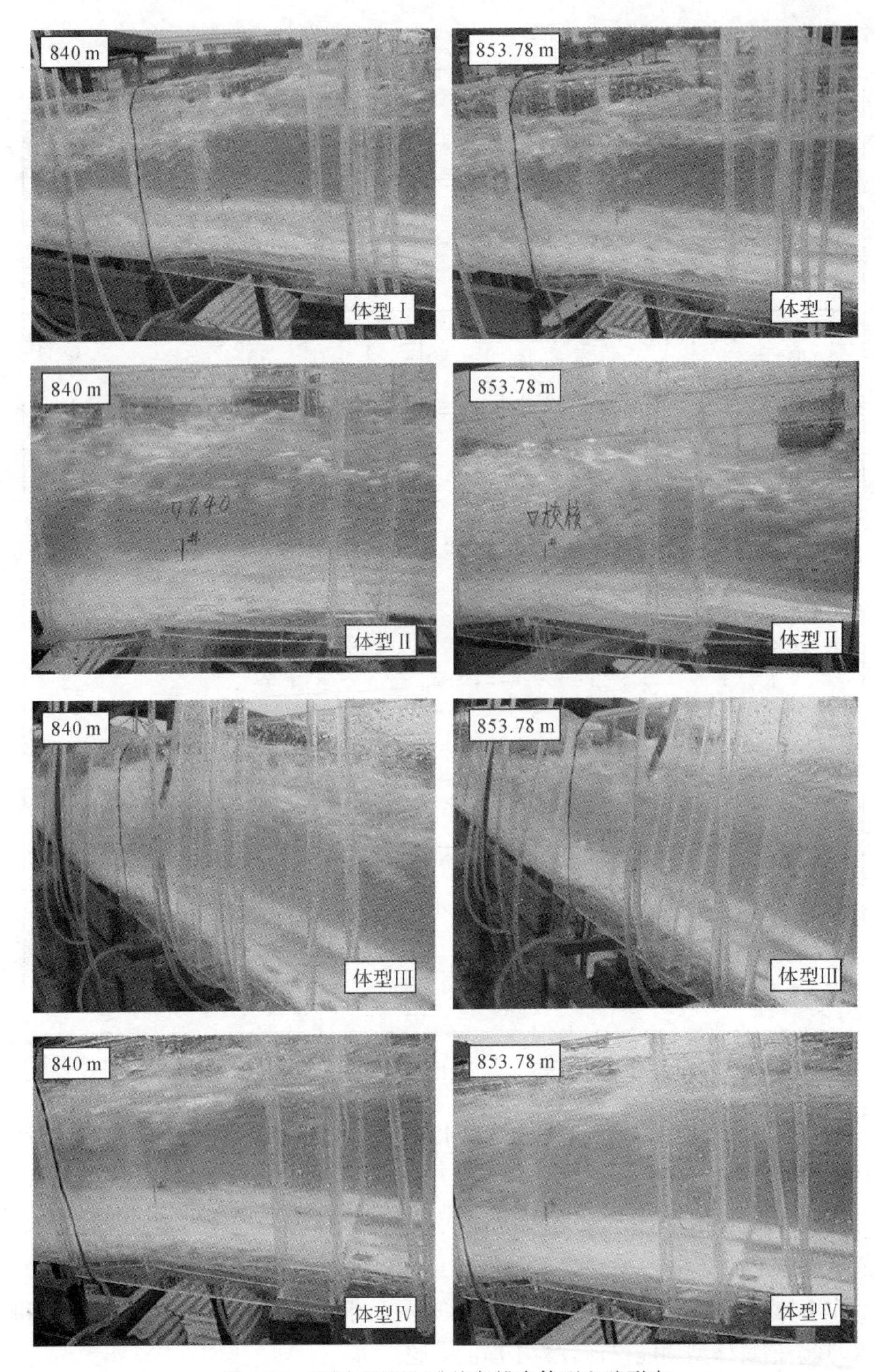

图 6-69　不同工况下 1# 坎各槽身体型空腔形态

图 6-70～图 6-72 为四种槽身体型形成的空腔范围及形状的示意图。用这些图可进一步说明四种槽身体型空腔特性的主要差别。

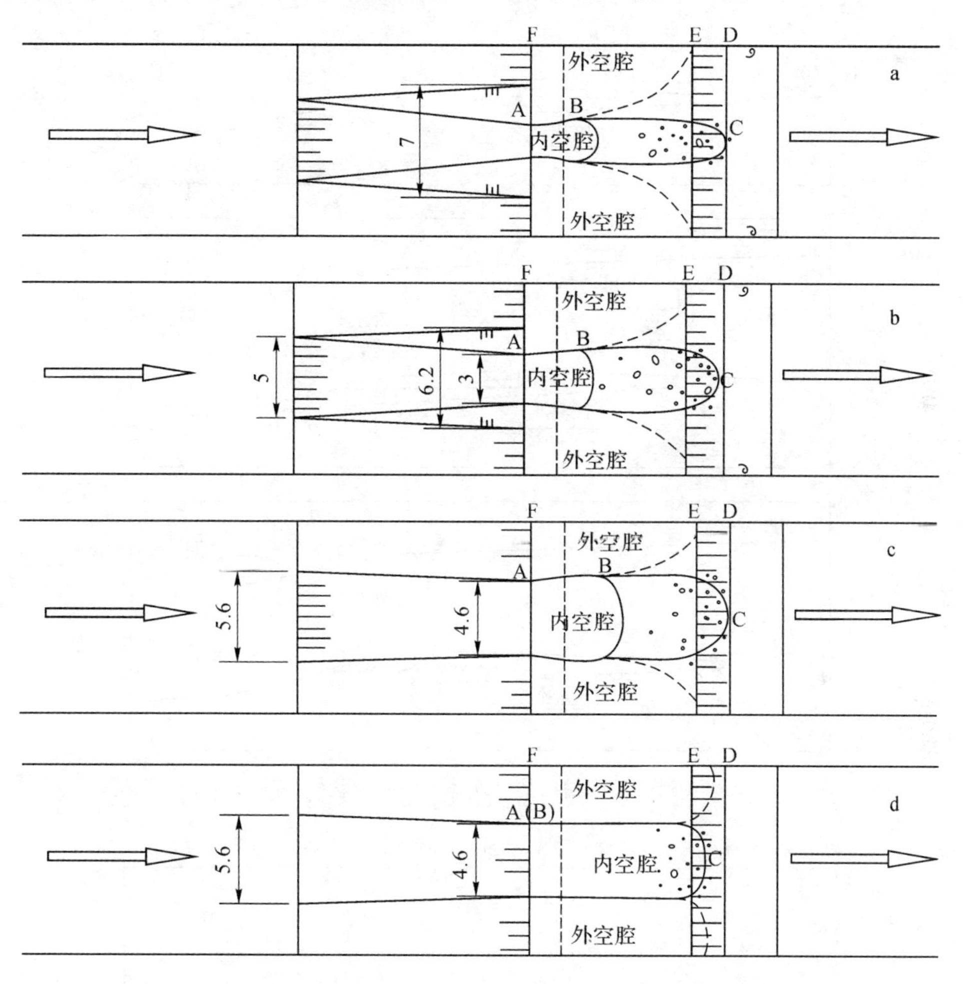

图 6-70　不同槽深掺气坎体型空腔形状(平面图)

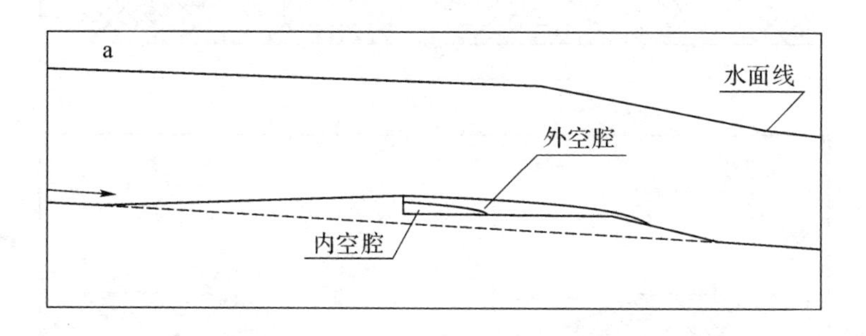

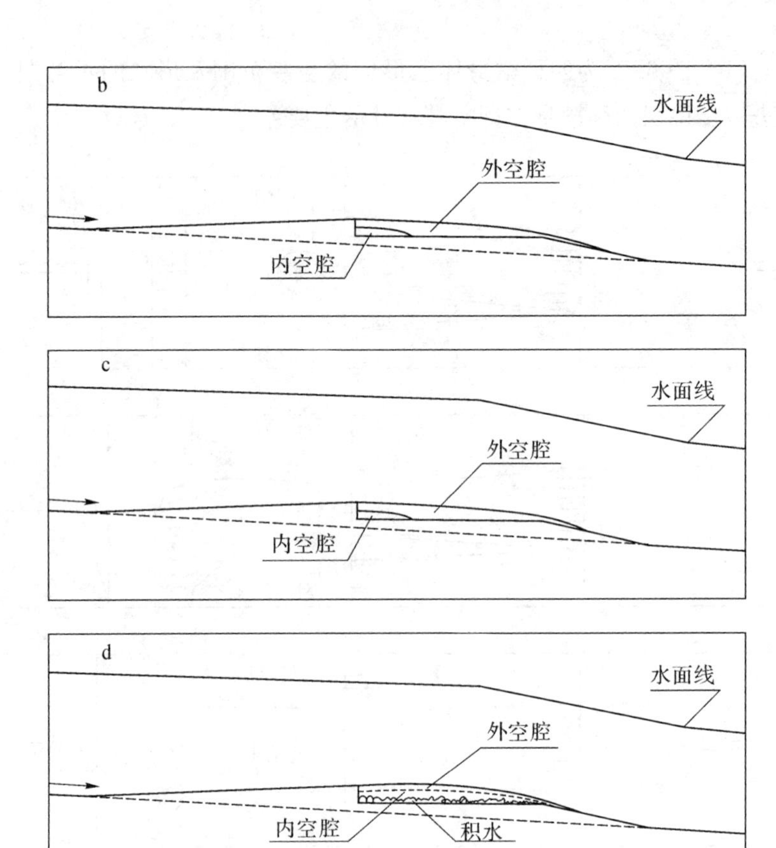

图 6-71　不同槽深掺气坎体型空腔形状(立面图)

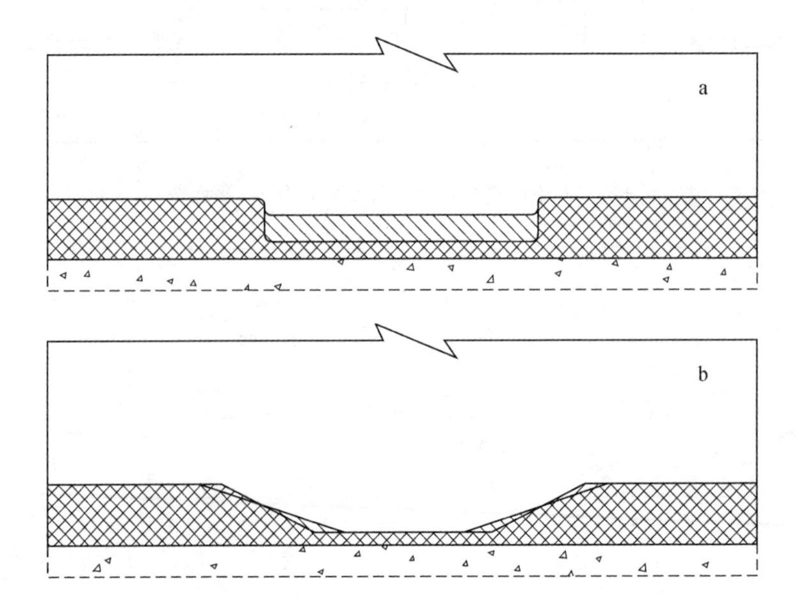

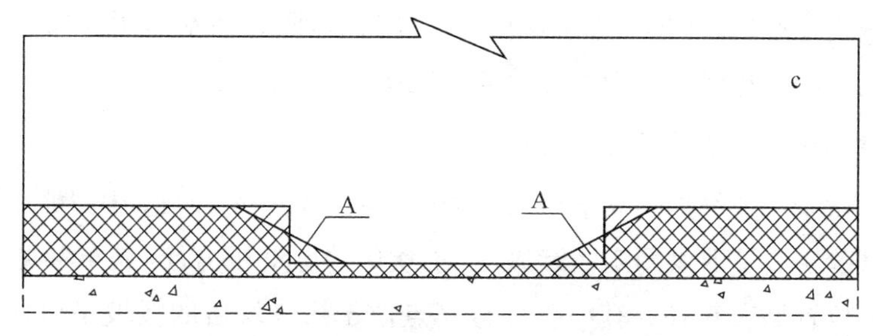

图 6-72 不同槽身掺气坎空腔初始断面对比

从空腔各剖面分布图可见，推荐的掺气坎体型形成的空腔为立体空腔，由内、外空腔形成。内空腔由坎上开槽形成的射流而成，其空腔范围与槽的出口形状有关；外空腔位于边墙两侧，系由挑坎水舌而成。外空腔比内空腔体积大得多；内空腔连通两侧外空腔，使空气接触面增加，增强掺气效果。

从图 6-70 可见，槽身体型Ⅰ由于槽宽最小，其内空腔横向范围最小，整体空腔，特别是 ABCDEF 围成的范围最大。同时，试验观测也表明，该宽度下梯形槽射流已扩散至泄洪洞两侧边墙附近，若进一步减小宽度，则易在两边墙处形成回流和空腔积水。因此，并非底宽愈小愈好。槽身体型Ⅱ，由于槽宽增大，内空腔横向宽度增加，BCDE 范围减小，整体空腔变小。槽身体型Ⅲ(U 型槽)，由于阻止回水时需要更宽的宽度，因此，其形成的内空腔比梯形槽要宽，BCDE 范围最小，其整体空腔最小。槽身体型Ⅳ(U 型槽)为将体型Ⅲ的槽深变浅，以便增长内空腔纵向长度，试验观测表明，该体型在空腔长度方向增加明显，整体空腔范围最大，但是，该体型各工况下空腔内均有积水，且适应流量范围过小。

从图 6-71 可见，由于体型Ⅰ出口宽度收缩最小，加速最大，因此，内空腔长度比体型Ⅱ和体型Ⅲ要长；体型Ⅳ槽身水流已呈挑流流态，内空腔长度已超出缓坡平台段，但射流落水角度增大，其扩散阻止回水能力减弱，空腔内有积水；小流量时，槽身出来的挑流极易落在缓坡平台段，交角更大，回水会较为严重。

从图 6-72 的各种槽身体型起始空腔断面图可见，体型Ⅳ空腔最大(无积水情况下)，体型Ⅲ的则最小；梯形槽与 U 型槽相比，空腔起始断面面积相差不大，但由于梯形槽底宽比 U 型槽的小，其外空腔将比 U 型的大，即图 6-72 中“A”的长度与外空腔相当，其整体空腔体积大于 U 型槽。

综上所述，U 型槽的槽宽要比梯形槽的底宽宽 1.6m 时，才能保证空腔无积水；其内空腔横向范围过大，整体空腔体积小于梯形槽；通过减小 U 型槽槽身增大内空腔是可行的，但空腔内容易发生积水。因此，本工程泄洪洞掺气坎槽身体型建议采用梯形槽。同时，鉴于梯形槽底宽过水，阻止回水作用变弱等原因，本次试验仍推荐槽身体型Ⅱ为本工程掺气坎坎上槽身体型。

8. 推荐掺气坎脉动压力试验结果

本次试验对8级掺气坎下游水舌冲击区的时均压力及脉动压力特性进行了测试。试验实测了泄洪洞1#、2#及8#挑坎后的脉动压力，测点布置见图6-73，其编号及位置见表6-16。其中1、2号测点位于掺气坎后的缓坡平台段，3、4号测点位于缓坡平台段后的局部陡坡段，5、6号测点位于局部陡坡后的泄洪洞底坡段。

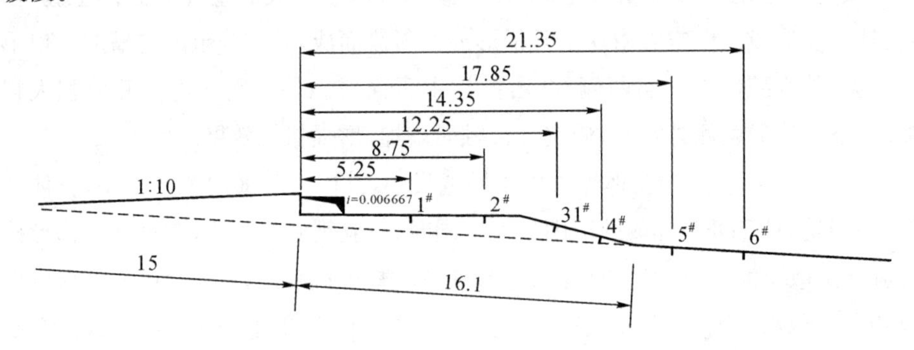

图6-73　脉动压力测点布置图

表6-16　脉动压力测点布置

测点编号	测点位置	距挑坎末端水平距离(m)
1	缓坡平台段	5.25
2		8.75
3	局部陡坡段	12.25
4		14.35
5	局部陡坡后原泄洪洞底板段	17.85
6		21.35

各测点脉动压力均方根值见表6-17。从表6-17可以看出：就时均压力而言，缓坡平台段及局部陡坡段的时均压力较小，局部陡坡段后由于处于水舌冲击区，时均压力较大，最大约为17.71×9.8kPa，出现在840m库水位，与测压管测量结果一致；就脉动压力而言，4号测点由于处于回流区，压力脉动较大，最大值约为2.68×9.8kPa，其余各测点的脉动压力均方根值普遍不超过1.5×9.8kPa。建议在局部陡坡段及其后5m内尽量不要布置施工缝、伸缩缝等存在

边界变化的结构型式。

表 6-17　各测点脉动压力均方根　　单位：9.8kPa

编　号	校核洪水位		840m 水位	
	均　值	均方根	均　值	均方根
1-1	4.84	1.31	9.82	1.42
1-2	3.92	0.71	2.80	0.54
1-3	3.13	1.20	4.02	0.88
1-4	7.24	2.61	11.12	1.89
1-5	17.60	2.64	17.71	0.96
1-6	16.26	1.14	15.30	0.80
2-1	3.49	0.58	5.65	0.63
2-2	−0.35	0.49	0.97	0.64
2-3	0.83	1.51	3.80	1.23
2-4	6.38	2.34	10.21	2.03
2-5	17.07	1.27	17.71	0.84
2-6	14.06	0.85	15.16	0.82
8-1	2.62	0.66	5.09	0.68
8-2	−0.59	0.60	0.72	0.62
8-3	−0.42	1.94	2.48	1.92
8-4	3.29	2.13	6.14	2.44
8-5	13.95	2.17	16.59	2.47
8-6	10.46	1.09	13.92	0.99

图 6-74 为 8 号挑坎后相应测点的压力时域过程线。图 6-75 为 8 号挑坎后相应测点的脉动压力概率密度分布图。从图 6-75 中可以看出，除 4 号测点外，脉动压力概率密度分布均近似于正态分布；4 号测点由于处于水流回流区，脉动压力概率密度呈“双峰”分布，其特性仍有待研究。

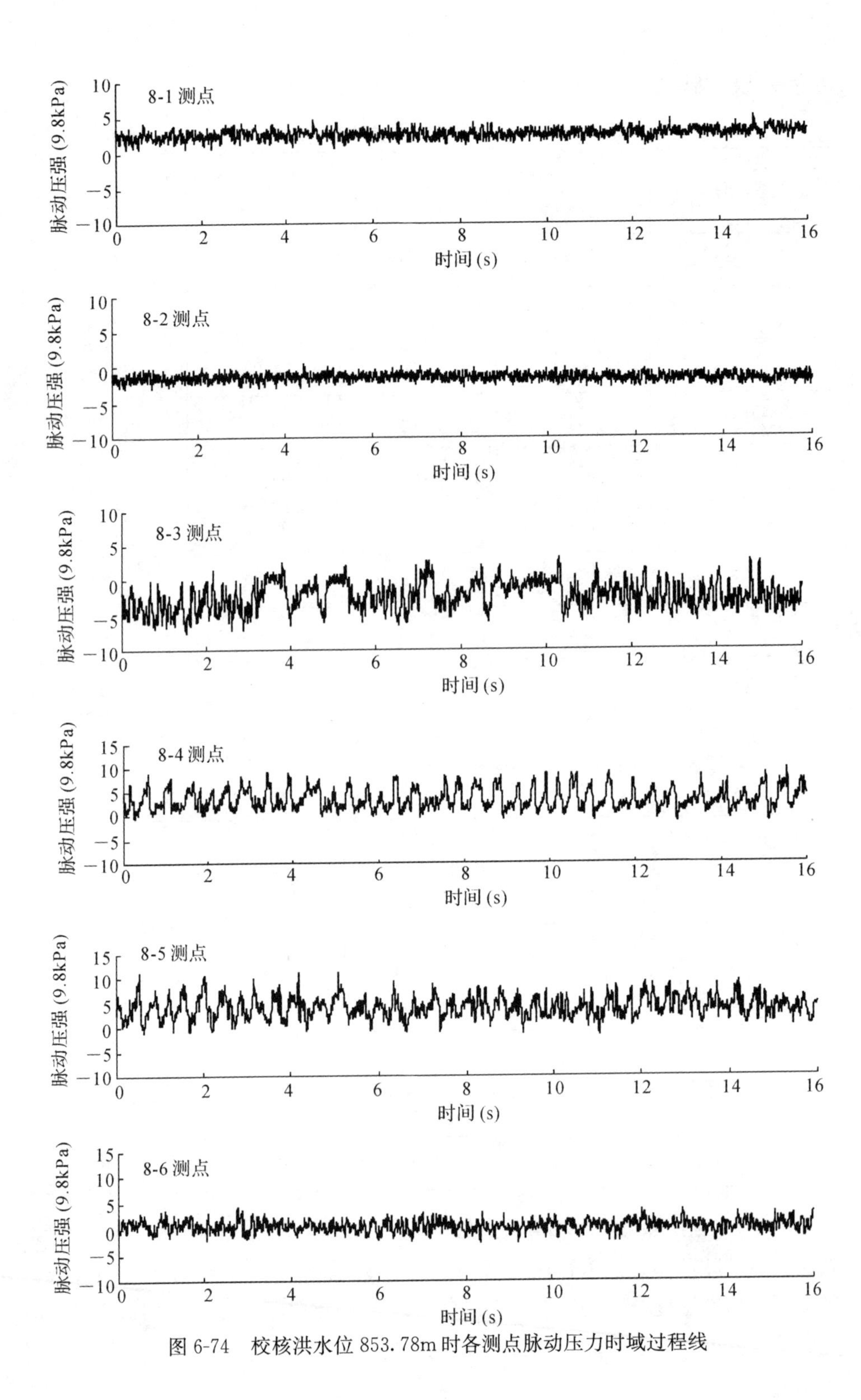

图 6-74　校核洪水位 853.78m 时各测点脉动压力时域过程线

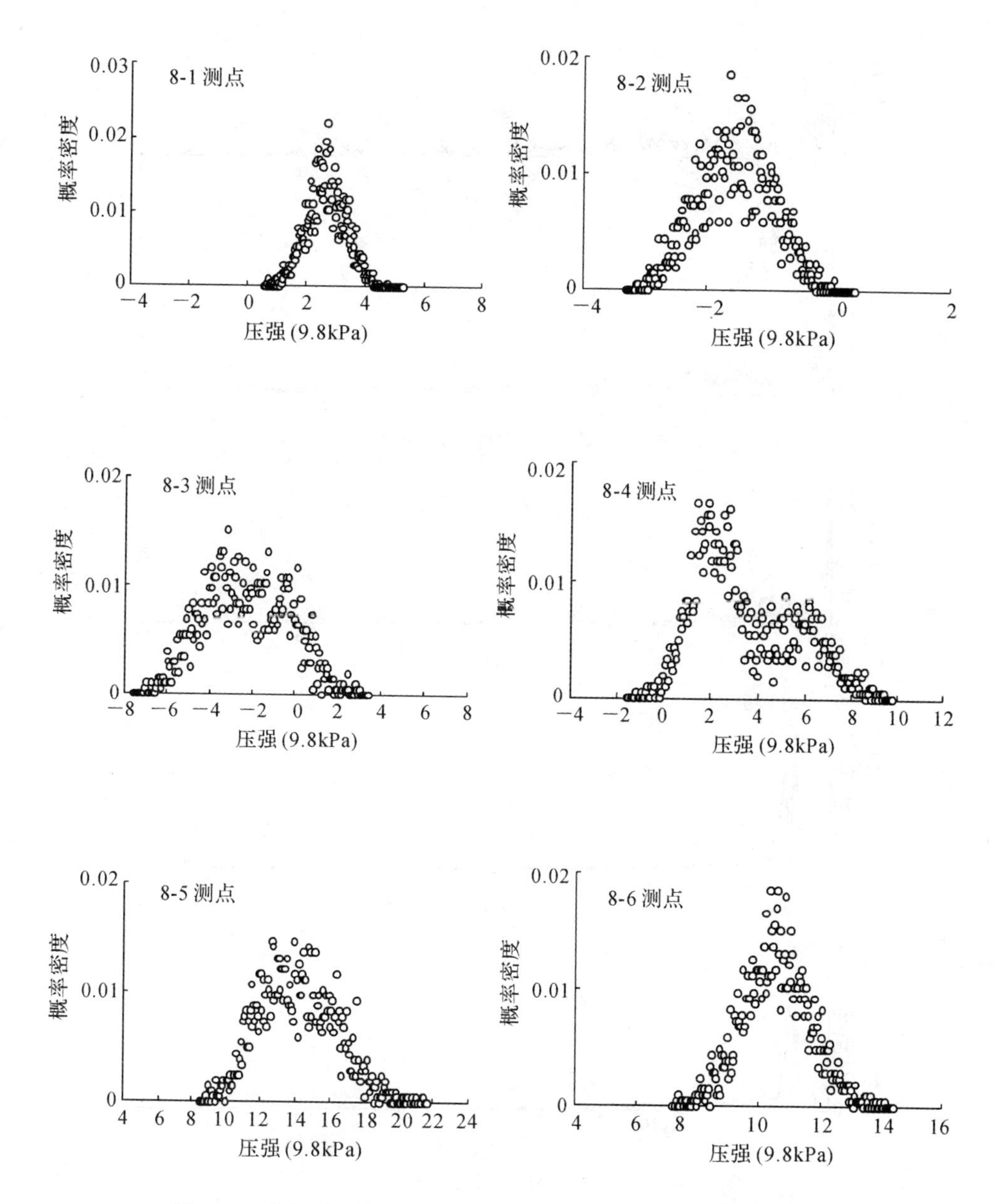

图 6-75　校核洪水位 853.78m 时各测点脉动压力概率密度分布图

图 6-76 为典型的脉动压力功率谱密度曲线。从图 6-76 中可以看出：除 4、5 号测点外，其余测点的主频不明显，但 10Hz 以内的频率占优势，5Hz 以内的频率优势更明显；4、5 号测点分别位于回流区及水舌冲击区，脉动压力呈周期性变化，脉动压力主频约为 2Hz。

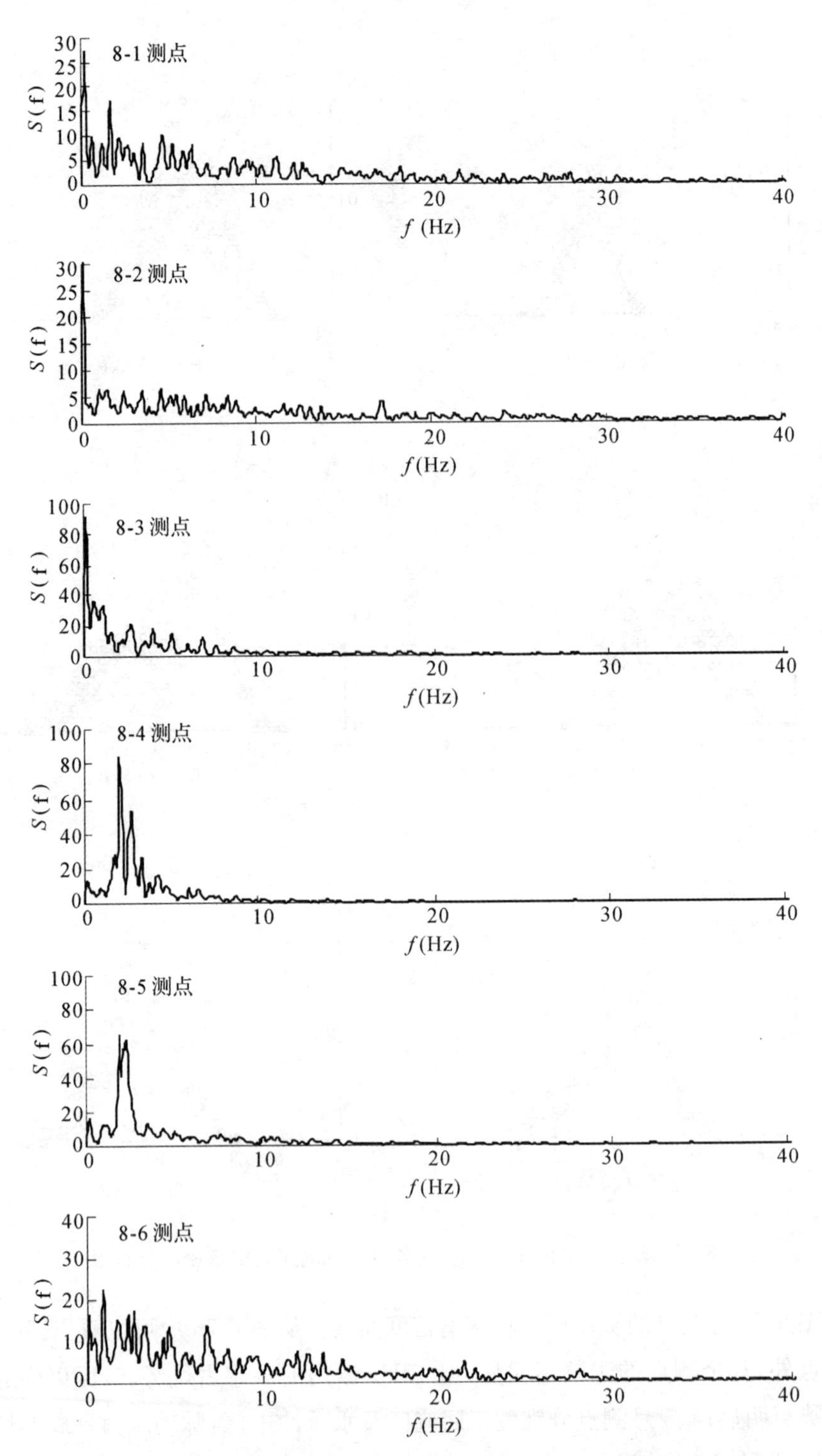

图 6-76 校核洪水位 853.78m 时各测点脉动压力功率谱密度分布图

6.3.5 小结

通过对“局部陡坡＋缓坡平台＋梯形槽挑坎”掺气设施在瀑布沟水电站泄洪洞应用的试验研究，对该体型进行了流态、空腔形态、底部掺气浓度、底部压力分布、通风井风速和通风量的研究，结果表明：

(1)瀑布沟水电站泄洪洞采用“局部陡坡＋缓坡平台＋梯形槽挑坎”掺气设施后，在库水位840m以上均能形成干净和稳定的空腔，掺气效果显著，有效地解决了该工程泄洪洞低F_r数的掺气难题，再次说明本研究提出的“局部陡坡＋槽式挑坎”掺气设施对不同工程具有较强的适应性和良好的工程应用前景。

(2)该款掺气设施，从第2级起无论是挑坎段、缓坡平台段和局部陡坡段，均可见其上的掺气水流现象，且掺气浓度在2%左右；同时，推荐的梯形槽体型采用收缩体型，其两侧是受压，压力特性良好，因此，掺气坎自身空化有所保障。

(3)试验结果表明，缓坡平台段及局部陡坡段的时均压力较小，局部陡坡段后处于水舌冲击区，时均压力较大，约为17.71×9.8kPa；局部陡坡段处于回流区，压力脉动较大，最大值约为2.68×9.8kPa，其余各测点的脉动压力均方根值普遍不超过1.5×9.8kPa；脉动压力概率密度分布均近似于正态分布；各测点10Hz以内的频率占优势，5Hz以内的频率优势更明显；4、5号测点分别位于回流区及水舌冲击区，脉动压力主频约为2Hz。鉴于局部陡坡段处脉动均方根值较大，建议在局部陡坡段及其后5m内尽量不要布置施工缝、伸缩缝等存在边界变化的结构型式。

(4)局部陡坡掺气设施具有较好的应用价值。

①前期试验优化体型试图通过设置挡水坎，阻挡下游水流回溯，试验证明，该坎不仅不能阻挡回水，反而阻碍了空腔内部积水的排出，使得空腔积水更为严重，本研究提出的“局部陡坡＋梯形槽挑坎”掺气设施改变原先的被动挡水为通过设置局部陡坡与缓坡平台主动导水，能够形成干净稳定的掺气空腔，利于水流掺气。

②同U型槽相比，“梯形槽挑坎＋缓坡平台＋局部陡坡”掺气设施因空腔内水气交界面积大，对提高空腔内的总通气量、改善掺气条件有利，掺气坎能够形成干净和稳定的空腔，空腔长度均在每级掺气坎缓坡平台段后，掺气效果非常明显，保证掺气设施在全工况均能使空腔稳定、通气顺畅、流态平稳，表明这种新型掺气设施对于提高高水头、大单宽流量、小底坡明流泄洪洞的掺气能力，解决掺气减蚀问题具有良好的效果，可供类似工程参考和应用。

低 F_r 数小底坡泄洪洞掺气坎选型数值模拟研究

7.1 低 F_r 数小底坡泄洪洞水力特性数值模拟方法

现如今水电事业得到蓬勃发展。高水头、大泄量泄水建筑物不断增多，与之相关联的系列高速水力学问题日益突出，受到工程界的广泛关注。在水电科学的研究方法中，目前多采用物理模型试验。物理模型的理论基础比较成熟，而且可直观地预演布置方案及工程措施的效果，但对试验设备和场地要求较高，模型变更不方便，进行多方案、多工况试验研究所需的时间和周期较长，工作量较大，而且由于测量手段不完善，水流内部结构无法全面、详细了解[1]。

除传统的物理模型试验研究外，数学模型也是一种重要的研究手段。近一二十年来，随着计算水平的不断提高，数学模型以其花费少、变方案快、不干扰流场、信息完整、模拟能力强等优势得到了迅速发展。它具有周期短、投资少、建模快、计算迅速、可以模拟较大范围的河段等特点[2]。但要保证数学模型计算结果的可靠性，其边界条件、初始条件及糙率等模型参数的确定非常重要。

高速水流往往卷入大量的空气，形成水气二相流，即掺气水流。明流泄洪洞强迫掺气水流正是水气二相流场，掺气坎后流态较为复杂，现有的测试手段很难详细了解内部的流场结构和强度，这就有必要借助于数值模拟手段来进行研究。数值模拟技术能弥补物理模型测试手段的不足，能够得到详细的流场水力特性，如特征流速及其分布、涡量强度和分布、紊动能分布以及紊动能耗散率分布，从而为合理布设掺气减蚀设施、防止水工建筑物空化与空蚀提供有力的科学依据。

同时，采用数值模拟手段研究掺气设施的水力特性具有优化体型方便、节约精力、节省时间、不存在比尺效应等优点，因此，是必要的和可行的。

随着科学技术的不断进步，对流体的性质及运动规律的研究也会不断深入。同时，由于流体运动极度复杂，人们对它的认识还存在很大的局限。物理模型试验虽是研究流体运动的常用手段，但因数值模拟具有较多的优点，渐已成为研究流体力学强有力的手段。在以往的研究中，通过类比、假设以及忽略某些次要因素，多采用一维数学模型模拟真实流体，并在实际应用中取得了一定的效果。但自然界的流体运动往往是二维的，尤其是在边界变化较为剧烈的区域，流体运动的二维性尤为突出，一维数学模型就难以保证相应的准确度。随着工程技术要求的不断提高，迫切需要发展更接近于实际情况的二维流体数值模拟方法。目前，二维流体计算已经取得了一定的进展，准二维、拟二维及二维嵌套数学模型也得到了一定的应用。

随着计算机技术的迅速发展、紊流数学模型理论的广泛应用和计算方法的不断完善，数值模拟已经成为研究水力学问题的一条重要途径。鉴于此，为了详细了解布设掺气设施后泄洪洞内的水流流场情况，本部分采用数学模型方法对掺气坎消能减蚀方案进行了三维数值模拟研究。

下面将其中采用的数值模型进行介绍，同时，给出计算的范围及模型建体的网格划分情况。

紊流数值模拟属于计算流体动力学（Computational Fluid Dynamics，CFD，也称计算流体力学）的范畴。流场的数值模拟，包括建立流场的数学模型（即描述流动的数学物理方程及其定解条件），对流场的空间域和时间域进行剖分离散（即计算网格的生成），应用计算方法将数学模型离散，构成代数方程组（即离散方程），再利用求解代数方程组的方法，结合离散的定解条件，求解离散方程。

下面按上述顺序简述各步骤的基本原理和方法。

7.1.1 数学模型的选择

自然界中的流动大多是紊流。生产与工程上有大量紊流问题亟待解决，而紊流统计理论、非经典介质理论、非线性理论以及其他基础研究虽有进展，但短期内仍看不到有突破的希望，多数情况下由连续介质假定推导而来的 N-S 方程仍是流场模拟的基础。

紊流是一种漩涡运动。紊流中流体的各种物理参数，如速度、压力、温度等都随时间与空间发生随机的变化[3]。紊流运动是自然界和工程技术中广泛存在的一种流体运动现象。作为现代流体力学和水力学重要组成部分的紊流，对许多科学技术领域，如航空、造船、气象、化工、环保等，都有直接或间接的关系。在水利工程中，紊流更是一个关键问题。因此，紊流研究一直被研究者高度重视。现代高速电子计算机的出现和发展，对紊流研究，特别是紊流数值模拟研究起了很大的推动作用。数值方法和数值模拟的引入，又促进了紊流理论的发展。紊流模型就是对经雷诺平均的 Navier-Stokes 方程的二阶项作出不同的假定，从而使方程组得以封闭的补充方程式。紊流模型的发展是现代紊流力学的一个重要方面。近一二十年来，随着计算水平的不断提高，数值模拟以其花费少、变方案快、不干扰流场、信息完整、模拟能力强等优势得到了迅速的发展。

1. 紊流模型概述

对不可压缩流体，描述各物理量随空间和时间变化的控制方程可表示为：

连续方程：

$$\frac{\partial(\rho u_i)}{\partial x_i}=0 \tag{7-1}$$

动量方程：

$$\frac{\partial(\rho u_i)}{\partial t}+\frac{\partial(\rho u_i u_j)}{\partial x_j}=-\frac{\partial p}{\partial x_i}+\mu\frac{\partial^2 u_i}{\partial x_j \partial x_j} \tag{7-2}$$

其他物理量的输运方程：

$$\frac{\partial(\rho\Phi)}{\partial t}+\frac{\partial(\rho u_i\Phi)}{\partial x_i}=\lambda_\Phi\frac{\partial^2\Phi}{\partial x_i\partial x_i}+S \tag{7-3}$$

式中：t 为时间；u_i 是 $x_i(i=1,2,3)$ 方向的瞬时速度分量；p 为瞬时静水压力；Φ 是某种标量，如温度和浓度；S 为源项；ρ 和 μ 分别为水的密度和动力黏滞系数；λ_Φ 为标量 Φ 的分子扩散系数。

Reynolds 在 1895 年提出：要准确地描述紊流脉动随空间和时间的变化是极其困难的，而研究时均量的变化规律更具现实意义。通过引入雷诺平均的概念，推导出描述紊流时均性质的雷诺方程：

$$\frac{\partial(\rho u_i)}{\partial t}+\frac{\partial(\rho u_i u_j)}{\partial x_j}=-\frac{\partial p}{\partial x_i}+\frac{\partial}{\partial x_j}\left(\mu\frac{\partial u_i}{\partial x_j}-\rho\overline{u'_i u'_j}\right) \tag{7-4}$$

式中：u_i 为时均流速，p 为时均压力，$\rho\overline{u'_i u'_j}$ 为雷诺应力。

由于引入了雷诺应力 $-\rho\overline{u'_i u'_j}$ 这一未知量，方程组无法自行封闭，因此需要补充方程式。随着计算机技术的发展，使得对描述水流运动的基本方程进行数值求解成为可能，紊流数学模型正是在这种背景下兴起的研究紊流问题的一种有效手段。通过对雷诺方程作出不同的假定，从而使方程组得以封闭的补充方程式，即为紊流模型。紊流模型描述紊动输运的规律，用来模拟实际紊流的时均性质。

在涡黏模型中，不直接处理 Reynolds 应力项，而是引入紊动黏度（turbulent viscosity），或称涡黏系数（eddy viscosity），然后把湍流应力表示成紊动黏度的函数，整个计算的关键在于确定这种紊动黏度。紊动黏度的提出源于 Boussinesq 提出的涡黏假定，该假定建立了 Reynolds 应力相对于平均速度梯度的关系[4,5]，即：

$$-\rho\overline{u'_i u'_j}=\mu_T\left(\frac{\partial u_i}{\partial x_j}+\frac{\partial u_j}{\partial x_i}\right)-\frac{2}{3}\rho k\delta_{ij} \tag{7-5}$$

这里 μ_T 为紊流黏度，u_i 为时均速度，δ_{ij} 是“Kronecker delta”符号，当 $i=j$ 时，$\delta_{ij}=1$；当 $i\neq j$ 时，$\delta_{ij}=0$，k 为紊动能（turbulent kinetic energy），可表示为：

$$k=\frac{\overline{u'_i u'_i}}{2}=\frac{1}{2}(\overline{u'^2}+\overline{v'^2}+\overline{w'^2}) \tag{7-6}$$

紊动黏度 μ_T 是空间坐标的函数，取决于流动状态，而不是物理参数。这里的下标表示湍流流动的意思。实际上不少紊流流动，甚至简单的紊流边界层流动中，紊流都是呈各向异性的，脉动往往在某一主导方向上最强；因此紊流黏性系数 μ_T 是张量而不是标量。由上可见，引入 Boussinesq 涡黏假定后，计算紊流流动的关键就在于如何确定 μ_T。直接求紊流输运项，而无需增加偏微分方程的模型称为零方程模型[6]；增加一个紊流动能 k 偏微分方程的模型称为单方程模型[7]；增加 k 和 ε 两个紊流量的偏微分方程的模型则为双方程模型[8,9]。

从理论来看这种模型最为简单，因为紊流理论中还有更高阶的封闭模型及更细致的模型，如大涡模拟或亚网格尺度模拟等。对求解有复杂紊流流动的工程问题，使用各向异性的应力模型可以自动地计及许多效应，如壁效应、浮力效应和旋转效应等，无需再人为地引用半经验的修正；而其他更高级或更精细的模型目前则尚难于应用于工程实际问题。

2. 分层二相流的 k-ε 紊流数学模型

由于水和气有相同的速度场和压力场，因而对水气二相流可以像单相流那样采用一组方程来描述流场。本书采用 k-ε 双方程模型来对明流泄洪洞水流流场进行模拟，k-ε 紊流模型的连续方程、动量方程和 k、ε 方程分别表示如下：

连续方程：

$$\frac{\partial \rho}{\partial t}+\frac{\partial \rho u_i}{\partial x_i}=0 \tag{7-7}$$

动量方程：

$$\frac{\partial \rho u_i}{\partial t}+\frac{\partial}{\partial x_j}(\rho u_i u_j)=-\frac{\partial p}{\partial x_i}+\frac{\partial}{\partial x_j}\left[(\mu+\mu_t)\left(\frac{\partial u_i}{\partial x_j}+\frac{\partial u_j}{\partial x_i}\right)\right] \tag{7-8}$$

k 方程：

$$\frac{\partial(\rho k)}{\partial t}+\frac{\partial(\rho u_i k)}{\partial x_i}=\frac{\partial}{\partial x_i}\left[\left(\mu+\frac{\mu_t}{\sigma_k}\right)\frac{\partial k}{\partial x_i}\right]+G-\rho\varepsilon \tag{7-9}$$

ε 方程：

$$\frac{\partial(\rho\varepsilon)}{\partial t}+\frac{\partial(\rho u_i\varepsilon)}{\partial x_i}=\frac{\partial}{\partial x_i}\left[\left(\mu+\frac{\mu_t}{\sigma_\varepsilon}\right)\frac{\partial\varepsilon}{\partial x_i}\right]+C_{1\varepsilon}\frac{\varepsilon}{k}G-C_{2\varepsilon}\rho\frac{\varepsilon^2}{k} \tag{7-10}$$

式中：ρ 和 μ 分别为体积分数加权平均的密度和分子黏性系数，p 为修正的压力。μ_t 为紊流黏性系数，它可由紊动能 k 和紊动耗散率 ε 求出：

$$\mu_t=\rho C_\mu\frac{k^2}{\varepsilon} \tag{7-11}$$

式中：C_μ 为经验常数。σ_k 和σ_ε 分别为k 和ε 的紊流普朗特数，以上各式中的常数取值见表 7-1。

表 7-1　控制方程中的常数值

C_μ	C_k	C_ε	$C_{1\varepsilon}$	$C_{2\varepsilon}$
0.09	1.0	1.3	1.44	1.92

G 为平均速度梯度引起的紊动能产生项，它可由式(7-12) 定义：

$$G=\mu_t\left(\frac{\partial u_i}{\partial x_j}+\frac{\partial u_j}{\partial x_i}\right)\frac{\partial u_i}{\partial x_j} \tag{7-12}$$

引入 VOF 模型的 k-ε 紊流模型与单相流的 k-ε 模型形式完全相同，只是密度 ρ 和分子黏性系数 μ 的具体表达式不同，它们是由体积分数的加权平均值给出，即 ρ 和 μ 是体积分数的函数，而不是常数。它们可由式(7-13)和(7-14)表示：

$$\rho=\alpha_w\rho_w+(1-\alpha_w)\rho_a \tag{7-13}$$

$$\mu=\alpha_w\mu_w+(1-\alpha_w)\mu_a \tag{7-14}$$

式中：α_w 为水的体积分数，ρ_w 和 ρ_a 分别为水和气的密度，μ_w 和 μ_a 分别为水和气的分子黏性系数。通过水的体积分数 α_w 的求解，ρ 和 μ 的值可由式(7-13)和

(7-14)求出。

Standard k-ε 模型已得到了广泛应用，然而，模型中对雷诺应力的各个分量，采用的是相同的紊动黏性系数 μ_t，即假定 μ_t 是各向同性的标量；但在流线弯曲的情况下，紊流表现出各向异性，因此对于强旋流、弯曲壁面流动和弯曲流线运动，该模型会产生一定的失真。

为解决上述问题，Yakhot 和 Orsza[10] 从瞬态 N-S 方程出发，使用重整化群(Renormalization Group)数学方法，建立了 RNG k-ε 模型，又称为重整化群模型。在 RNG k-ε 模型中，通过在大尺度运动和修正后的黏性系数项来体现小尺度的影响，而使这些小尺度运动系统地从控制方程中消掉，所得到的 k 方程和 ε 方程，与 Standard k-ε 模型较为相似。

k 方程：

$$\frac{\partial(\rho k)}{\partial t}+\frac{\partial}{\partial x_i}(\rho u_i k)=\frac{\partial}{\partial x_i}\left[\alpha_k(\mu+\mu_t)\frac{\partial k}{\partial x_i}\right]+G-\rho\varepsilon \tag{7-15}$$

ε 方程：

$$\frac{\partial(\rho\varepsilon)}{\partial t}+\frac{\partial}{\partial x_i}(\rho u_i\varepsilon)=\frac{\partial}{\partial x_i}\left[\alpha_\varepsilon(\mu+\mu_t)\frac{\partial\varepsilon}{\partial x_i}\right]+C_{1\varepsilon}^*\frac{\varepsilon}{k}G-C_{2\varepsilon}\rho\frac{\varepsilon^2}{k} \tag{7-16}$$

式中：$\alpha_k=\alpha_\varepsilon=1.39$。

考虑平均流动中旋转影响的紊动黏性系数：

$$\mu_t=\mu_{t0}f\left(\alpha_s,\Omega,\frac{k}{\varepsilon}\right) \tag{7-17}$$

式中：μ_{t0} 为未修正的紊动黏性系数；α_s 为旋转常数，与旋转水流是否占主导地位密切相关；Ω 为旋流特征数。

RNG k-ε 模型的系数是通过理论分析得出的，这与 Standard k-ε 模型通过试验得出是不相同的，见表 7-2[11]。

表 7-2　两种紊流模型系数比较表

紊流模型	C_μ	$C_{1\varepsilon}$	$C_{2\varepsilon}$	σ_k	σ_ε
Standard k-ε	0.09	1.44	1.92	1.0	1.3
RNG k-ε	0.0845	$C_{1\varepsilon}^*=1.42-\frac{\eta(1-\eta/\eta_0)}{1+\beta\eta^3}$	1.68	0.7179	0.7179

式中：$\eta=\sqrt{2E_{ij}\cdot E_{ij}}\frac{k}{\varepsilon}$，$E_{ij}=\frac{1}{2}\left(\frac{\partial u_i}{\partial x_j}+\frac{\partial u_j}{\partial x_i}\right)$，$\eta_0=4.38$，$\beta=0.012$。

由此可见，RNG k-ε 与 Standard k-ε 模型相比具有以下改进：

(1)RNG k-ε 模型在 ε 方程中多出了一个附加项，可有效增加高应变流的计算精度。

(2)模型中包括水流旋转对紊动的影响，可提高旋转水流的计算精度。

(3)对紊流普朗特数可通过一个解析方程求解，而 Standard k-ε 模型中由输入的常数来确定。

(4)值得注意的是，RNG k-ε 模型仍然是高 Re 数的紊流计算模型，对于近壁区内的流动及 Re 数较低的流动，需要采用壁面函数法或低 Re 数的 k-ε 模型来计算。

由于模拟的掺气坎位置的水流流态复杂，存在流线弯曲、水流分离、漩涡等复杂流动现象，应当选择较为精细的数学模型。RNG k-ε 模型通过各向异性的雷诺应力和紊动扩散方程进行封闭求解；对于模拟流线弯曲、漩涡、旋转和快速变化的复杂流动，具有显著的优势。鉴于 RNG k-ε 模型能进行较为复杂流动的精细模拟，本书采用该模型进行掺气水流的模拟。

7.1.2 自由水面处理方法

自由水面在水利工程中虽很常见，如何正确模拟自由液面也成为计算流体力学中的研究难点，因自由水面的形状复杂，其边界条件往往随时间不断变化，造成其位置难以确定并给流体自由水面的模拟和计算网格的划分等带来很大困难。同时，如何合理模拟自由液面直接关系到数值模拟成果的可靠性及精度，要想精确计算和模拟自由液面的难度是很大的。目前，自由液面问题也已经成为计算流体力学领域的重要分支和前沿课题，研究人员通过与实际工程相结合的方法，逐渐探索出了自由水面模拟的许多方法，常用的自由水面处理方法大致有如下几种：刚盖假定(Solid-Lid)[12,13]、标记网格法(Marker and Cell Method, MAC)[14,15]、标高函数法(HOF)、体积率函数法(Volume of Fluid, VOF)[16]、水平集方法(Level Set)[17]，LINK 法(Lagrangian Incompressible Method)等。

上述的自由水面处理方法只是具有代表性的一部分，还有很多其他的方法如线元素法、TVD 法、GF 方法(Ghost Fluid Methods)和 HH-SIMPLE 法等。另外，近来发展了多相流算法以及多相流与自由面计算的结合，如 PHOENICS 商业软件的相间滑移 IPSA 算法[18]，以及 FLUEN 下的 MIXTURE 算法[19]。

以上各种方法都有一定的实用价值，但又都有需要改进的地方，目前还没有建立起一种广为接受、理论清晰、效果良好和普遍适用的方法。总体上看，VOF

方法和 Level Set 方法的使用相对多些，是自由表面模拟的主流方法。

1. VOF 模型概述

该法是在 MAC 法的基础上发展起来的，是应用于固定的欧拉网格上的表面跟踪技术。它改变了 MAC 法中对全部流场进行标记的做法，只对自由表面进行跟踪，由 Hirt 和 Nichols[20] 于 1975 年提出。该法的基本思想是，定义一个体积函数 $F(x,y,z,t)$ 表示区域内某流体体积与计算区域体积的相对比例。若某流体充满整个计算空间，则其体积分数取 $F=1$，不含该流体的空间点上取 $F=0$，在该液体与其他液体的交界面 $F\in E(0,1)$，它随流体质点一起运动，具体数值由各单元内流体体积的比例确定。由于该法用体积函数 F 替代了标记点，可以节省大量计算机内存和计算时间。

显然，对于自由表面问题，自由表面存在于第三种单元中。F 的梯度可以用来确定自由边界的法线方向。计算各单元的 F 数值及梯度之后，就可以确定各单元中自由表面的近似位置。

VOF 模型要求所模拟的各项流体之间不能互溶和相互贯穿，各流体共用一组动 t 方程，在整个计算域内对各计算单元中各流体的体积分数进行跟踪. 每增加一种液体，模型即引入该液体的体积分数。就每个控制体而言，各项体积分数之和恒为 1。只要每个位置每一项的体积分数已知，那么任何给定的网格中的变量和特性要么代表的是某一种液体，要么代表的是几种液体的混合。

VOF 模型适用于分层流动、自由表面流动、填充、晃动、液体中的大气泡运动、溃坝水流、射流破碎以及任何液-气界面的稳定或瞬时跟踪。

VOF 法的优点在于：只用一个函数就可以描述自由表面的各种复杂变化，该方法既具有以前常用于处理自由面问题的 MAC 法的优点，又克服了 MAC 法所用计算内存多和计算时间较长的缺点，同时也克服了标高函数法无法处理自由表面是坐标多值函数的缺点。因而，VOF 方法是目前计算水力学中模拟自由表面水流问题较理想的方法，已经引起了越来越多计算流体研究人员的重视，近年来有快速发展的趋势。

2. 水气二相流的 VOF 模型

VOF 紊流数学模型可用于研究几种互不相溶的流体之间的交界面位置。尽管 VOF 模型涉及多相流理论，但它并没有采用复杂的多流体模型，而是引入了简单的单流体模型来处理多相流问题。这样，对水气二相流场，水和气就具有相同的速度，即服从同一组动量方程，但是它们的体积分数在整个流场中都作为单独变量，如前所述，在每个单元中，水和气的体积分数之和保持为 1。

如果流场中各处的水和气的体积分数 α_w 和 α_a 都已知，那么所有其他水气具有的未知量和特性参数都可用水和气的体积分数的加权平均值来表示。所以在任一给定单元中，这些变量和特性参数要么代表水或气，要么代表两者的混合。

水的体积分数 α_w 的控制微分方程为：

$$\frac{\partial \alpha_w}{\partial t} + u_i \frac{\partial \alpha_w}{\partial x_i} = 0 \tag{7-18}$$

式中：t 为时间，u_i 和 x_i 分别为速度分量和坐标分量。水气界面的跟踪即通过求解该连续方程来完成。

从式(7-18)可以看出，水的体积分数 α_w 与时间和空间都有关系，即是时间和空间坐标的函数，随着时间和空间坐标的变化而变化。因而 VOF 二相流模型对水流流场的求解需要采用瞬态求解，即非恒定流过程，通过对时间的逐步迭代求解最终达到稳定。

自由水面的具体位置采用几何重建格式来确定，它采用分段线性近似的方法来表示自由水面线。在每一个单元中，水气交界面是斜率不变的线段，图 7-1(a)为真实自由水面形状，图 7-1(b)为通过几何重建格式迭代生成的自由水面形状。由图 7-1 可知，只要网格足够密，光滑曲线可以用分段线性曲线来近似代替，能够满足计算精度。若网格较疏时，对曲率较大的自由水面用分段折线代替时就会带来较大误差。这就要求在计算时，自由水面变化剧烈的位置，网格应适当加密一些，自由水面位置变化不大的地方，网格可以稍疏一些。

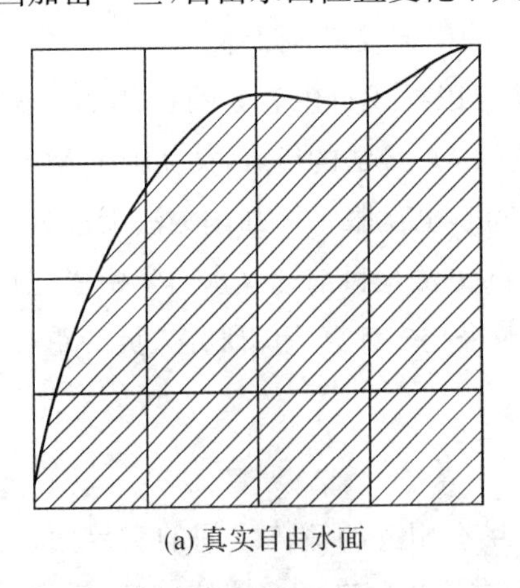
(a) 真实自由水面

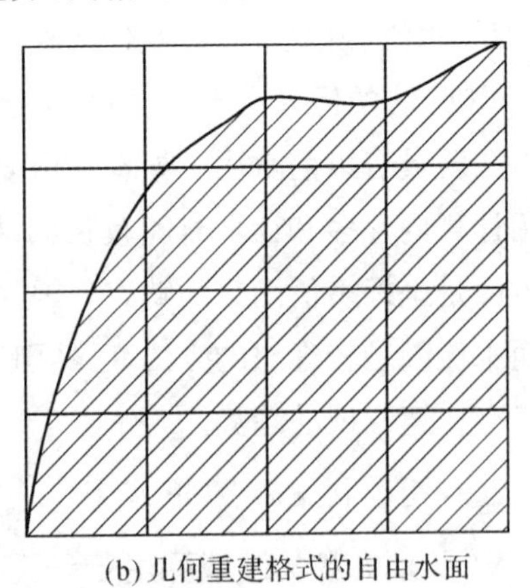
(b) 几何重建格式的自由水面

图 7-1　自由水面形状示意图

用几何重建格式求解自由水面的具体步骤为：

(1)通过体积分数和它在单元中的梯度来计算线性交界面相对于每一个部分充满的单元中心的位置；

(2)根据计算所得的线性交界面位置和每个面上的法向和切向速度分布来计算通过每个面的对流通量；

(3)由前一步计算的通量平衡再来计算每个单元的体积分数。

7.1.3 边界条件及稳定性准则

1. 边界条件

边界条件是在求解域的边界上所求解的变量或其一阶导数随地点及时间变化的规律。只有给定了合理边界条件的问题，才可能计算得出流场的解。所有计算流体力学的问题都需要有边界条件，对于瞬态问题还需要有初始条件。流场的解法不同，对边界条件和初始条件的处理方式也不一样。

本书涉及的边界类型主要有：入流边界、出流边界、固壁边界、自由面边界。固壁边界和自由面边界将在随后的章节详细分析，本节只对入流边界和出流边界作一说明。

在流场的入流边界，所有的水流参数都必须作为已知条件给定，否则问题不适定。流动进口边界是指在进口边界上，指定流动参数的情况，常用的流动进口边界包括速度进口边界、压力进口边界和质量进口边界。在使用流动进口边界时，需要涉及某些流动参数，如绝对压力、湍动能及耗散率等。压力总是按相对值表示的，实际求解的压力并不是绝对值，而是相对于参考压力而言；k 和 ε 可以通过湍动强度和特征长度，由经验公式粗略估算.

流动出口边界条件一般选在离几何扰动足够远的地方来施加，在这样的位置，流动是充分发展的，沿流动方向没有变化。数学表示为该面上的所有变量(压力除外)，如 u、v、w、k、ε 和温度 T 等，梯度都为0，即$\partial()/\partial n = 0$ 。可以根据方程的性质给出压力出口边界或自由出流边界。例如：对三维部分抛物型问题，因沿主流方向的坐标只对压力是双向的，对其他参数是单向的，故只需给定压力出口边界条件；而对二维椭圆型问题，出流边界可选在水流渐变段，这时可近似认为水流均匀，已发展充分，可以给定在出流断面上各个参变量的法向梯度为零和切向时均速度为零，即自由出流边界。

2. 壁面处理技术

黏性流的模拟中，壁面边界一般按无滑移边界条件给出。对滑动或转动边界，也可以给出切向速度分量，或指定剪力来模拟动边界。壁面与流体之间的剪应力和热传播则基于近壁局部流场的详细流动加以计算。

k-ε 模型是在弱各向异性和弱不均匀性条件下导出的，只适用于高雷诺数紊流。在计算近壁区域流场时，这些模型不再适用。为考虑壁面的影响，在不增加计算量和计算机存储量的前提下，通常在壁面和紊流核心区之间引进紊流壁函数[21]。壁函数导出的前提是近壁区域流场近似满足充分发展的假设，即紊流处于局部平衡状态，紊流的生成率等于耗散率。对二维无分离充分发展紊流运动而言，该假设较好地反映了紊流运动的一些主要特征（从统计平均角度看），所以，用壁函数方法计算这类紊流运动时能获得令人满意的结果。对于分离流动和三维紊流运动，目前尚无比较理想的壁函数模型，一般仍采用无分离流的壁函数形式。

精确的近壁模拟之所以重要，是因为区域壁面剪应力的预测成功与否，直接决定了摩擦力、压差、分离流动等模拟的成败。由于多数 k-ε 模型在近壁区失效，为给计算提供正确的边界条件，需要采用恰当的壁面处理技术。

壁函数的实质是在黏性底层的外边界规定相应的边界条件。这一边界条件可采用经验性的定律由壁面处的边界条件导出。最常用的经验性定律是对数律，即：整个泄洪洞洞身过流面为固壁边界。在固壁边界上，规定为无滑移边界条件，对黏性底层采用壁函数来处理。壁函数描述的黏性底层速度分布为：

$$U^{*} = \frac{1}{k}\ln(Ey^{*}), \quad (y^{*} > 11.225) \tag{7-19}$$

$$U^{*} = y^{*}, \quad (y^{*} < 11.225) \tag{7-20}$$

其中，

$$U^{*} = \frac{U_{p}C_{u}^{\frac{1}{4}}k_{p}^{\frac{1}{2}}}{\tau_{w}/p} \tag{7-21}$$

$$y^{*} = \frac{\rho C_{u}^{\frac{1}{4}}k_{p}^{\frac{1}{2}}}{\mu} \tag{7-22}$$

式中：$k = 0.42$，为卡门常数；E 为壁面粗糙系数，可取 8.0；U_p、k_p 分别为流体在 P 点的平均速度和紊动能；y_p 为 P 点到壁面的距离；C_μ 和 u 同式(7-21) 和(7-22)，τ_w 为壁面切应力。对 k-ε 紊流模型，紊动能壁面处的边界条件为：

$$\frac{\partial k}{\partial n} = 0 \tag{7-23}$$

式中：n 为壁面法线方向的局部坐标。紊动能 k 的产生项 G 可由式(7-24) 计算：

$$G=\tau_w \frac{\partial U}{\partial y}=\tau_w \frac{\tau_w}{k\rho C_u^{\frac{1}{4}} k_p^{\frac{1}{2}} y_p} \tag{7-24}$$

紊动耗散率由式(7-25)给出：

$$\varepsilon_p=\frac{C_u^{\frac{3}{4}} k_p^{\frac{3}{2}}}{k y_p} \tag{7-25}$$

需要注意的是：在与壁面相邻的控制体上不用对 ε 方程进行求解，而是直接按式(7-25)计算。

上述壁面函数法对各种壁面流动都非常有效，相对于低 Re 数 k-ε 模型，壁面函数法计算效率高，工程实用性强。

3. 收敛判断准则

书中的计算采用欠松弛迭代，因此，收敛的判别方式不是将相邻两次迭代的结果进行比较，而是将计算值代回方程，根据由此产生的残差判别收敛性。对精确解而言，残差为零；对计算值而言，在迭代稳定的条件下，残差应逐渐减小。

变量 ϕ 的输运方程的简单形式：

$$a_p\phi_p+\sum_{nb} a_{nb}\phi_{nb}=b_p \tag{7-26}$$

残差为：

$$R_p=a_p\phi_p+\sum_{nb} a_{nb}\phi_{nb}-b_p \tag{7-27}$$

对所有计算单元求和：

$$R=\sum_{\text{cells}}\left|R_p\right| \tag{7-28}$$

7.1.4 网格及网格生成技术

网格是CFD模型的几何表达形式，也是模拟与分析的载体。网格质量对CFD计算精确度和计算效率有重要影响。网格划分的基本要求是：符合流动特点，容易建立，比较光滑和规则，满足精度和计算稳定性的要求，便于组成节约、高效的数据结构，必要时可以对解的梯度作适应的调整。根据网格特点可分为有结构网格和非结构网格[21,22]。

进行实际问题的数值计算时，网格的生成也往往不是一蹴而就的，而要经过反复的调试与比较，都能获得适合于所计算的具体问题的网格，其包含两方面的内容：①作为获得数值解的网格应当足够细密，以至于再进一步加密网格而对数值计算结果基本上没有影响，即独立于网格的解；②有时需要根据初步计算的结果再反过来修改网格，使网格疏密的分布与所计算物理量场的局部变化率更好地相适应，即自适应网格。

从应用计算流体力学角度来看，网格生成技术具有不容忽视的作用，这也是计算流体力学近 20 多年来一个取得较大进展的领域。近期 CFD 发展的主要趋势之一就是贴体不规则网格的普遍运用，从而摒弃了规则网格差分算法。近来发展了非结构算法以及结构与非结构网格杂交算法，为工程问题提供了灵活性。

书中模拟的泄洪洞本身为规则形状，因而本模拟的网格主要采用了结构化网格划分。在部分区域，因网格节点的结构性限制，采用非结构网格。

计算模型采用 Gambit 软件建立，模型尺寸与原型一致。

由于受到计算机计算速度的限制，在划分网格时，本着对重点部位进行加密，一般部位适当放宽的原则进行。在长直段采用较大尺寸的网格分布，间距为 2m，在掺气坎附近逐渐加密，为了对空腔有较好的模拟，网格最小尺寸为 0.1m，为保证计算的收敛性，网格的不同方向的长宽比控制在 3.5 以内，顺水流方向网格尺寸要大一些。

网格生成时遵循下述方法[23]：①生成尺度疏密适当的网格，水气交界面网格密、水固交界面网格密、关键部位网格密，而仅有水相或仅有气相网格稀、次要部位网格稀；②生成的网格应尽量与水流方向一致；③尽可能采用结构化网格，将可避免计算中出现多个节点数据向下游一个节点集中从而导致流动不均匀的现象发生。

7.1.5 数值求解算法

在前所建立了方程组(7-7)～(7-14)，但还必须采用一定的数值求解算法才能求解出全场的未知变量。本书采用控制体积法来离散计算区域，然后在每个控制体积中对微分方程进行积分，再把积分方程线性化，得到各未知变量，如速度、压力、紊动能 k 等的代数方程组，最后求解方程组即可求出各未知变量。为方便起见，将方程(7-8)～(7-11)写成如下的通用形式：

$$\frac{\partial \phi}{\partial t} + \nabla \cdot (U\phi) - \nabla \cdot (\Gamma_\phi \nabla \phi) = S_\phi \tag{7-29}$$

式中：t 和 U 分别为时间和速度矢量，ϕ 为通用变量，可用来代表 u,v,w,k 和 ε 等变量。Γ_ϕ 为变量 ϕ 的扩散系数，S_ϕ 为方程的源项，各输运方程中，Γ_ϕ 和 ϕ 的具体形式见表 7-3。

表 7-3　各输运方程中 Γ_ϕ 和 ϕ 的具体形式

方　程	ϕ	Γ_ϕ	S_ϕ
连续方程	ρ	0	0
动量方程	$\rho\mu_l$	$\mu+\mu_l$	$\frac{\partial\Gamma}{\partial x_l}$
k 方程	ρ_k	$u+\frac{u_l}{\sigma_k}$	$G-\rho\varepsilon$
ε 方程	$\rho\varepsilon$	$u+\frac{u_l}{\sigma_k}$	$C_{lk}\frac{\varepsilon}{k}G-C_{2E}p\frac{\varepsilon^2}{k}$

1. 方程的离散及线性化

数值模拟之前，需首先对计算区域离散化，然后将控制方程在网格上离散，由于应变量在节点之间的分布假设及推导离散方程的方法不同，就形成了不同类型的离散化方法。包括有限差分法、有限单元法、有限体积法、边界单元法、有限分析法等。本书使用的 FLUENT 商用软件采用的是有限体积法。

首先考虑较为简单的恒定流情况，此时方程(7-29)中第一项为零，任意控制体积 V 上对变量的积分为：

$$\int\rho\phi U\mathrm{d}A=\int\Gamma_\phi\nabla\phi\cdot\mathrm{d}A+\int S_\phi\mathrm{d}V \tag{7-30}$$

式中：ρ 为密度，A 为表面矢量，U、Γ_ϕ 和 S_ϕ 同式(7-29)。

在一个给定的控制体中对方程(7-30) 进行离散，得：

$$\sum_f^{N_f}U_f\phi_fA_f=\sum_f^{N_f}\Gamma_\phi(\nabla\phi)_nA_f+S_\phi V \tag{7-31}$$

式中：f 为某个面，N_f 为围成单元的面的个数，U_f 和 ϕ_f 分别为穿过面的法向速度和 ϕ 值，A_f 为 f 面的面积。$(\nabla\phi)_n$ 为 ϕ 的梯度在 f 面法线方向的投影大小，V 为控制体体积。

求解离散方程得到的一般是变量在控制体中心的值，但是在方程(7-31) 中的对流项中需要 ϕ 在面上的值 ϕ_f，这就必须通过控制体中心的值进行插值。在计算中采用二阶上风格式来完成，通过泰勒级数在控制体中心点展开，可以得到控制体面上更高阶的解。对于二阶上风格式，面上的值可由式(7-32) 表达：

$$\phi_f=\phi+\nabla\phi\cdot\Delta S \tag{7-32}$$

式中：ϕ 和$\nabla\phi$ 为控制体中心值和它在上游单元中的梯度，ΔS 为从上游控制体中心到面中心的距离矢量，梯度可写为以下的离散形式：

$$\nabla\phi = \frac{1}{V}\sum_{f}^{N_f}\bar{\phi}_f A \tag{7-33}$$

其中，面上的值 $\bar{\phi}_f$ 可由相邻两控制体的 ϕ 值的平均来计算。

离散方程(7-31) 中包含控制体中心及相邻控制体中心的未知变量，通常方程对这些变量是非线性的，可用式(7-34) 对方程(7-31) 进行线性化：

$$a_p\phi = \sum_{nb} a_{nb}\phi_{nb} + b \tag{7-34}$$

式中：下标 nb 表示相邻控制体，a_p 和 a_{nb} 分别为 ϕ 和 ϕ_{nb} 的线性化系数。

对于与时间相关的流动，即非恒定流，除了需在空间上对控制方程进行离散，还需对时间进行离散，对变量的通用时间方程可写为：

$$\frac{\partial\phi}{\partial t} = F(\phi) \tag{7-35}$$

式中：函数 F 代表所有的空间离散项，对时间的偏微分采用一阶向后差分格式进行离散，得：

$$\frac{\phi^{n+1} - \phi^n}{\Delta t} = F(\phi) \tag{7-36}$$

式中：上标 n 和 $n+1$ 分别表示当前时间步和下一个时间步的值。式中 F 的值采用隐式格式，即 $F(\phi^{n+1})$ 的值，则式(7-36) 可写为：

$$\phi^{n+1} = \phi^n + \Delta t F(\phi^{n+1}) \tag{7-37}$$

此隐式方程可以通过对 ϕ^{n+1} 赋初值 ϕ^1，并对式(7-37) 进行迭代求解，当 ϕ^1 不改变时，$\phi^{n+1} = \phi^1$。全隐式格式的优点是对任何时间步长都无条件收敛。

2. 压力-速度耦合算法

对离散后的控制方程组求解，包括分离式和耦合式两种解法。分离式解法逐个求解各变量的代数方程；耦合式解法同时求解离散化的控制方程组，联立求解出各变量。由于耦合式解法计算效率较低，内存消耗较大，本书采用分离式解法，压力梯度为动量方程中源项的组成部分之一，然而，没有直接求解压力的方程，因此需要采用相应的措施来反映压力变化对速度场的影响，目前工程上使用最为广泛的方法是压力修正法，其实质是迭代法。在每一时间步长的运算中，先给出压力场的初始猜测值，据此求出猜测的速度场。再求解根据连续方程导出的压力修正方程，对猜测的压力场和速度场进行修正。如此循环往复，可得出压力场和速度场的收敛解。压力修正法有多种实现方式，其中，压力耦合方程组的半隐式方法应用最为广泛。常用的有 SIMPLE 算法、SIMPLER 算法、

SIMPLEC 算法和 PISO 算法。

SIMPLE 算法是 Patankar 和 Spalding[24] 于 1972 年提出的，其基本思想是：在每一时间步长的运算中，先给出压力场的初始猜测值，据此求解离散形式的动量方程，得出相应的速度场；由于压力场为假定值，其对应的速度场一般不满足连续方程，因此需要对压力进行校正，即把动量方程离散形式所规定的压力与速度的关系代入连续方程的离散形式，得到压力校正方程，从而求出压力校正值；然后由压力校正值求解新的速度场，如此循环反复，可得出压力场和速度场的收敛解。

在 SIMPLE 算法中，为了确定动量离散方程的系数和常数项，需要先假定一个速度场，同时又独立地假定一个压力场，两者一般是不协调的，从而影响了迭代计算的收敛速度。此外，对压力值的校正引入了欠松弛方法，而欠松弛因子难以确定，因此该算法仅能满足速度场校正的要求，对压力场的校正不是十分理想，最终会影响收敛速度。因此，Patankar[25] 对 SIMPLE 算法进行改进，只用压力校正值来校正速度，另外构造一个更加有效的压力方程来校正压力场，即 SIMPLER 算法。由于推导离散化压力方程时，没有省略任何项，因此得到的压力场与速度场相适应，该算法收敛速度较快，但计算量较大。

SIMPLE 算法的另一种改进形式是 SIMPLEC 算法，它由 Van Doormal 和 Raithby[26] 提出，计算步骤与 SIMPLE 算法基本相同，但在推导时没有像 SIMPLE 算法那样省略速度校正方程中的项，因此得到的校正值一般是比较适合的。SIMPLEC 算法计及了相邻节点的影响，这就比 SIMPLE 算法中完全略去相邻单元对速度的影响更加合理，采用 SIMPLEC 算法进行速度校正必须计算相邻节点的系数和，虽然增加了运算量，但其良好的收敛性可保证它比 SIMPLE 算法减少迭代次数，从而节省总体运算量。

PISO 算法是由 Issa[27] 提出的，是基于压力与速度之间高度的近似关系的压力速度耦合算法，亦属于 SIMPLE 算法系列。SIMPLE 算法的一个缺陷就是求解压力校正方程之后新的速度及其相应的通量不满足动量平衡，因此必须重复计算以满足动量平衡。为提高计算效率，PISO 执行如下两种修正：邻值修正（neighbor correction）和扭曲率修正（skewness correction）。

邻值修正：也叫相邻校正，将压力校正方程求解阶段中的 SIMPLE 或 SIMPLEC 算法所需的重复计算移除，经过一个或多个附加循环，校正的速度会更接近于满足连续方程和动量方程。

扭曲率修正：也叫偏斜校正，对于具有一定扭曲度的网格，单元表面质量流量校正与邻近单元压力校正差值之间的关系是相当粗略的。因为沿着单元表面的压力校正梯度的分量最初是未知的，需要进行一个与相邻校正相似的迭代步骤。初始化压力校正方程的解之后，重新计算压力校正梯度，然后用重新计算出来的值更新质量流量校正。

PISO 算法的主要思想就是去掉 SIMPLE 算法中求解压力校正方程所需要的重复计算。在 PISO 的一个或几个循环后，修正速度将更加满足连续和动量方程。这一迭代过程称为动量修正或“邻值修正”。PISO 的每一迭代需要的 CPU 时间稍微多些，但却大大降低了收敛所需的迭代次数。其对瞬变流问题尤为明显。

对有一定扭曲率的网格，计算单元网格面上的质量流量修正和相邻单元的压力修正差之间的近似关系相当粗糙。由于沿计算网格面的压力校正梯度的分量事先未知，故而代之以一种与 PISO 邻值修正类似的迭代方法，即扭曲率修正。初解压力校正方程后，重新计算压力校正梯度用以更新质量流量修正。这一方法能显著降低由高扭曲率引起的收敛困难。

它与 SIMPLE 和 SIMPLEC 算法的不同之处在于：SIMPLE 和 SIMPLEC 算法是两步算法，即一步预测和一步校正，压力校正方程得出的速度值和相应的流量不能满足动量平衡，因而必须重复计算直至平衡得到满足；而 PISO 算法增加了一个校正步，包含了一个预测步和两个校正步，在完成了第一步校正得到速度和压力后寻求二次改进值，目的是使它们更好地同时满足动量方程和连续方程。PISO 算法由于使用了“预测－校正－再校正”三步，从而可加快单个迭代步中的收敛速度。

因此，对于瞬时流场的计算，PISO 算法更为合适，尤其是时间步长较大时（当使用 LES 模型时，通常要求时间步长很小，这时应用 PISO 模型将增大计算费用，应考虑代之以 SIMPLE）。PISO 算法在很大时间步长和动量及压力欠松弛系数都接近于 1 时仍可以保持计算的稳定性。对恒定问题计算，较之于欠松弛系数选取合适的 SIMPLE PISO 算法的优势不明显。对扭曲度很高的网格，具有扭曲率修正的 PISO 算法比较适合于恒定流或瞬变流的计算。PISO 算法对压力校正方程进行两次求解，因此需要额外的存储空间来计算二次压力校正方程中的源项，迭代中要花费较多的 CPU 时间，但是极大地减少了收敛所需要的迭代次数和计算高度扭曲网格所遇到的收敛困难。对于瞬态问题，该算法的优点更为突出，因此本书采用 PISO 算法对压力和速度场进行计算。

3. 方程的求解

本书采用点隐式高斯-塞德尔迭代方法对线性化的方程组进行求解。求解过程是先对一个变量在计算域中的每个控制体的离散方程求解，得出此变量在整个计算区域的值，然后再在全场求解另一个变量。每一个控制方程是依次进行求解的，例如 X 方向的动量方程线性化后可得到未知量在每个控制体建立的一组方程，求解这一组方程，就得到所有控制体的 X 方向速度值。由于控制方程本身是非线性的，并且是相互影响的，要获得收敛解必须进行迭代求解。

根据执行的先后顺序，具体求解步骤为：

(1)赋初始流场。给出初始压力 p，初速度 U，水的体积分数 α_w，根据经验给出紊动能 k 及紊动能耗散率 ε 的初始估计值；

(2) 求解动量方程，得出 U, V, W；

(3) 求解压力校正方程，得出 p'；

(4) 把 p^* 加上 p'，得出 p；

(5) 根据速度校正公式，由 U^*, V^*, W^* 和 p' 求出 U, V, W；

(6) 求解水的体积分数 α_w、紊动能 k、紊动能耗散率 ε 以及水气混合单元的密度 ρ；

(7) 判断是否收敛，如果收敛，结束，如果不收敛，则转入下一步；

(8) 将校正后的压力 p 作为新的猜想压力 p，返回第二步，重复整个计算过程，直到计算结果收敛。

7.1.6 小结

本章详细介绍了用于数值模拟复杂掺气设施三维流场的主要紊流数学模型及各种自由表面追踪的方法，并比较它们各自的优缺点，通过详细论述及比较，建立了无压洞内 RNG k-ε 模型与 VOF 方法耦合的数学模型。并对本书进行复杂掺气坎模拟时涉及的边界条件和网格划分情况作了简单介绍。

7.2 “局部陡坡＋槽式挑坎”水力特性数值模拟研究

如前所述，试验结果表明，新型的“局部陡坡＋槽式挑坎”的掺气设施能适应大单宽、低 F_r数泄洪洞的掺气要求，且效果良好。为更详细了解该款掺气设施的水力学特性，本章将利用紊流数值模型对前述大岗山水电站和瀑布沟电站的泄洪洞新型"局部陡坡＋槽式挑坎"进行模拟计算，并与试验结果进行比较，以期揭示一些模型试验无法得到的关于该款掺气体型新的水力特性。

7.2.1 大岗山掺气设施水力学数值模拟

为了更深入了解流场特性和空腔特性，对大岗山泄洪洞第一级掺气坎采用数值方法进行连续式掺气坎、"局部陡坡＋连续式掺气坎"及所提出的"局部陡坡＋U型掺气坎"这3种掺气体型进行模拟，并进行比较。

7.2.1.1 建模及计算参数选取

1. 数值模拟区域及网格划分

在大岗山水电站泄洪洞第1级掺气坎原设计方案试验结果显示，随着库水位的升高，流量加大，掺气坎处空腔积水趋于严重。本研究数值模拟选择了最不利的工况：库水位为校核洪水位▽ 1132.35m($p=0.2\%$)时的泄洪工况，此时泄洪洞泄流量为3500m^3/s。数值模拟的范围为第1级掺气坎上游50m至其下游120m处，模拟泄洪洞总长度为170m。数值模拟的坐标点(0,0)对应工程设计的桩号和高程为(149.19m,1067.10m)。数值模拟掺气设施附近区域的网格划分见图7-2。

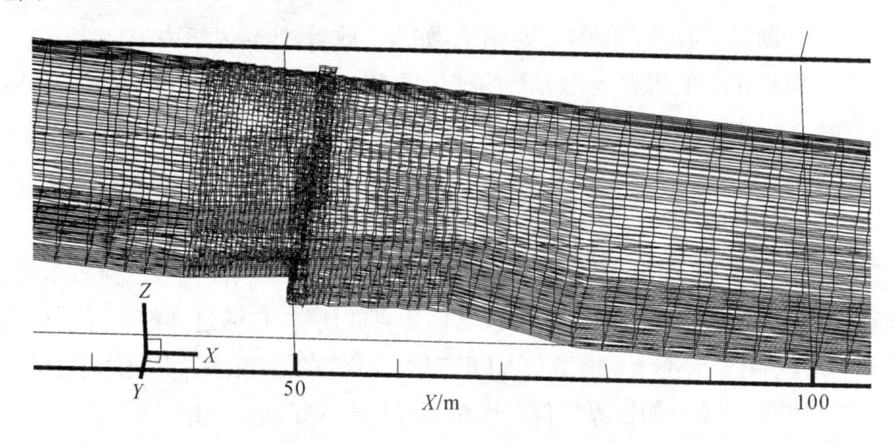

图7-2 "局部陡坡＋U型掺气坎"掺气设施的网格划分

2. 边界条件和初始条件

(1)边界条件设定

本研究的目的是通过数值模拟的方法来了解各种掺气设施型式对减弱回溯水流的影响及进一步了解新体型掺气坎新的水力学特性。拟定的边界条件如下：

①进口边界均采用速度入口边界条件，水流速度及风速数据为模型试验实测的结果经换算给出。

②在出流边界上给定压力为当地大气压的出流条件，一般出流为自由出流，与大气相通，认为出口压力为大气压值。

③在固壁上给定法向的速度为零和无滑移条件，近壁的黏性底层采用壁函数法处理。

对于该段泄洪洞内的水力计算，我们采用水力模型试验成果作为边界条件输入，入口处采用实测泄洪洞内水位，下游采用自由出流条件。即模拟泄洪洞的1[#]掺气坎工况为校核洪水位高程1132.35m，进口水流深度为试验结果的10m，进口水流速度为试验结果的25m/s，进口风速为试验得到的40m/s。

(2)初始条件设定

计算的初始条件为：整个初始流场中充满空气，水流从泄洪洞入口开始流入。采用非恒定流模型进行模拟，记录每个时间步长结果，以便在后处理时，动态显现出来整个模拟区域上的水流流动过程。

7.2.1.2 数值模拟的主要内容

连续式掺气坎坡度为1∶6.7，坎高1.8m，掺气槽深度和底宽都为2m，连接下游底板坡度为1∶2，通气孔进口与出口尺寸为2m×2m，中间尺寸为1m×2m，其体型的具体数据见图7-3。

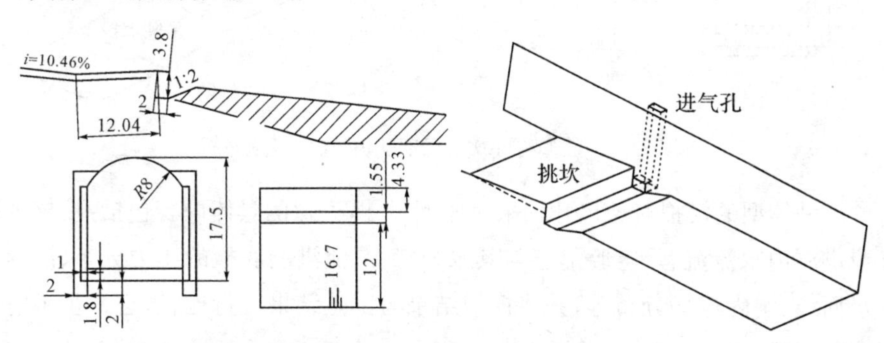

图7-3 连续式掺气坎掺气设施布置(左为具体尺寸，右为三维示意图)

“局部陡坡+连续式掺气坎”的区别在于后者是在连续式掺气坎后人为添加一缓坡平台与局部陡坡，其示意图见图7-4。

“局部陡坡+U型掺气坎”体型为试验推荐方案体型，挑坎坡度为1∶7，坎高1.5m，坎后掺气槽深1.2m，掺气坎后有三个变化的坡度，坎后水平距离为

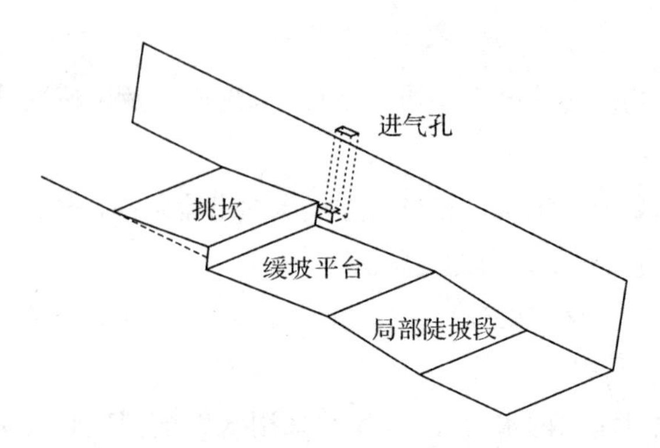

图 7-4 “局部陡坡＋连续式掺气坎”掺气设施三维示意图

15.12m 处的坡度为 $i=4.13\%$，其后水平距离 11.72m 的坡度为 $i=28\%$，其后的坡度为 $i=7.29\%$与隧洞底面衔接。掺气坎中挑坎中间开了一个 U 型槽，挑坎起点处槽宽为 5m，出口处槽宽为 3m，出口高程比该处未加掺气坎时低 0.16m。通气孔进口与出口尺寸为 1.6m×1.2m（宽×高），中间尺寸为 1m×1.6m，其体型的具体数据见图 7-5。

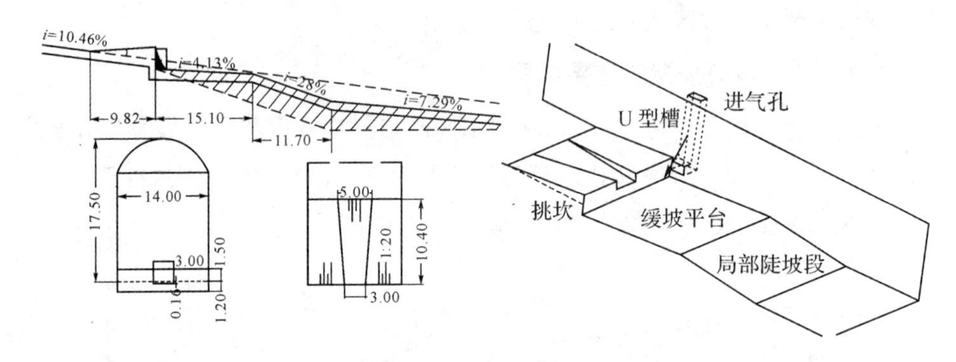

图 7-5 “U 型掺气坎＋局部陡坡”掺气设施布置

三种体型的模拟对象尺寸均采用原型尺寸，模拟的具体内容包括：校核工况下泄洪洞内水流流态、空腔形态与其水力特性、泄洪洞底板的压力分布、沿程自由水面线、洞内流场分布等，并将模拟结果与试验结果进行比较，进一步了解和揭示“局部陡坡＋槽式挑坎”新的水力特性。

7.2.1.3 数值模拟结果及分析

1. 不同掺气坎体型的水流流态与水面线分析

三种掺气体型试验与数值计算的空腔与流态结果对比见图 7-6～图 7-8（其中试验数据为平均值，模拟数据为趋于恒定流态的结果）。

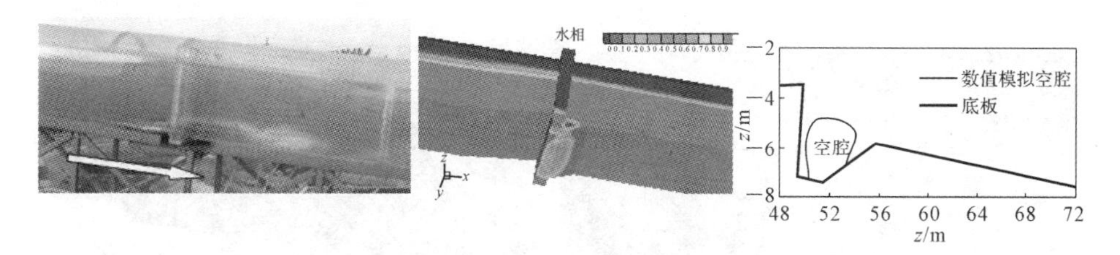

图 7-6　连续式掺气坎方案的空腔形态

(左为试验照片,中为数值计算结果,右为洞轴线处的空腔形态剖面)

连续式掺气坎的空腔形态及试验流态见图 7-6。由于 F_r 数低,空腔区水流流线弯曲严重,入射水流与下游底板的夹角较大,落水点处的水流易产生反旋滚,导致掺气空腔底部水流回溯十分严重。数值模拟结果显示:挑流与回溯水流之间没有明显的分界线,只是在跌坎内存在较小的气体空腔。空腔内严重积水,甚至封闭通气井,影响掺气设施的正常运行,达不到掺气目的,试验与数值结果一致。

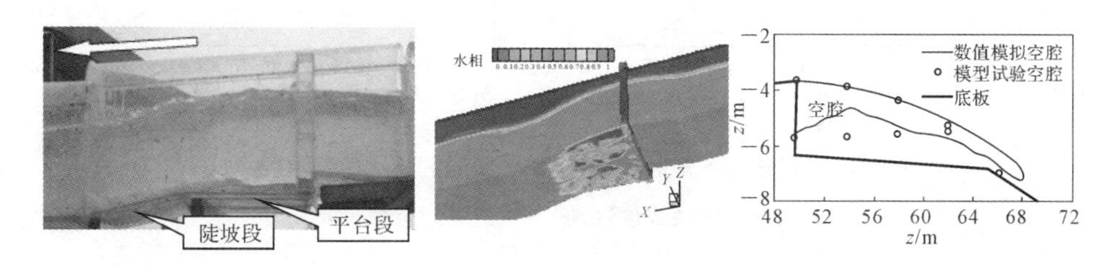

图 7-7　“局部陡坡＋连续式掺气坎”方案的空腔形态

(左为试验照片,中为数值计算结果,右为洞轴线处的空腔形态剖面)

由图 7-7 可见,在“局部陡坡＋连续式掺气坎”体型方案中,在掺气坎后空腔较连续式挑坎明显,数值模拟的空腔长度约 19m,在模型试验中则表现为掺气坎后面有 10m 左右的空腔,空腔后则为一条水气掺混强烈的掺气带。因加设了局部陡坡,水流与底板接触时的夹角减小,反旋滚的强度也得以减弱;水流在陡坡上回溯到上游需要更大的能量。可见,局部陡坡促使空腔形成的作用非常明显。该体型的试验和数值计算结果均显示,此体型的空腔不太稳定,空腔底部存在较多积水且积水的波动剧烈,会间歇性封闭通风井,对掺气效果仍存在不利影响。

由图 7-8 和图 7-9 的空腔形态及流态可见,在“U 型掺气坎＋局部陡坡”体型中,模型试验与数值模拟的结果吻合较好,数值模拟给出了该种掺气设施形成的完整三维立体空腔图像:在两侧形成了两个大的锲形体外空腔;在内部开槽部

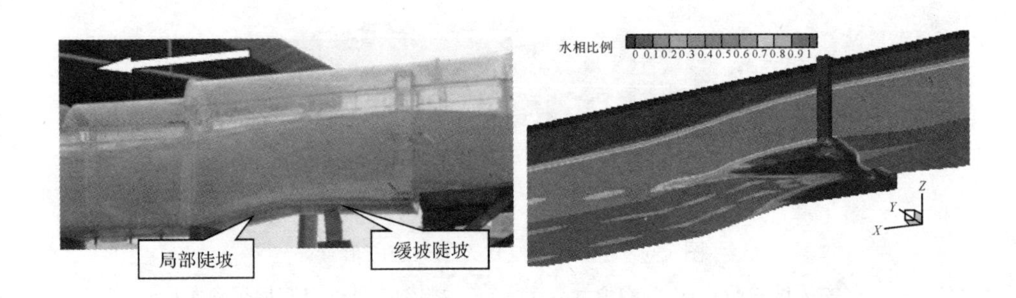

图 7-8 “局部陡坡＋U 型掺气坎”方案的空腔形态(左为试验照片,右为数值计算结果)

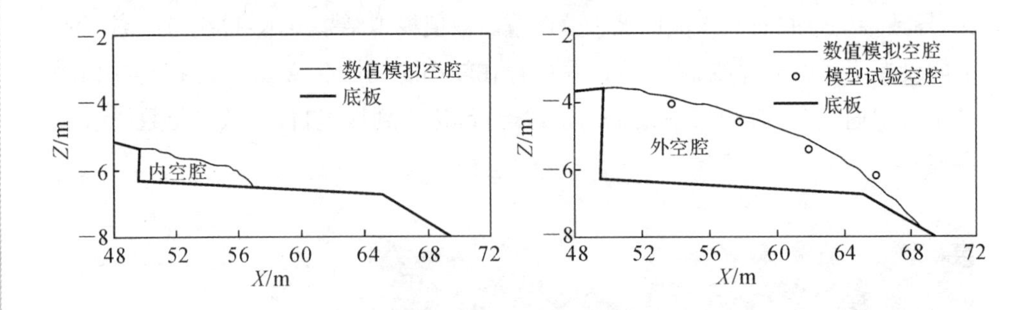

图 7-9 “局部陡坡＋U 型掺气坎”方案的洞轴线处的空腔形态
(左图为轴线位置,右图为边墙附近位置)

位形成了内空腔,三个空腔通过内空腔连贯一通,空腔稳定干净。该掺气设施形成了空腔长度由洞轴线处的 7.5m 左右逐渐增大边墙处约 19m。可见,该体型利用中间 U 型槽水流收缩增速形成射流的冲击作用,将流向空腔的回溯水流推向主流,并随着射流的拖曳作用往下游流动,基本上消除了空腔内的积水现象,达到了令人满意的效果。

图 7-9 为数值计算得到“局部陡坡＋槽式挑坎”体型空腔范围与试验实测结果比较。可见,两者吻合良好,说明本研究采用的数值模型具有足够的精度,能合理地模拟这种复杂体型的细部流场结构。

图 7-10～图 7-12 为三种掺气体型实测水面线与数值计算结果的比较,可以看出,模型试验测得的水面线数据点与数值模拟的结果基本吻合,在掺气坎处的水面线,三种型式掺气坎没有明显的差异。在数值模拟结果中,“局部陡坡＋U 型掺气坎”方案中水面线最高处要比前两种体型略低,主要是该款体型需额外下挖所致。

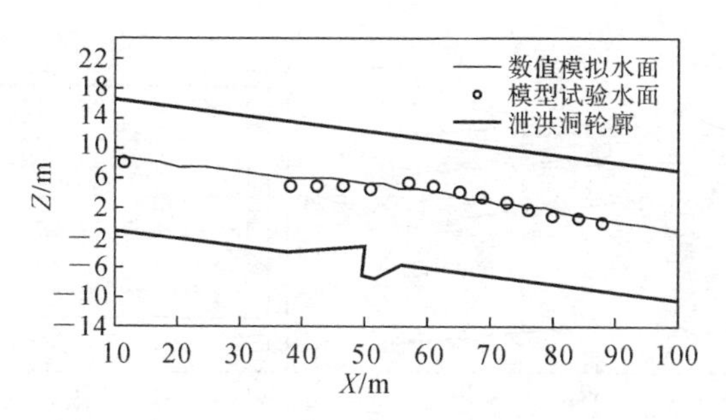

图 7-10　连续式掺气坎方案水面线

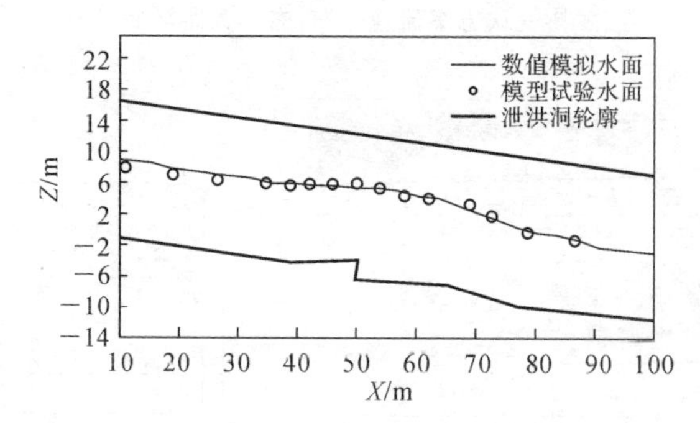

图 7-11　“局部陡坡＋连续式掺气坎”方案水面线

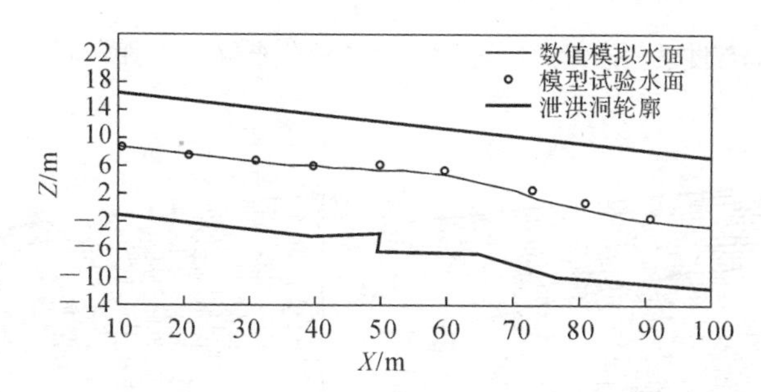

图 7-12　“局部陡坡＋U 型掺气坎”方案水面线

2. 流场特性

图 7-13～图 7-15 所示数值模拟结果是水流的瞬间流场分布。连续式掺气坎方案中的水气流速分布较为均匀，图 7-13 中掺气槽内的细实线包围的区域为空腔，空腔范围很小，水气流场紊乱。“局部陡坡＋连续式掺气坎”方案中的流场分布见图 7-14。由 A 的局部放大图可见，空腔下部的积水较多，为回流，流速不大；并且回溯水流中存在较大的三维漩涡区，流场紊乱，掺气坎后的水气流场变化剧烈，空腔形态不稳定。

“局部陡坡＋U 型掺气坎”方案中的 U 型槽的流场如图 7-15 所示，U 型槽

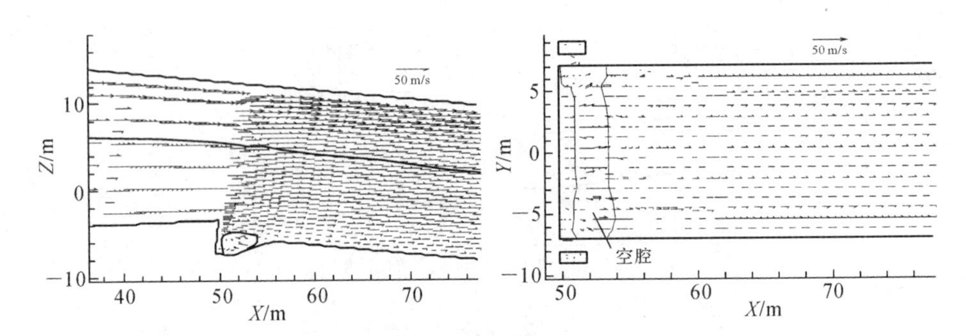

图 7-13　连续式掺气坎方案流速分布(右图为距洞底部 0.5m 剖面)

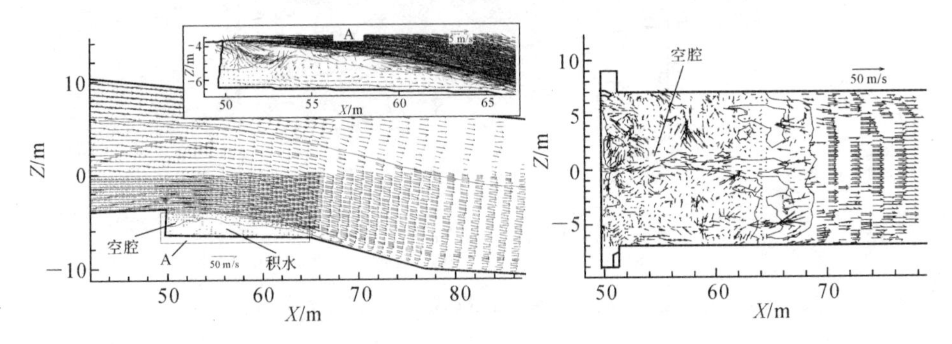

图 7-14　“局部陡坡+连续式掺气坎”方案流速分布(右图为距洞底部 0.5m 剖面)

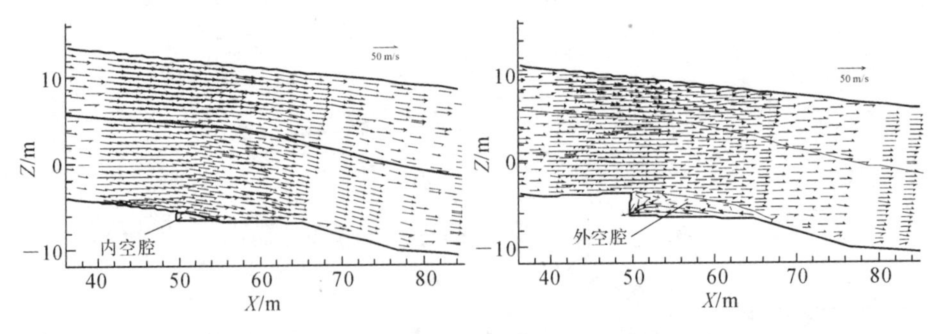

图 7-15a　“局部陡坡+U 型掺气坎”方案流速分布(左图为洞轴线处剖面,右图为边墙处)

内水流速度较掺气坎上的大,该股水流离开 U 型槽后向两侧扩散,但没有出现明显的反向或者横向流速,空腔干净,数值模拟结果进一步揭示了“局部陡坡+U 型掺气坎”新体型抑制回溯水流的机理:中部射流先触底冲击回溯水流,然后向两侧扩散,进一步阻挡两侧回流;两侧挑坎水流形成一般挑流,越过缓坡平台,顺利落在局部陡坡末端;回流由于局部陡坡的存在,无法上爬和进入空腔。可见,数值模拟结果进一步清楚地揭示了该新体型挑坎中部槽形水股通过“冲击+

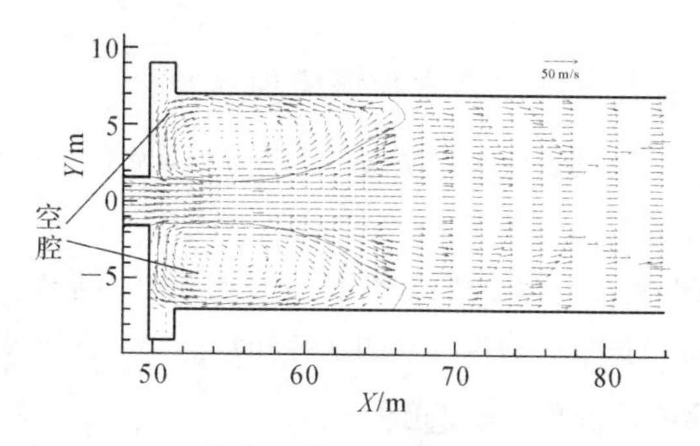

图 7-15b “局部陡坡＋U 型掺气坎”方案流速分布(距洞底部 0.5m 剖面)

两侧扩散”作用和下游局部陡坡“坡陡难爬”的特点有机地抑制空腔的回溯水流的机理。与常规的掺气型式相比,本研究提出的优化掺气设施,通过局部陡坡结合 U 型掺气坎射流能够很好地抑制住回溯水流,保证了空腔的稳定及干净,是一种具有工程应用价值的掺气设施。

3. 压力分布

图 7-16 为“局部陡坡＋U 型掺气坎”方案掺气坎附近洞壁压力分布。由于掺气坎附近水气二相流流态较为明显,在该处布置测压管进行压力测量是很困难的,因此试验没有进行该项目测量。在这方面,数值模拟发挥了它的长处,给出了该体型壁面压力的详尽分布及其特征。计算结果表明,挑坎起挑部位及空腔末端水舌落水位置可见压力增加明显;空腔处及局部陡坡位置处压力最小,其范围与空腔形态吻合。计算结果表明,空腔内的负压最小值不到－1.0m 水柱,整个空腔内的压力变化不大。射流再次附壁点处压力增加不大,其他位置不存在负压区,压力特性良好。

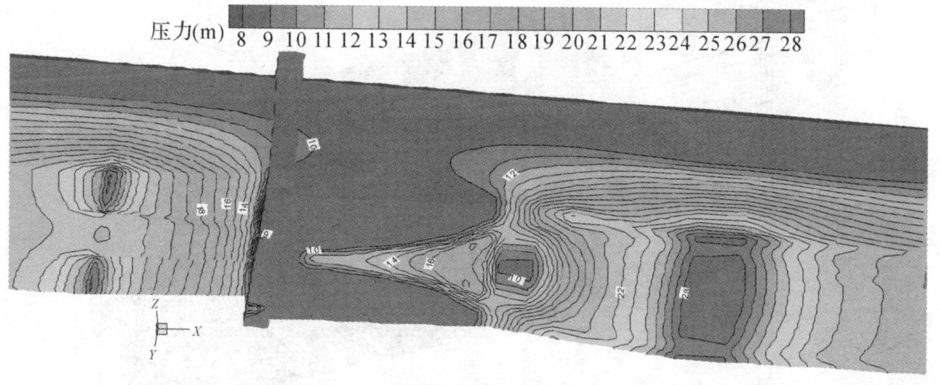

图 7-16 “局部陡坡＋U 型掺气坎”方案掺气坎附近洞壁压力分布

7.2.2 瀑布沟掺气设施水力学数值模拟计算

由于瀑布沟泄洪洞的坡度较之更缓，其 F_r 更低，为了增大水气交界面，试验研究中提出了采用梯形槽来代替 U 型槽，结果表明，其掺气效果良好。为进一步更详细了解"局部陡坡＋梯形槽挑坎"掺气设施的水力学特性，本节将对瀑布沟电站的泄洪洞加设该款新型掺气坎的空腔和水力特性进行模拟计算。

7.2.2.1 建模及计算参数选取

1. 数值模拟区域及网格划分

由试验结果可知，使用"局部陡坡＋梯形槽"掺气设施，随着库水位的增加，掺气空腔内回水逐步减少，到 840m 时，就可以形成干净稳定的空腔。本研究选取 840m 工况进行了整个泄洪洞的三维数值模拟。

数值模拟掺气设施区域的网格划分见图 7-17。

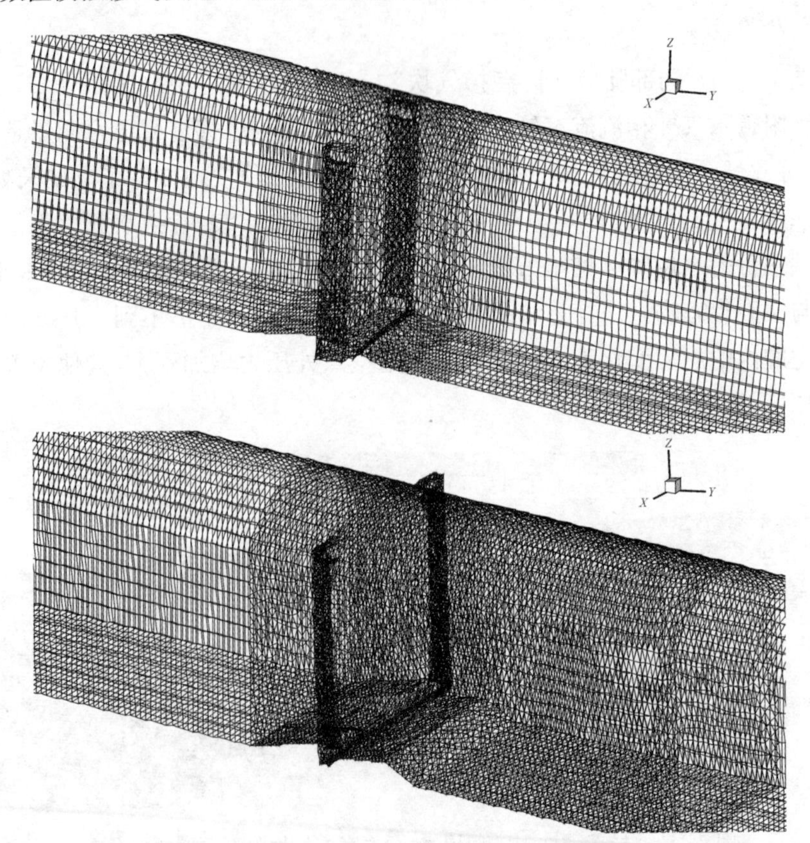

图 7-17 掺气坎位置网格划分(上图为前期试验优化体型，下图为局部陡坡梯形槽挑坎体型)

2. 边界条件和初始条件

边界条件的设定同泄洪洞。瀑布沟泄洪洞模拟工况为库水位 840m，流量 2930m^3/s，进口水流深度为试验结果的 8.81m，进口水流速度为试验结果的 27.68m/s，进口风速为试验得到的 28m/s。

7.2.2.2 数值模拟的主要内容

分别对瀑布沟泄洪洞 840m 工况下进行了前期试验优化体型与“局部陡坡＋梯形槽挑坎”掺气设施的三维数值模拟，对计算所得到的流态、空腔特性、断面速度、水面线、压力的结果进行分析。

前期试验优化体型见图 6-41，其立体三维结构见图 7-18。掺气挑坎坡度为 1∶10，坎高 1.5m，坎后掺气槽深 0.8m，掺气坎后有三个变化的坡度，坎后水平距离为 10.44m 处的坡度为 i＝0.006667，其后水平距离 5.3m 的局部陡坡为 i＝24.56%，其后的坡度为 i＝0.058 与隧洞底面衔接。掺气坎中挑坎中间开了一个梯形槽，挑坎起点处槽宽为 5m，出口处梯形槽下底宽为 3m，上底宽为 6.2m。“局部陡坡＋缓坡平台＋梯形槽掺气坎”掺气设施如图 6-42f 所示，其立体三维结构见图 7-18。

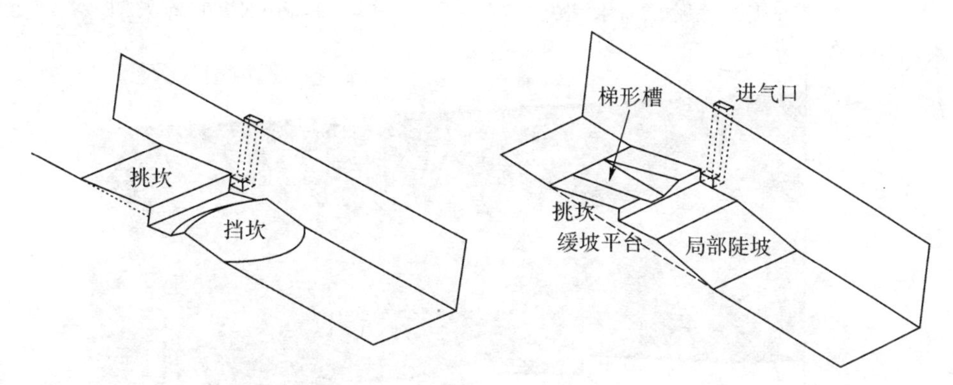

图 7-18　掺气坎三维结构图

（左为前期试验优化体型，右为“局部陡坡＋缓坡平台＋梯形槽掺气坎”体型）

7.2.2.3 数值模拟结果及分析

1. 前期试验优化体型掺气坎计算结果

图 7-19 为该掺气坎体型泄洪洞试验段洞内水流流态与空腔水相图。由图 7-19可以看出，虽然在库水位 840m 时，该掺气坎体型流态平稳，但没有形成空腔，通气竖井进水严重。

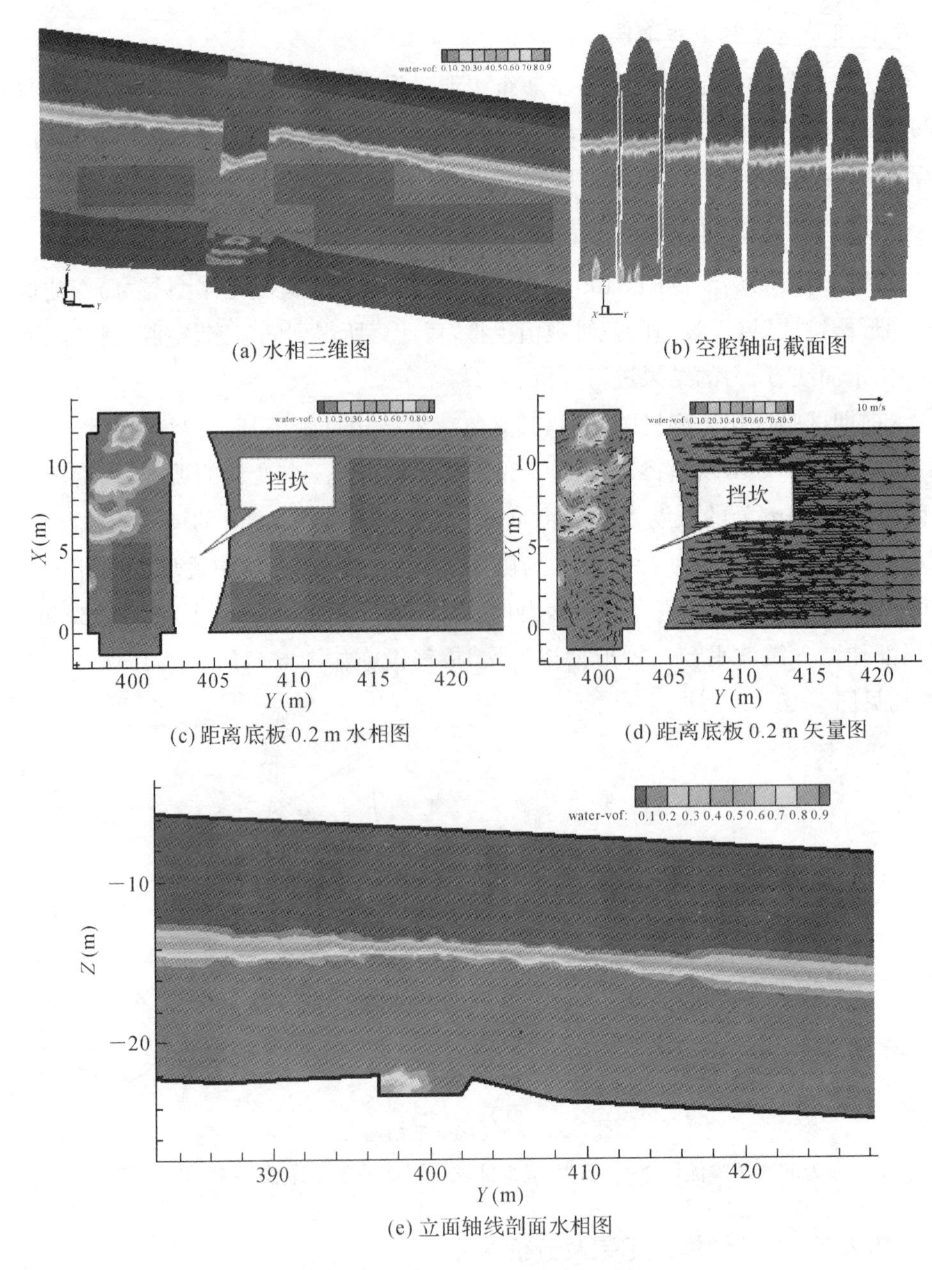

(a) 水相三维图

(b) 空腔轴向截面图

(c) 距离底板 0.2 m 水相图

(d) 距离底板 0.2 m 矢量图

(e) 立面轴线剖面水相图

图 7-19 前期试验优化体型水相图

图 7-20 为库水位 840m 工况下的沿程水深分布，由图可以看出计算结果与试验结果吻合得较好。库水位 840m 工况下，洞内水深较深，且由于底坡较小，水深沿程衰减较慢；同时，由于该体型掺气坎坎高较低，洞内水面较为光滑和平

顺，仅在掺气坎附近水面稍有隆起，水面均没有超出直墙高度。

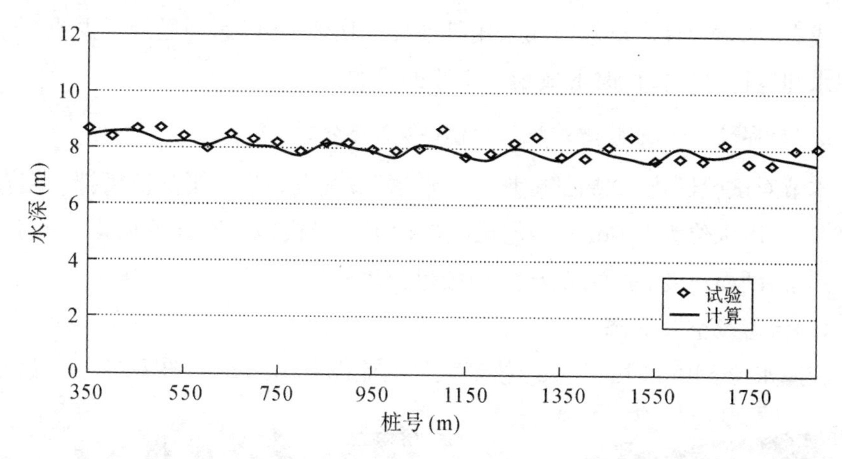

图 7-20　库水位 840m 工况下前期试验优化体型沿程水深分布

图 7-21 为前期试验优化体型立面轴线剖面矢量图，由图可以看出，由于 F_r 数低，空腔区水流流线弯曲严重，入射水流与下游底板的夹角较大，导致掺气空腔底部水流回溯十分严重。数值模拟结果显示：挑流与回溯水流之间没有明显的分界线，只是在跌坎内存在较小的气体空腔，空腔内的严重积水，封闭了通气井。

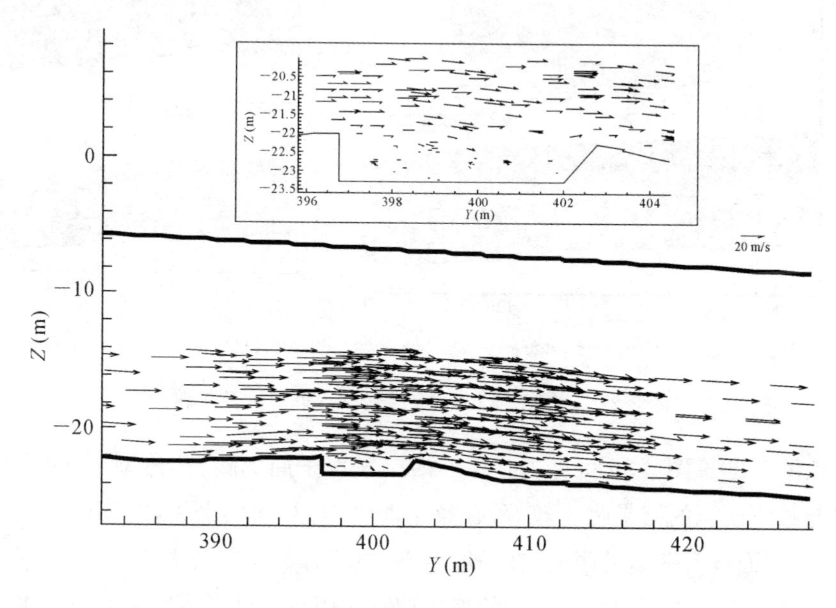

图 7-21　立面轴线剖面矢量图

由以上分析可以看出，数值计算结果与试验结论一致：前期试验优化体型不能形成有效空腔，宜进行修改或采用其他掺气坎体型，以达到尽量减少或消除空腔积水和运行水位较低时形成稳定空腔的目的。

2.“局部陡坡＋梯形槽式挑坎”计算结果与分析

本节对试验优化的“局部陡坡＋梯形槽”掺气设施进行了数值模拟。结合模型试验，对库水位为 840m 的泄洪工况进行了三维模拟。对计算所得到的流态、空腔形态、断面速度、水面线、压力的结果分述如下。

(1)流态及空腔形态

在库水位 840m 时，1# ～8# 掺气坎处的流态见图 7-22～图 7-29。

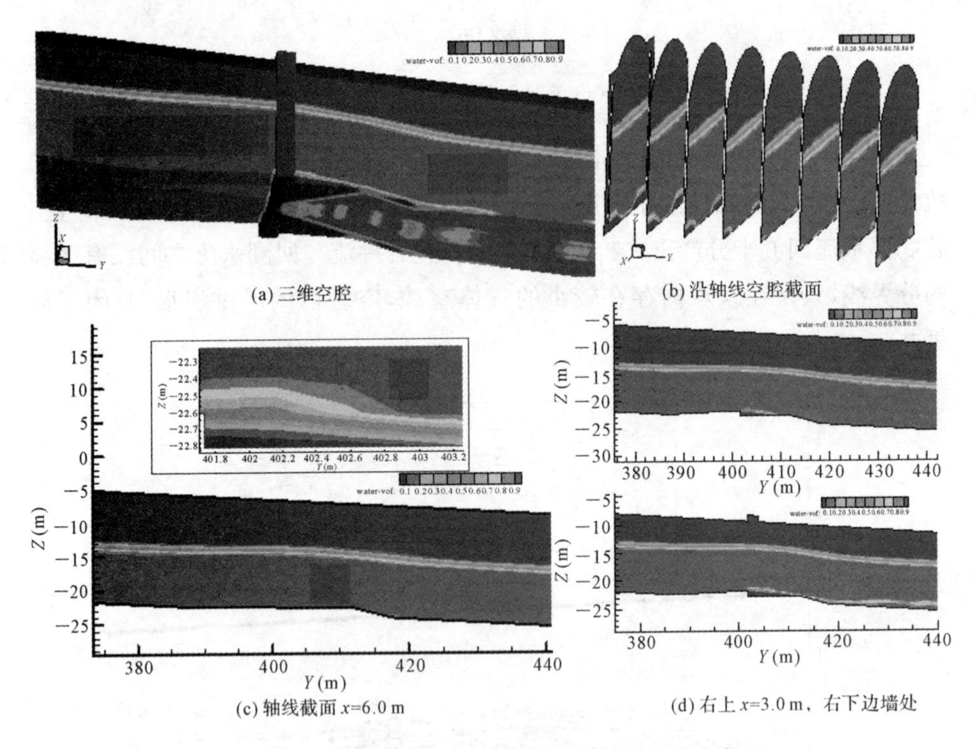

(a) 三维空腔　(b) 沿轴线空腔截面

(c) 轴线截面 x=6.0 m　(d) 右上 x=3.0 m，右下边墙处

图 7-22　库水位 840m 时 1# 掺气坎处空腔及流态

由图 7-30～图 7-36 可见，在“梯形槽掺气坎＋局部陡坡”体型中，模型试验流态与数值模拟的结果吻合较好，在整个泄洪洞内，水面平稳，水深均匀。在掺气坎处，水面没有明显的隆起，在高度上看，边墙有足够的余幅。

在各级坎后掺气明显。由于陡坡的抑制作用以及梯形槽射出的高速水流冲击作用，回水不能上溯到缓坡平台。因此，掺气坎均形成完整的空腔，各级空腔

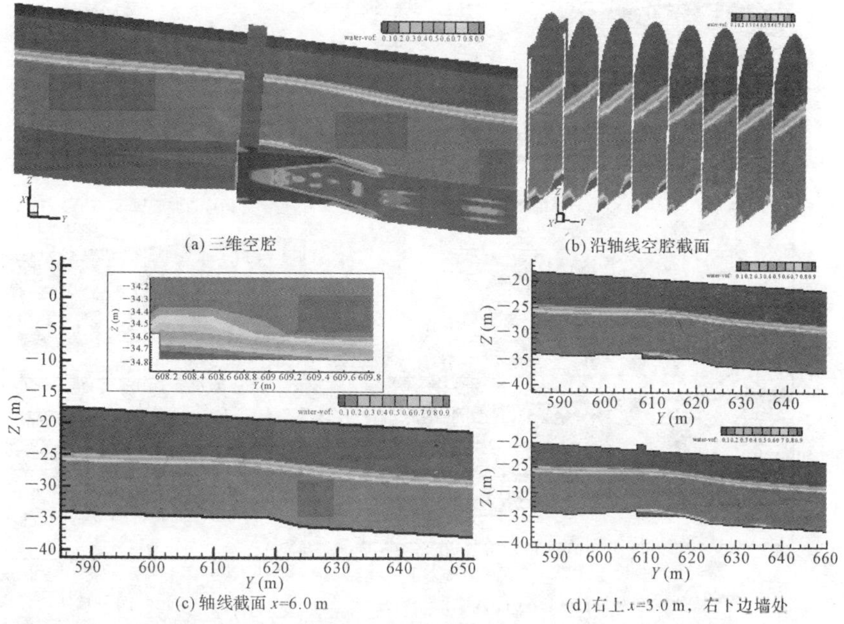

(a) 三维空腔　(b) 沿轴线空腔截面

(c) 轴线截面 x=6.0 m　(d) 右上 x=3.0 m，右下边墙处

图 7-23　库水位 840m 时 2[#] 掺气坎处空腔及流态

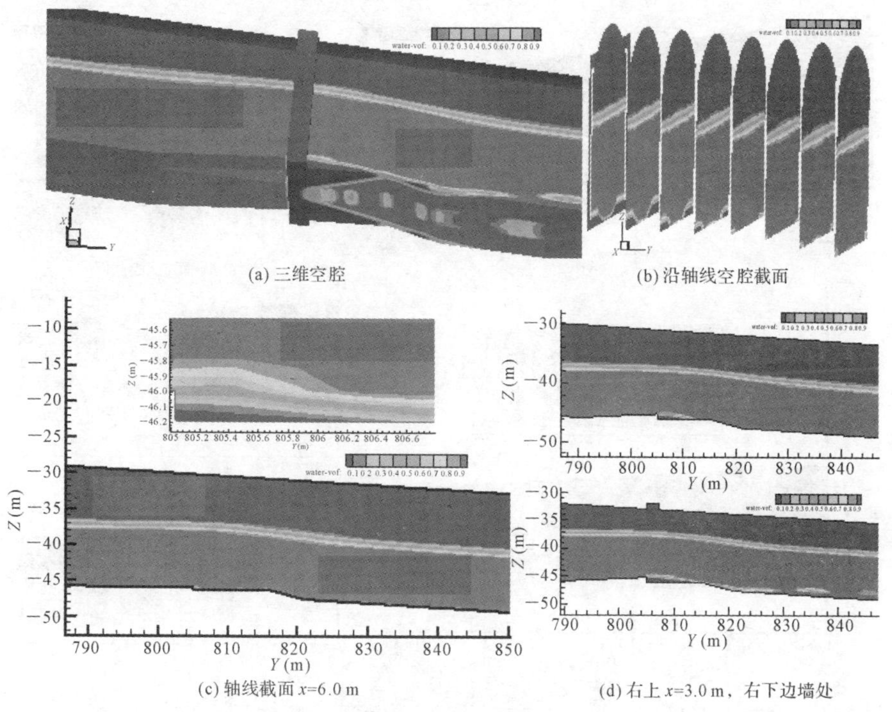

(a) 三维空腔　(b) 沿轴线空腔截面

(c) 轴线截面 x=6.0 m　(d) 右上 x=3.0 m，右下边墙处

图 7-24　库水位 840m 时 3[#] 掺气坎处空腔及流态

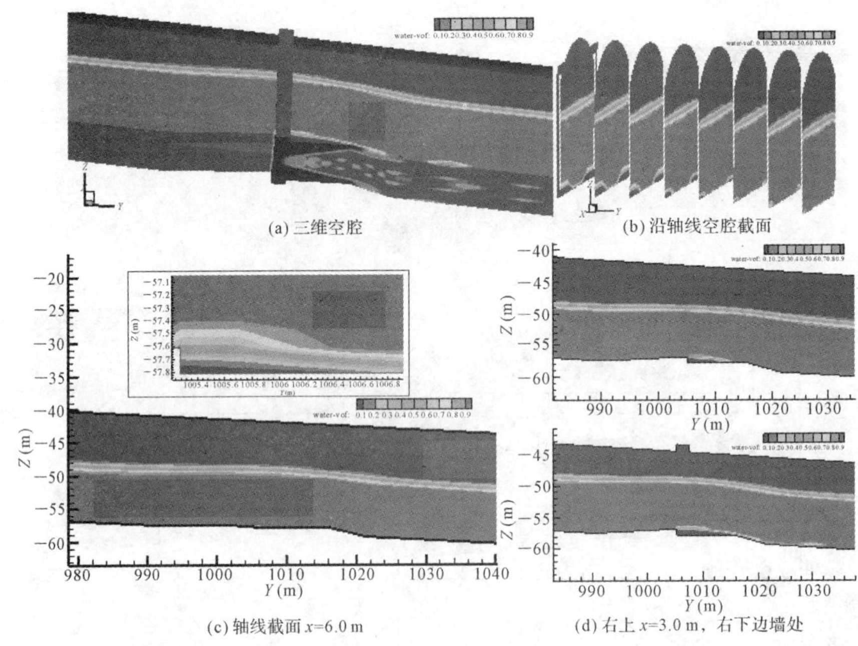

(a) 三维空腔　(b) 沿轴线空腔截面

(c) 轴线截面 x=6.0 m　(d) 右上 x=3.0 m，右下边墙处

图 7-25　库水位 840m 时 4# 掺气坎处空腔及流态

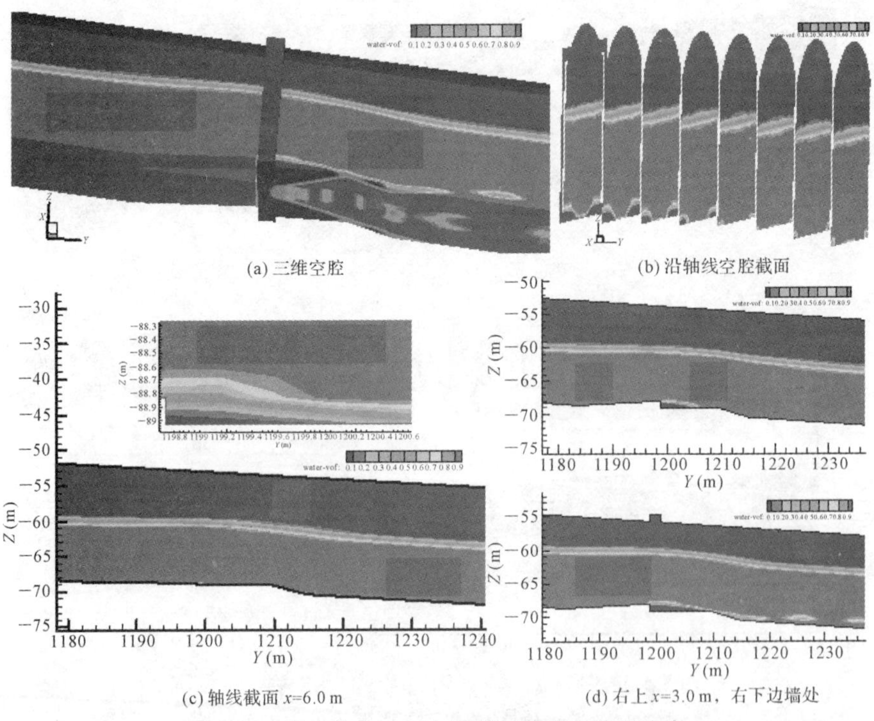

(a) 三维空腔　(b) 沿轴线空腔截面

(c) 轴线截面 x=6.0 m　(d) 右上 x=3.0 m，右下边墙处

图 7-26　库水位 840m 时 5# 掺气坎处空腔及流态

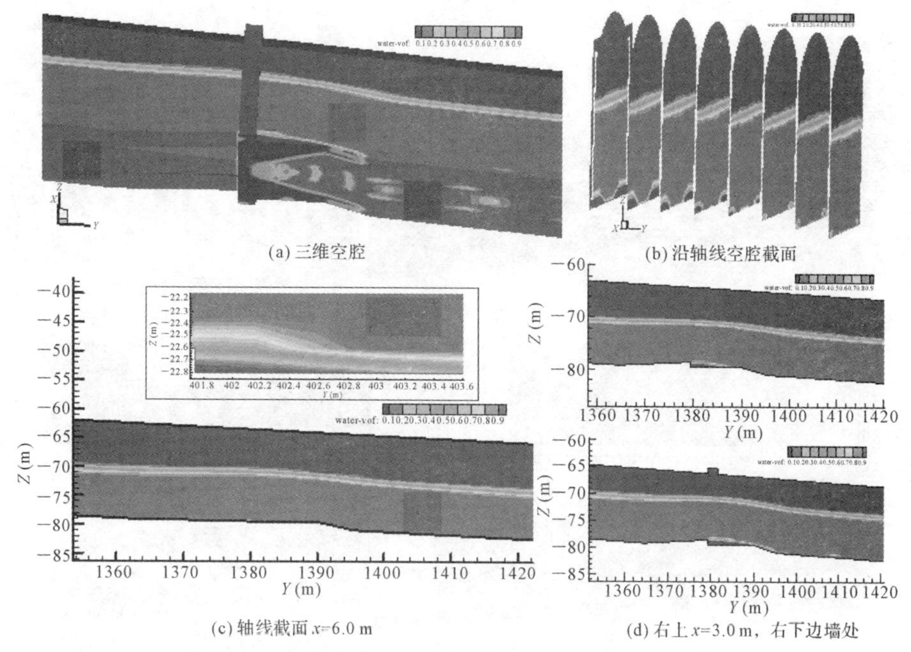

图 7-27 库水位 840m 时 6# 掺气坎处空腔及流态

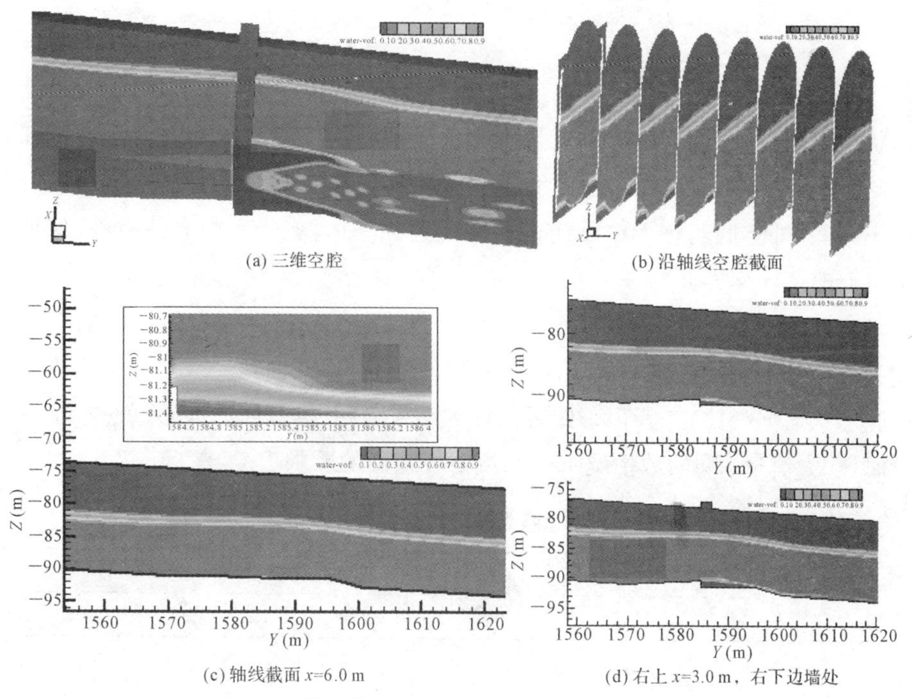

图 7-28 库水位 840m 时 7# 掺气坎处空腔及流态

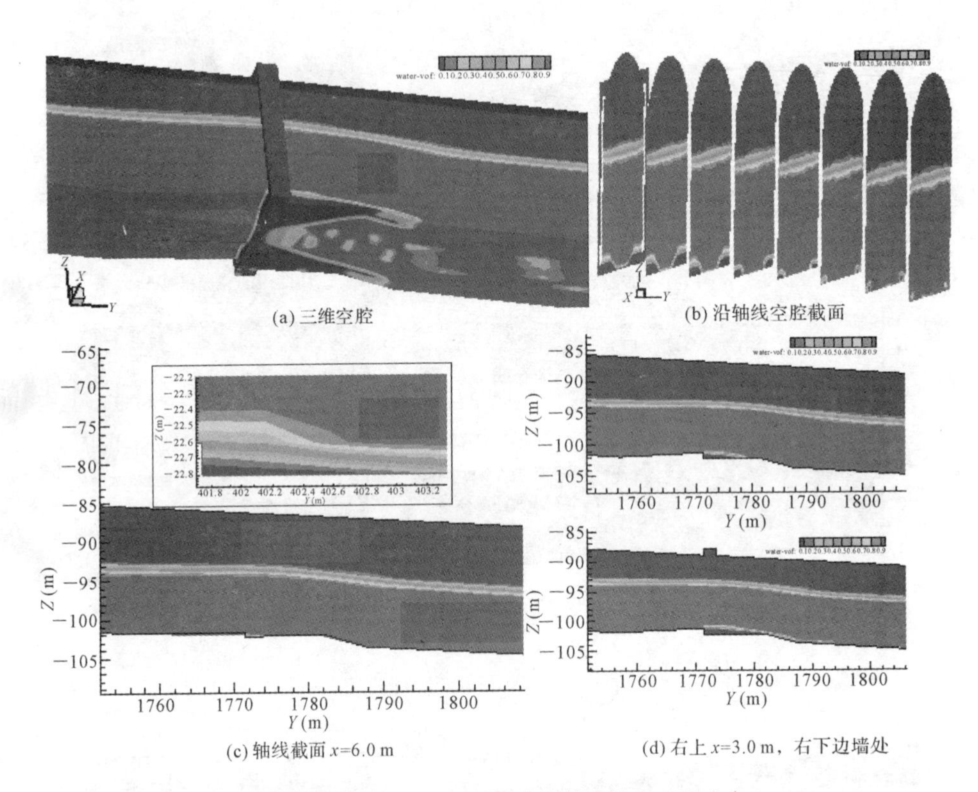

(a) 三维空腔　(b) 沿轴线空腔截面

(c) 轴线截面 x=6.0 m　(d) 右上 x=3.0 m，右下边墙处

图 7-29　库水位 840m 时 8# 掺气坎处空腔及流态

形状相似，而且各级空腔内没有积水。各级掺气坎挑流的重新附壁点基本在局部陡坡段靠下游处，而梯形槽内射出的水流附壁点在缓坡平台上，形成的内空腔要小一些，外空腔与梯形槽下游的内空腔连为一体，成为一个立体空腔，保证了有足够的掺气交界面。

表 7-4 为各级空腔长度的计算结果。可见，在各级掺气坎后形成的空腔长度为 15.4～17.3m。图 7-30 给出试验与计算空腔形状的比较，与试验测得的外空腔形状数据相比，二者很是接近。计算结果表明，推荐体型能够适应本工程的缓底坡、大流量、低 F_r 数情况下的水流掺气减蚀的要求。

表 7-4　各级掺气坎处的空腔长度

掺气坎	空腔长度(m)
1	17.2
2	15.5
3	16.9

续表

掺气坎	空腔长度(m)
4	15.4
5	17.3
6	15.4
7	15.5
8	15.5

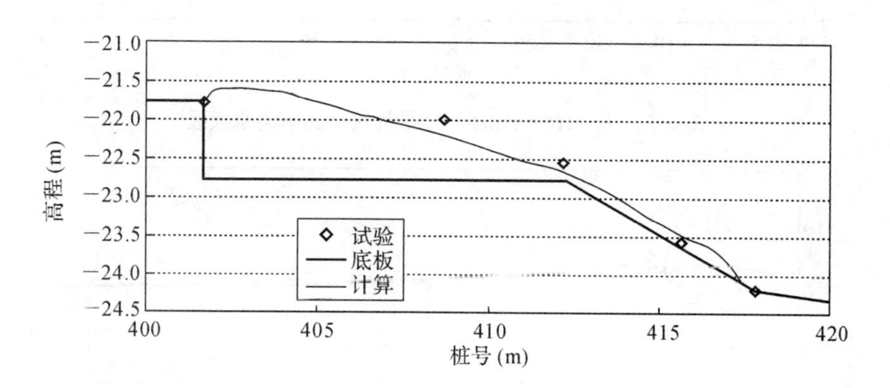

图 7-30　库水位 840m 工况下的 1# 掺气坎空腔

(2)水深分布

图 7-31～图 7-38 是在库水位 840m 时的泄洪洞的沿程水面线分布。其中实线为数值计算的结果,散点为试验实测的数据。

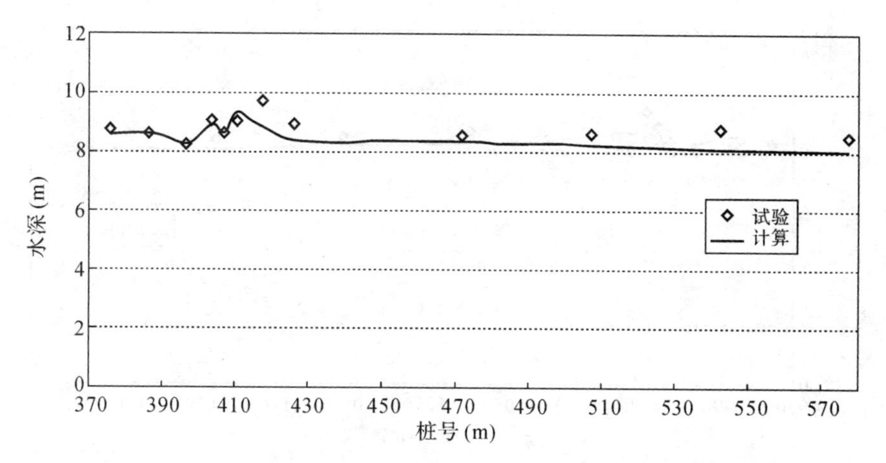

图 7-31　库水位 840m 时 1# 掺气坎及其下游水面线

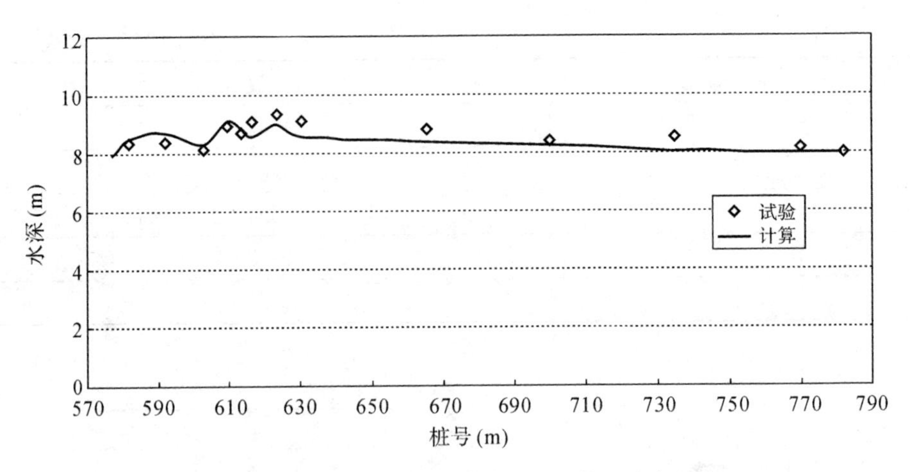

图 7-32　库水位 840m 时 2# 掺气坎及其下游水面线

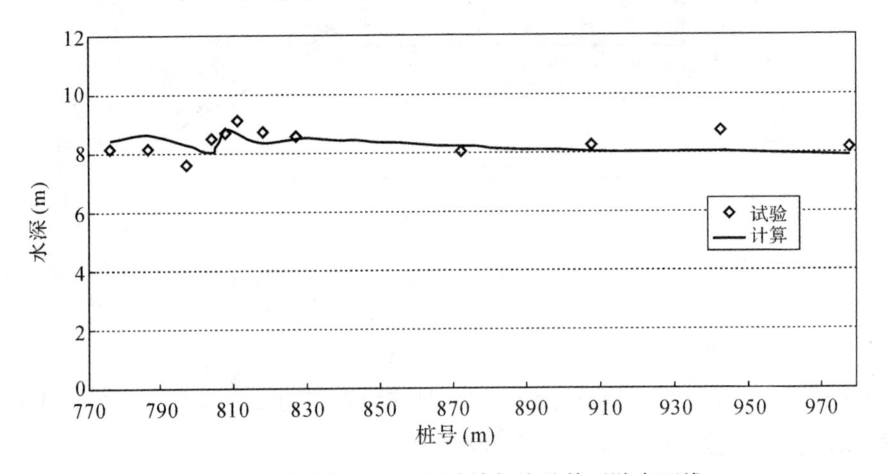

图 7-33　库水位 840m 时 3# 掺气坎及其下游水面线

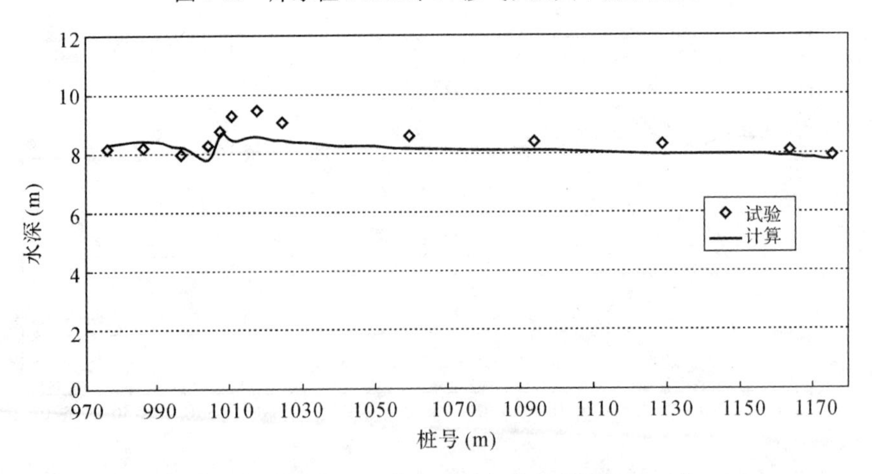

图 7-34　库水位 840m 时 4# 掺气坎及其下游水面线

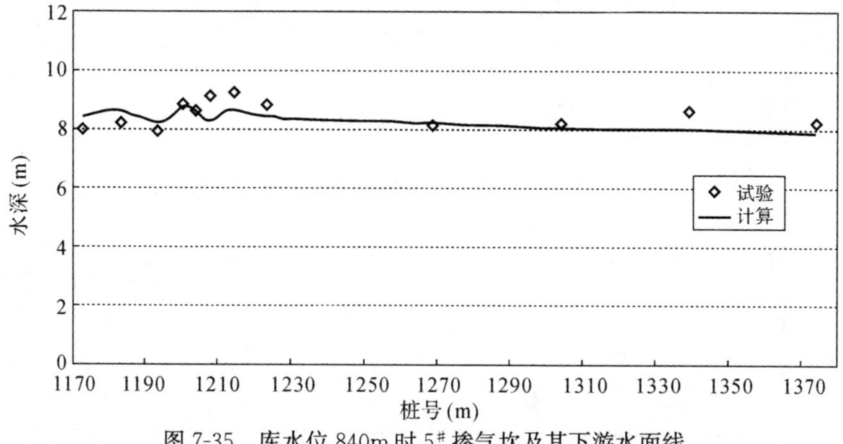

图 7-35　库水位 840m 时 5# 掺气坎及其下游水面线

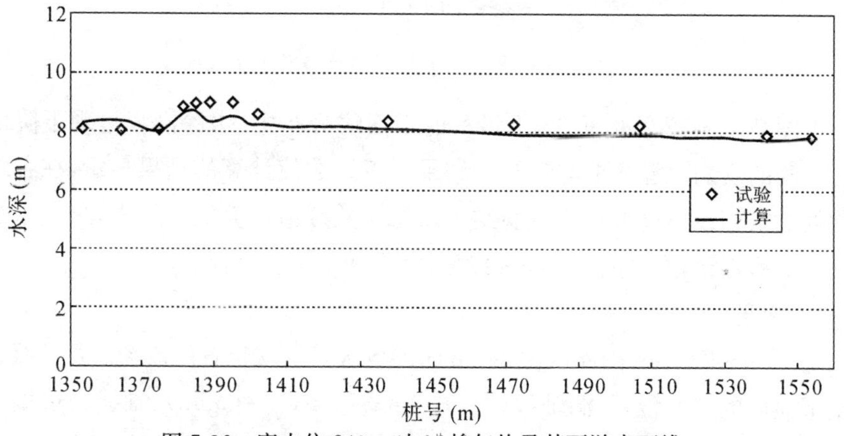

图 7-36　库水位 840m 时 6# 掺气坎及其下游水面线

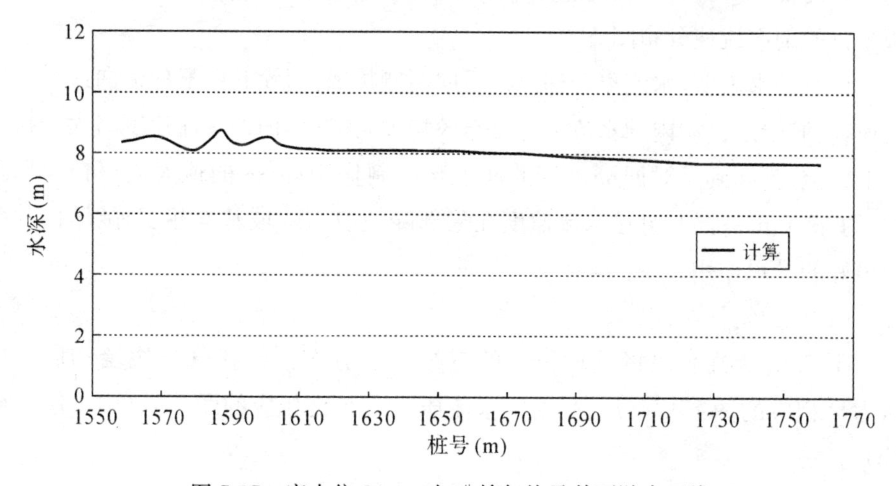

图 7-37　库水位 840m 时 7# 掺气坎及其下游水面线

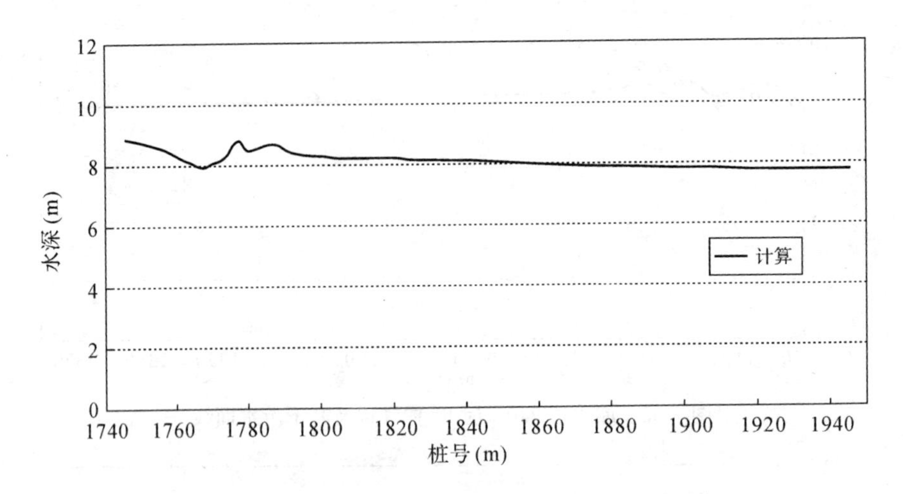

图 7-38　库水位 840m 时 8# 掺气坎及其下游水面线

由图 7-31～图 7-38 可见，在沿程的水面线分布中，水深沿程呈现下降的趋势。试验的实测水深数据与计算的结果接近。数值计算的结果显示，在各级掺气坎处的水面线最高位置比试验结果略低。从数值计算的结果看，最大水深小于 9.3m，水深余幅最小值在 35％以上，完全满足洞顶余幅的要求。

(3)流场

图 7-39～图 7-46 为库水位 840m 时的各级掺气坎位置的流场。每一级分别给出了立面的三个位置：洞轴线(x＝6.0m)、边墙(x＝0.5m)、轴线与边墙之间的中间位置(x＝3.0m)的流速分布图；以及 1# ～8# 掺气坎的靠底板位置的与底板平行的剖面流速分布图。

计算结果表明，水流离开梯形槽后向两侧扩散，但没有明显的横向或者反向流速，空腔干净。洞内的水流流速分布较均匀，梯形槽内的水流速度略大于掺气坎上的流速，起到了对回溯水流的冲击与抑制作用；洞内的最大流速在梯形槽内，约 32.0m/s；同时可见水流速度在局部陡坡段与陡坡基本相切，陡坡段起到了很好的导水作用。

(4)压力特性

图 7-47 为在各级掺气坎位置的三维压力分布图。掺气坎边墙和底板的压力见相应的图 7-47(a)。洞内的水流压力分布见相应的图 7-47(b)～图 7-47(h)。

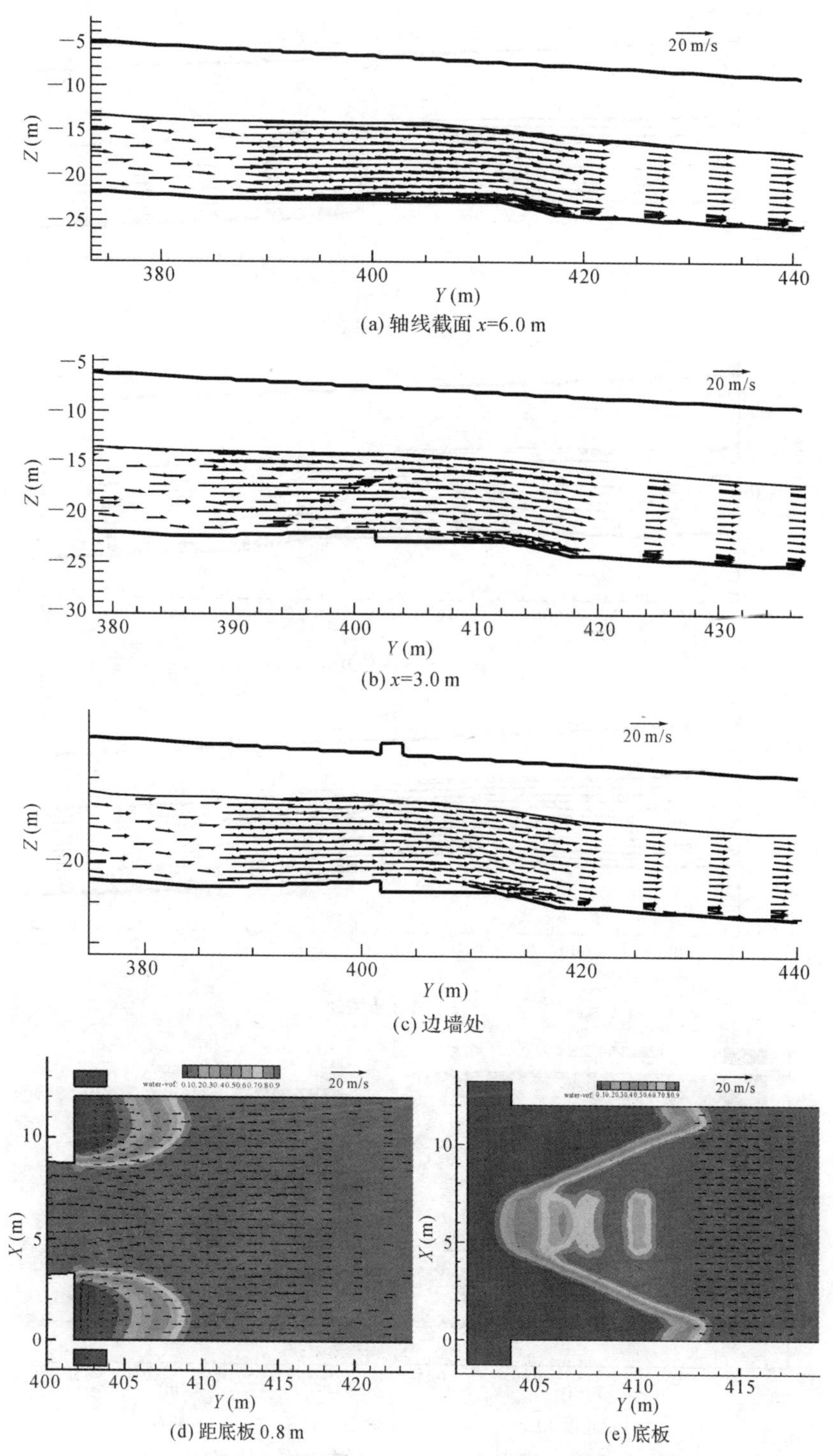

(a) 轴线截面 x=6.0 m

(b) x=3.0 m

(c) 边墙处

(d) 距底板 0.8 m

(e) 底板

图 7-39　库水位 840m 时 1[#] 掺气坎处流场图

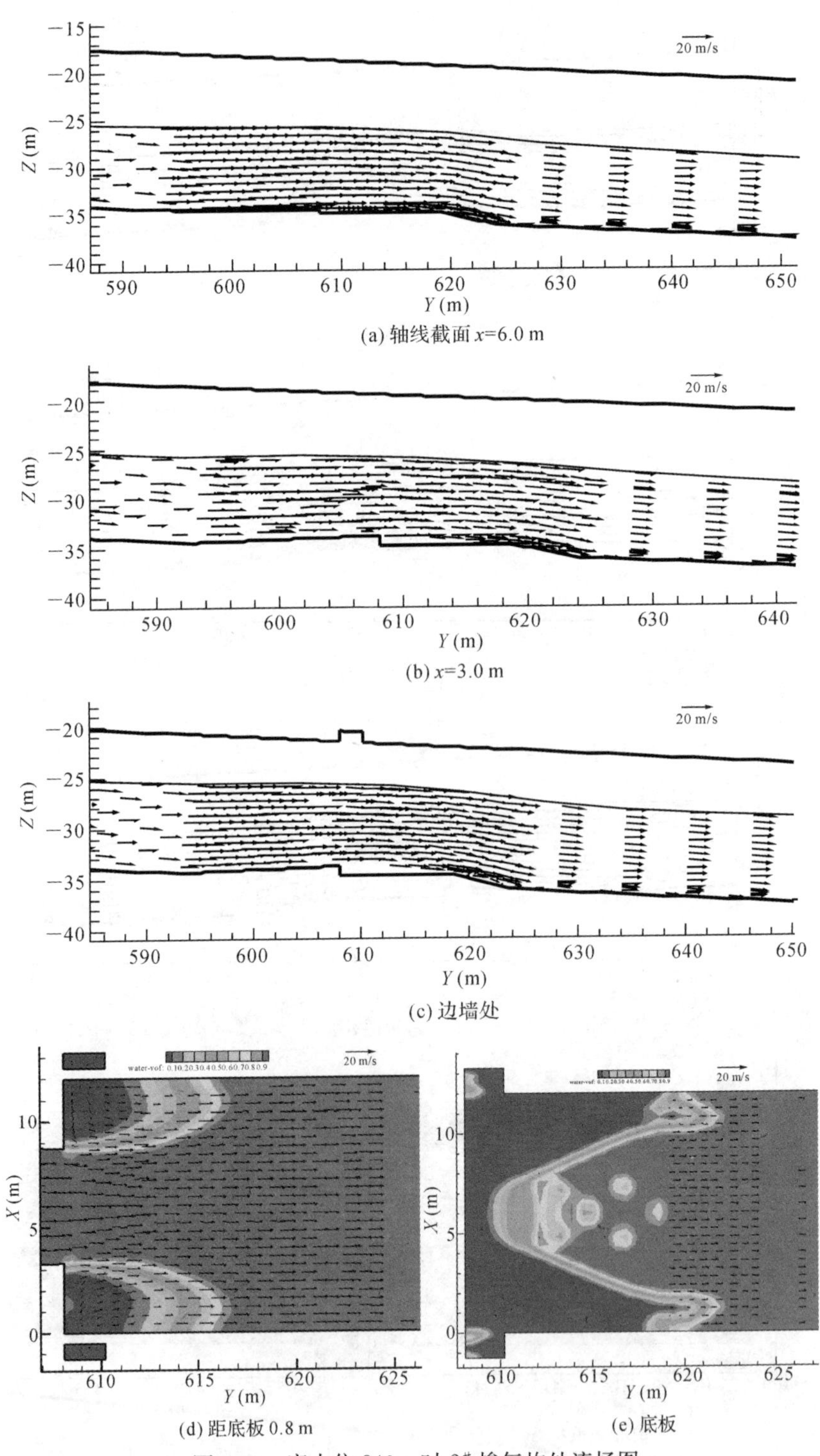

(a) 轴线截面 x=6.0 m

(b) x=3.0 m

(c) 边墙处

(d) 距底板 0.8 m

(e) 底板

图 7-40　库水位 840m 时 2# 掺气坎处流场图

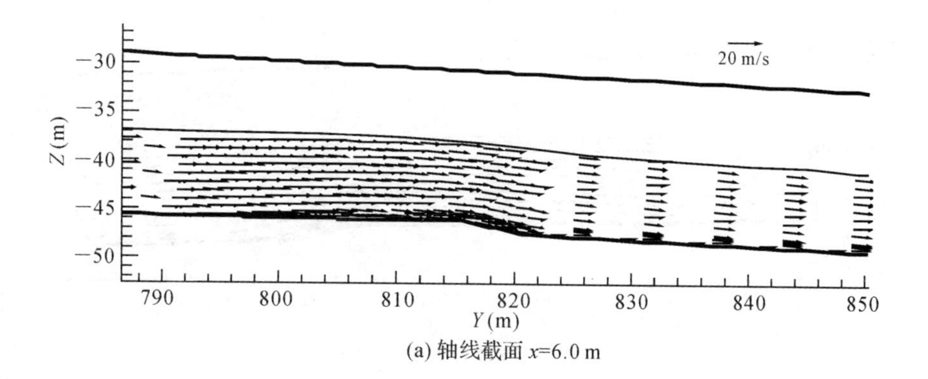

(a) 轴线截面 x=6.0 m

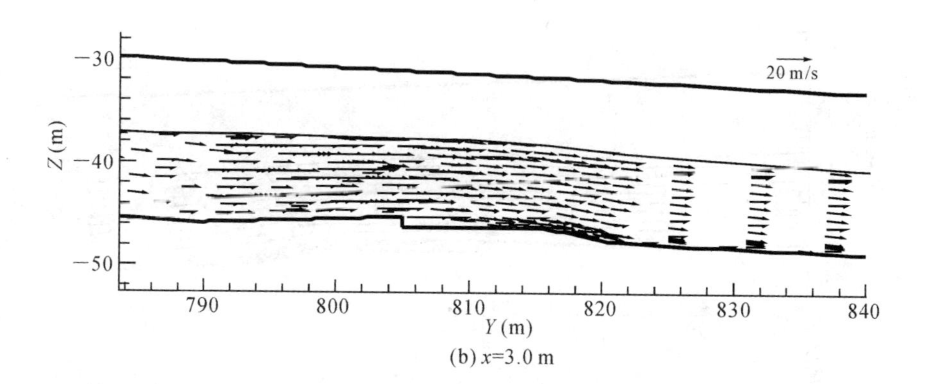

(b) x=3.0 m

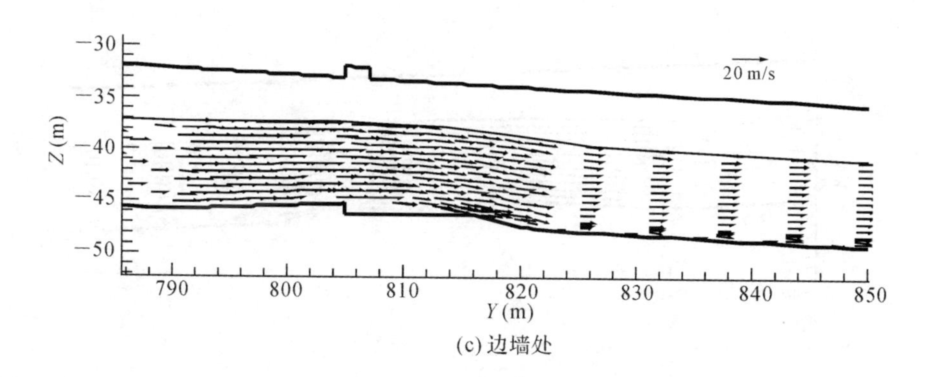

(c) 边墙处

图 7-41　库水位 840m 时 3# 掺气坎处流场图

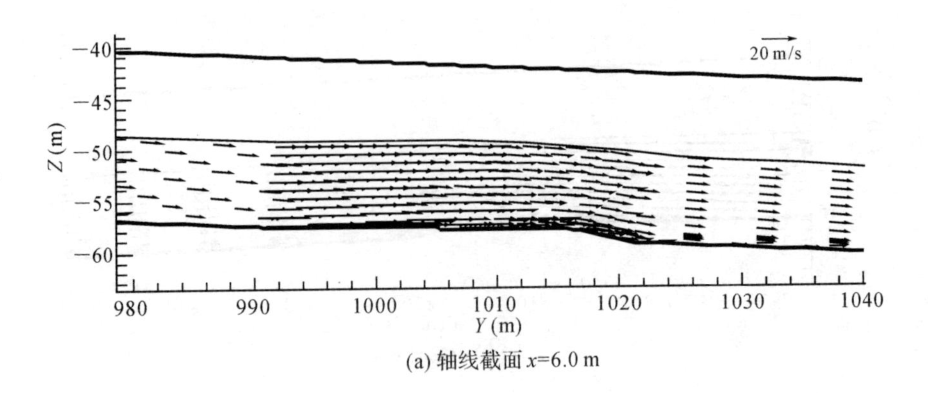

(a) 轴线截面 x=6.0 m

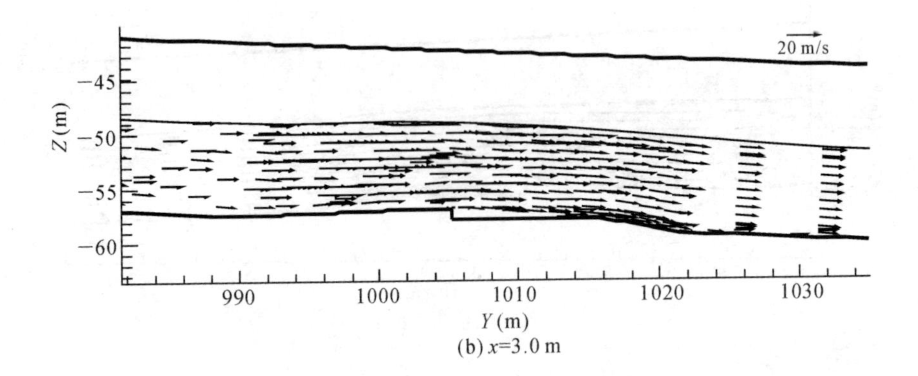

(b) x=3.0 m

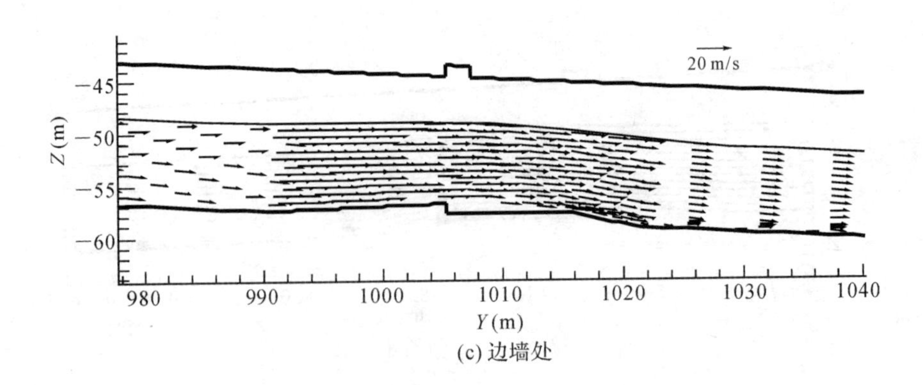

(c) 边墙处

图 7-42　库水位 840m 时 4# 掺气坎处流场图

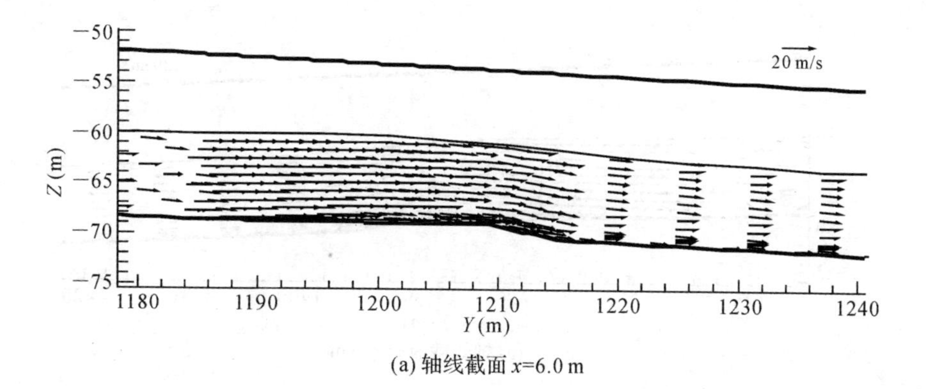

(a) 轴线截面 x=6.0 m

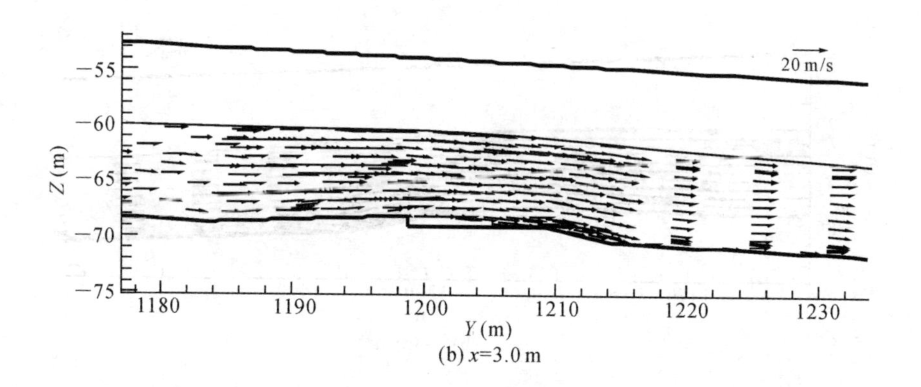

(b) x=3.0 m

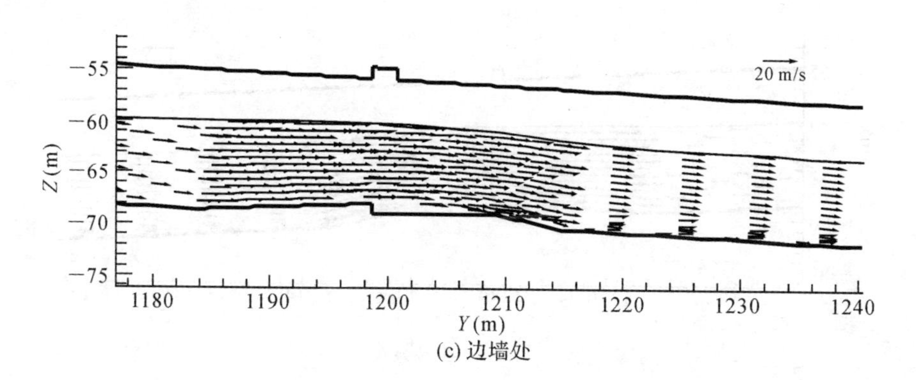

(c) 边墙处

图 7-43　库水位 840m 时 5# 掺气坎处流场图

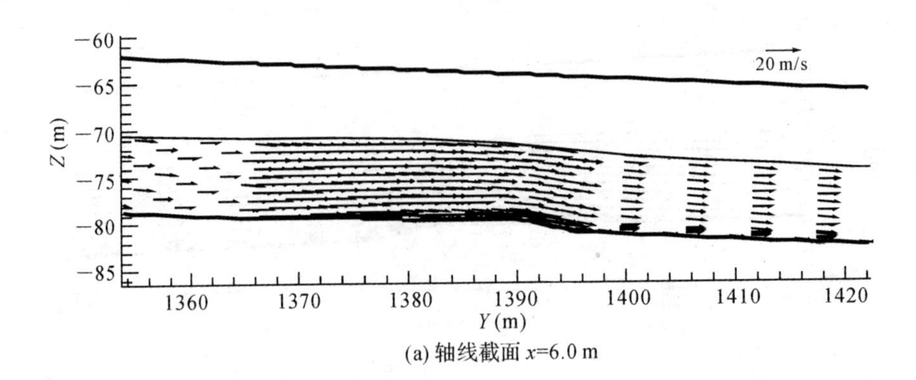

(a) 轴线截面 x=6.0 m

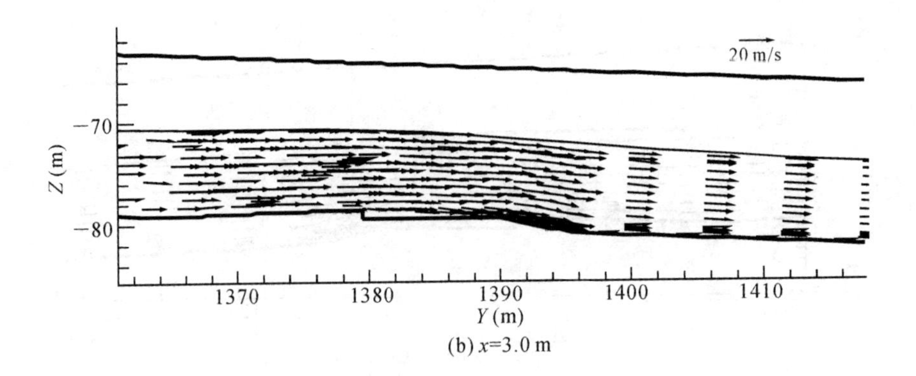

(b) x=3.0 m

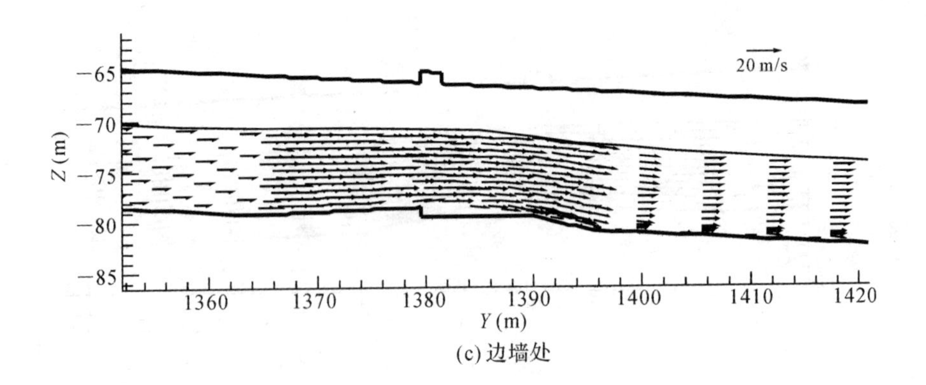

(c) 边墙处

图 7-44　库水位 840m 时 6# 掺气坎处流场图

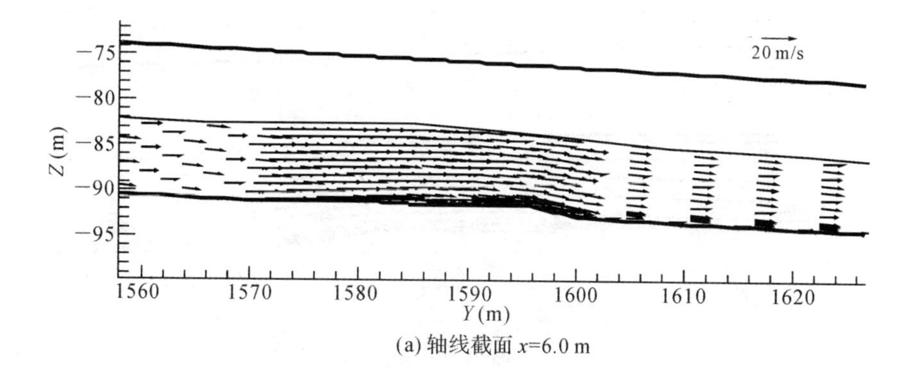

(a) 轴线截面 x=6.0 m

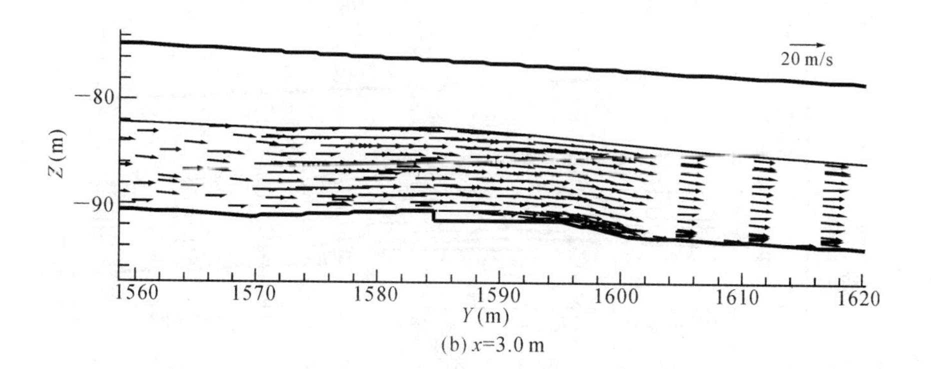

(b) x=3.0 m

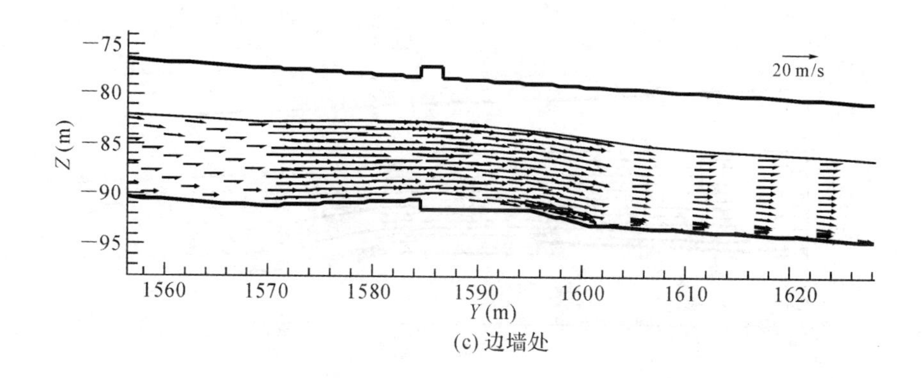

(c) 边墙处

图 7-45　库水位 840m 时 7# 掺气坎处流场图

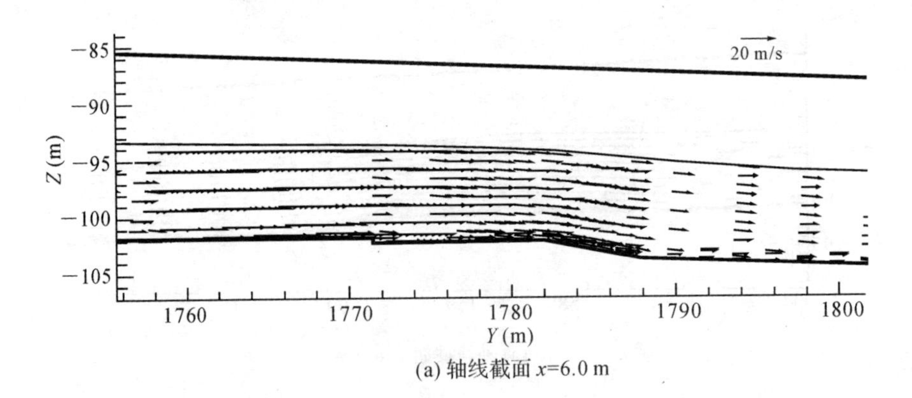

(a) 轴线截面 x=6.0 m

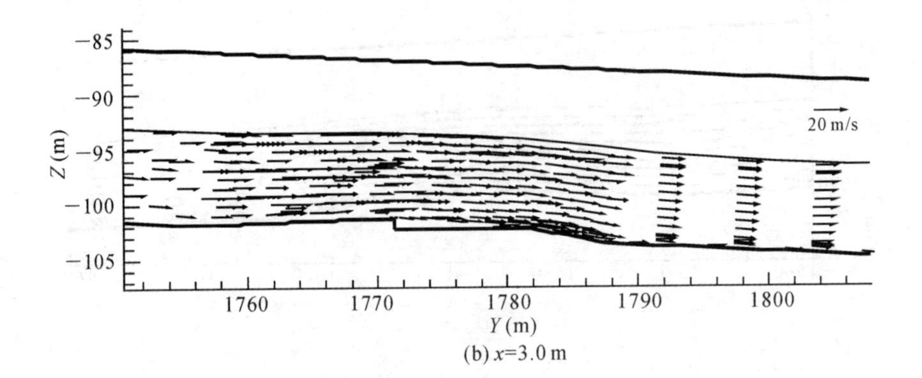

(b) x=3.0 m

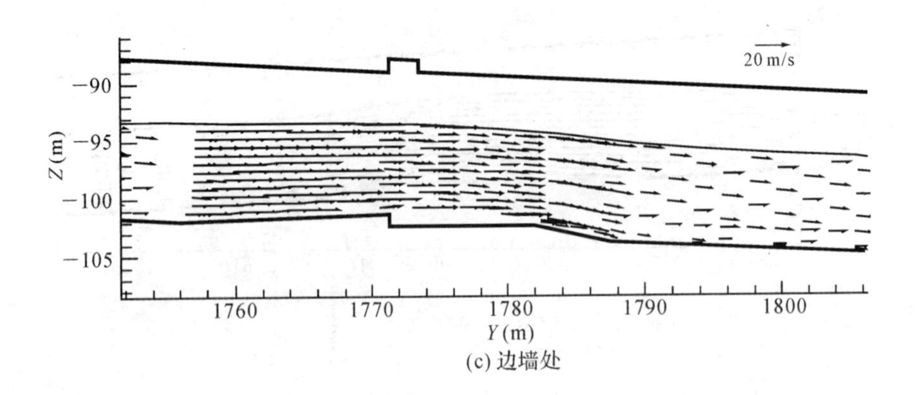

(c) 边墙处

图 7-46　库水位 840m 时 8# 掺气坎处流场图

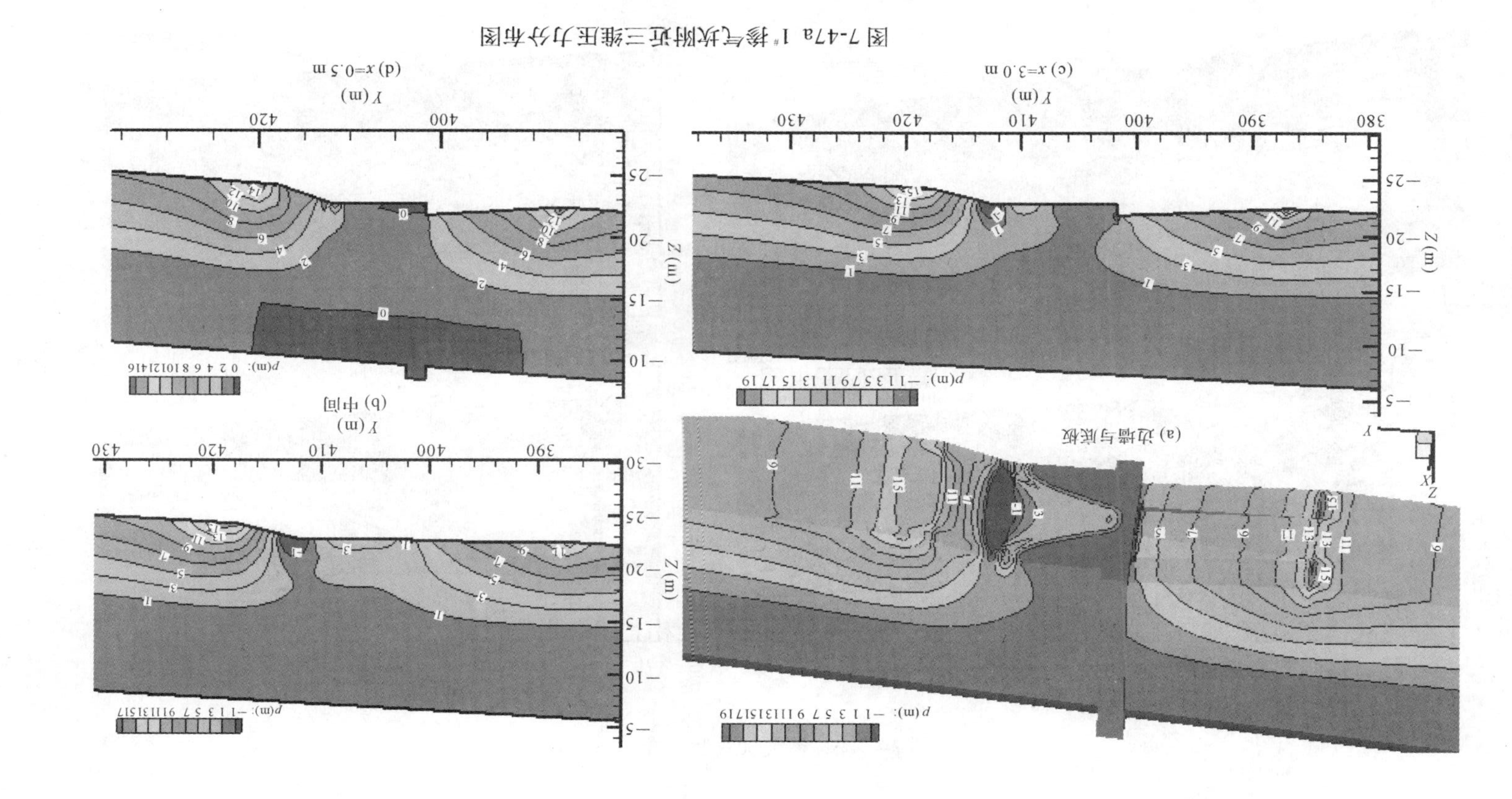

图 7-47a 1#掺气坎附近三维压力分布图

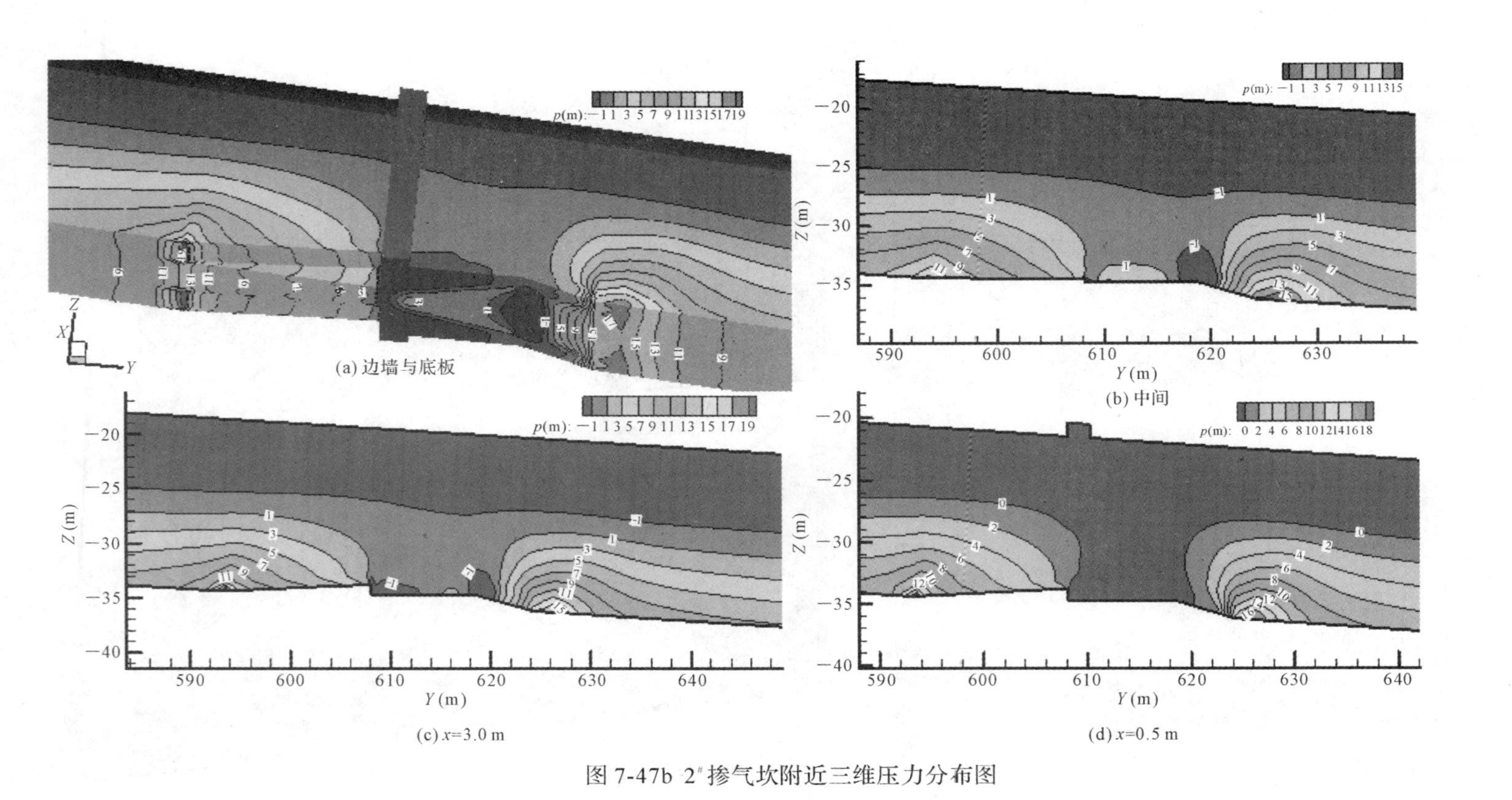

图 7-47b 2# 掺气坎附近三维压力分布图

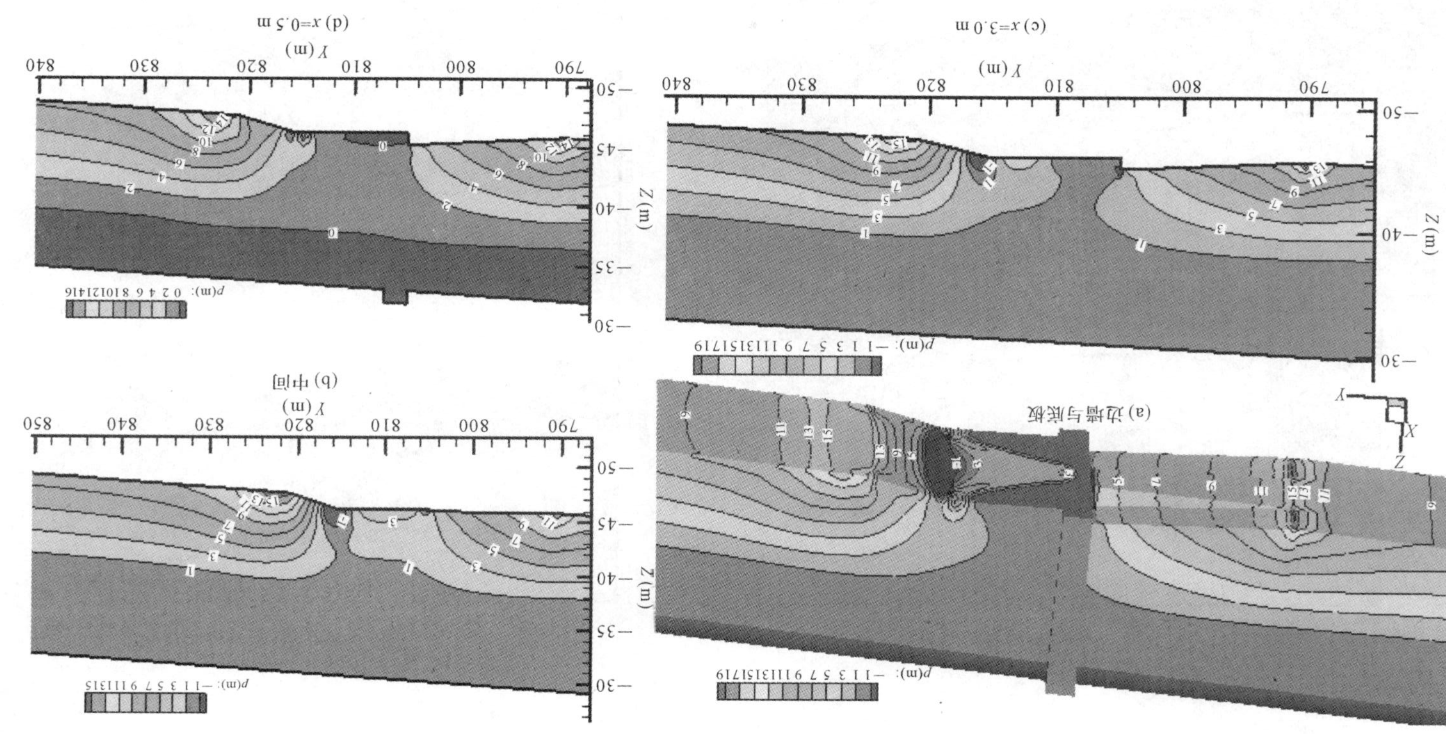

(a) 边墙与底板

(b) 中间

(c) $x=3.0$ m

(d) $x=0.5$ m

图 7-47c 3# 掺气坎附近三维压力分布图

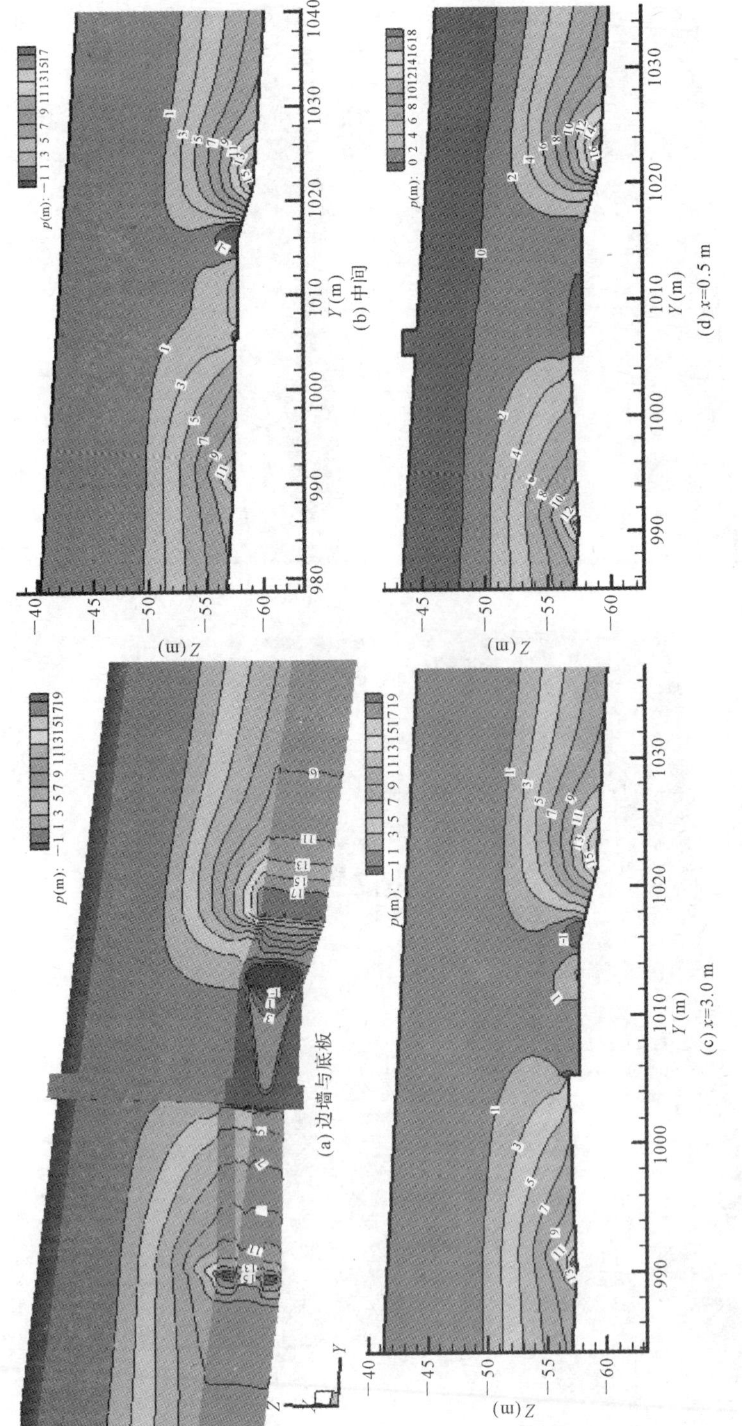

(a) 边墙与底板

(b) 中间

(c) x=3.0 m

(d) x=0.5 m

图 7-47d 4#掺气坎附近三维压力分布图

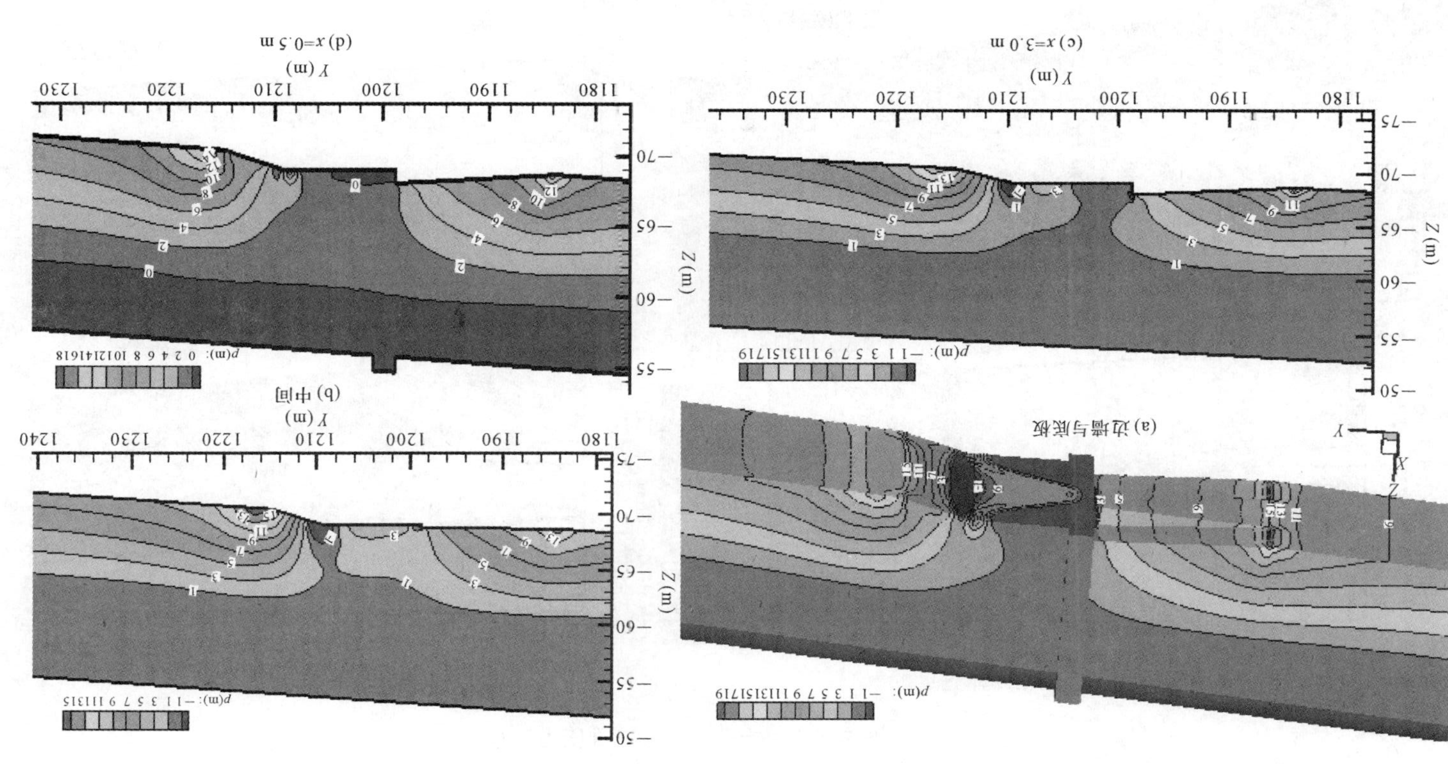

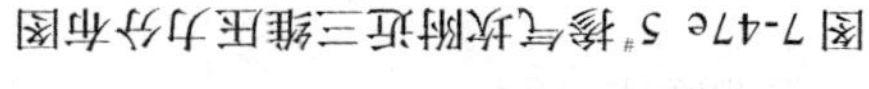

图 7-47e 5#掺气坎附近三维压力分布图

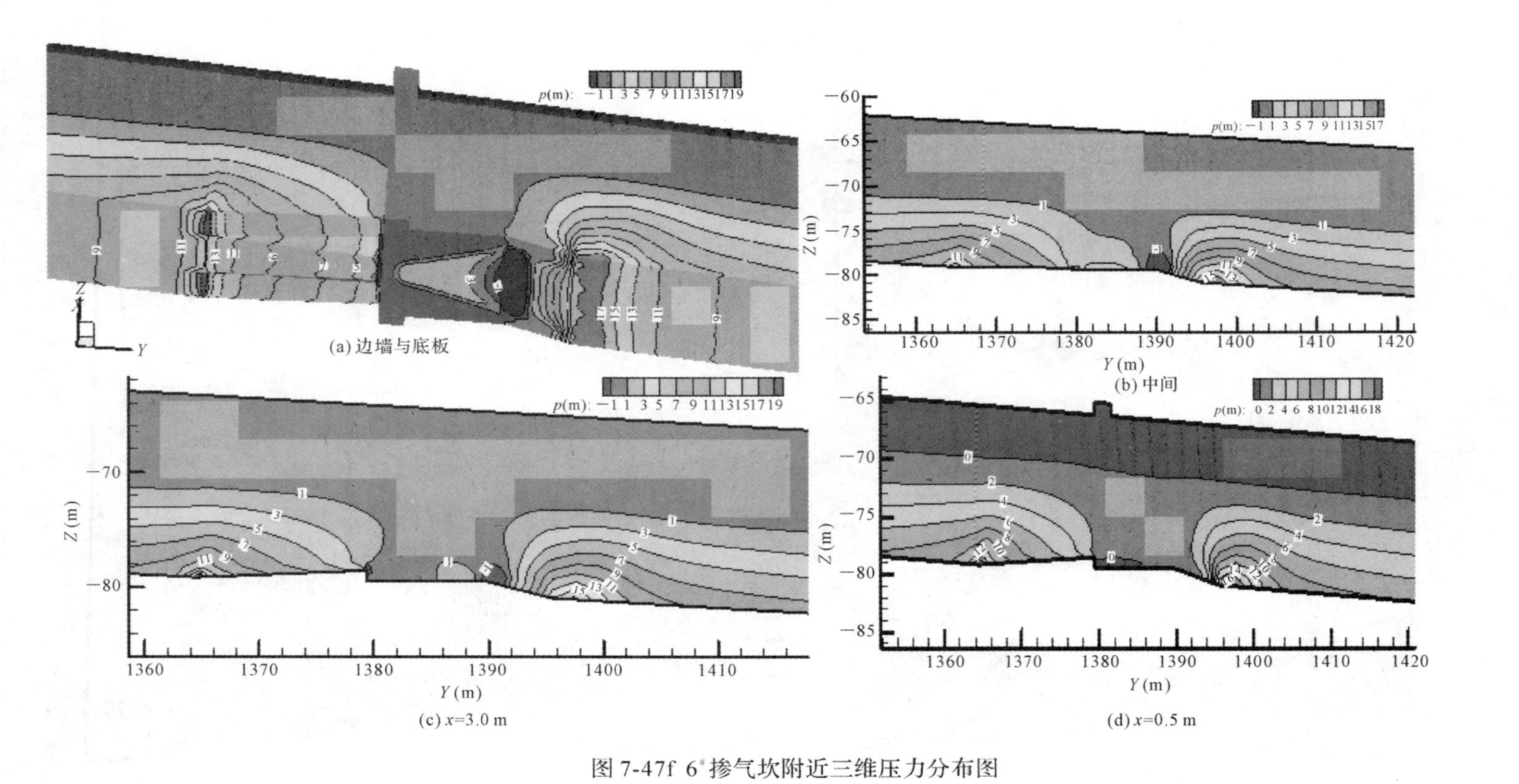

图 7-47f 6#掺气坎附近三维压力分布图

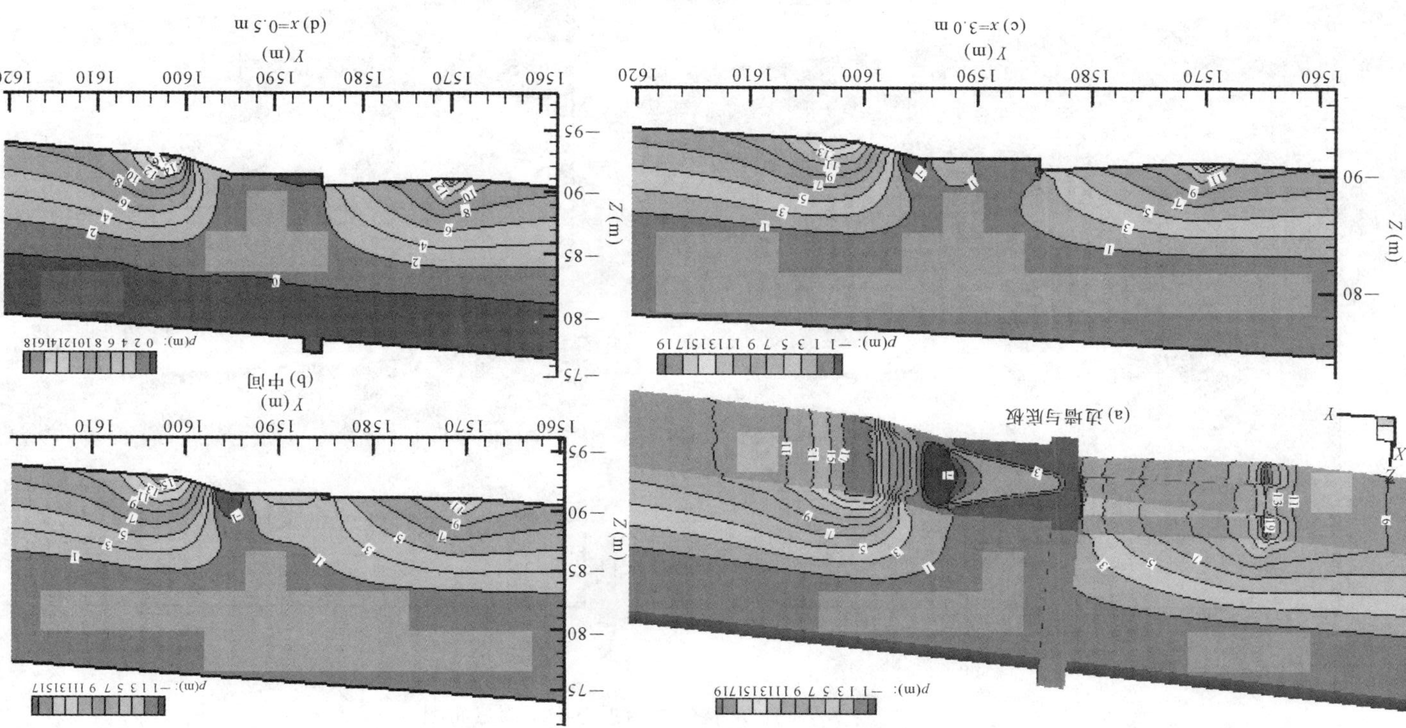

图 7-47g 7#掺气坎附近三维压力分布图

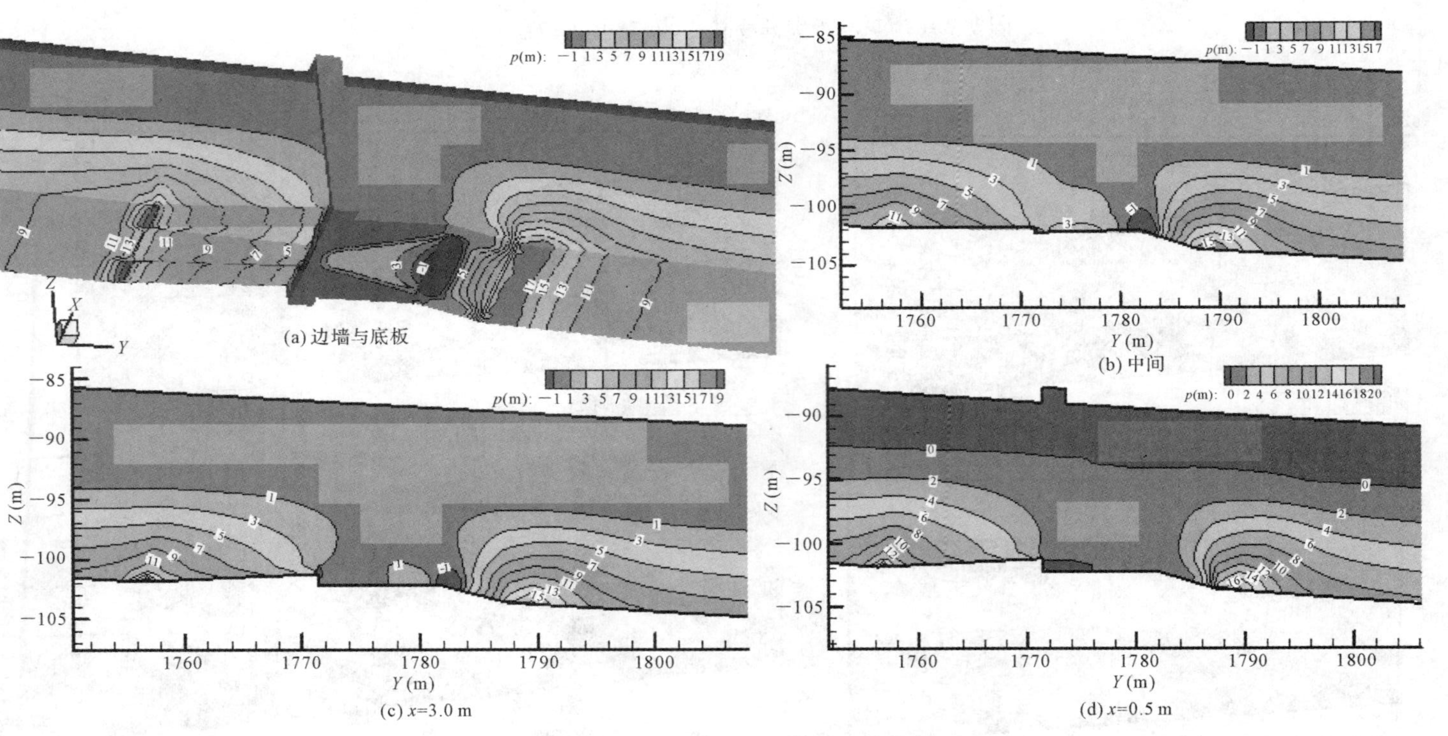

图 7-47h 8#掺气坎附近三维压力分布图

由图7-47可见，各级掺气坎压力分布基本一致且与体型的压力分布特征相似：挑坎起挑部位及空腔末端水舌落水位置可见压力增加明显；空腔处及局部陡坡位置处压力最小，其范围与空腔形态吻合。在水流起挑点的位置，压力为最大，各级的起挑点位置的压力约为20.0×9.8kPa；沿着挑坎，压力逐渐减小。在梯形槽内没有出现明显的负压。缓坡平台大部分是空腔范围，由梯形槽射出的水流在触壁后的压力在3.0×9.8kPa左右。在缓坡平台和陡坡转折处出现负压，为水流脱壁所致，负压值在−1.0×9.8kPa左右。此后，在陡坡段末端压力升高，各级掺气坎该处的压力值在15.0×9.8kPa～17.0×9.8kPa。

表7-5与表7-6为840m工况下的1#和2#掺气坎附近底板压力试验测量结果与数值计算结果的比较，测点具体位置请参见图6-50。由表7-5和表7-6可以看出，数值计算的结果与试验测量结果比较接近，局部位置计算结果偏高于试验测量结果。

图7-48～图7-50为840m工况下的1#和2#掺气坎附近底板压力分布图。由图可以看出，计算结果与试验结果吻合较好，且两者的压力变化的趋势基本相同，即起挑部位压力较大，挑坎上压力沿程减小，至挑坎末端压力值最小；槽身部分的底板压力沿程分布与挑坎上压力分布规律基本一致，仅数值上稍小值，发生在其出口处。

表7-5a　840m水位1#掺气坎附近底板压力试验结果(靠近左边墙)

部　位	测　点		压　力(m)	
	桩号(m)	编　号	试验值	计算值
挑坎段	382.752	A1	12.70	14.94
	386.252	A2	11.70	10.08
	389.752	A3	8.33	8.037
	393.252	A4	7.50	6.09
	395.702	A5	4.55	3.86
局部陡坡段后原泄洪洞段	414.502	A6	13.48	15.87
	418.002	A7	11.90	12.07
	421.502	A8	11.48	9.89

表 7-5b　840m 水位 1# 掺气坎附近底板压力试验结果(底板中心线)

测　点			压　力(m)	
部　位	桩号(m)	编　号	试验值	计算值
挑坎段	375.402	B1	9.80	9.31
	377.152	B2	9.98	9.93
	380.652	B3	9.98	11.9
	382.752	B4	11.13	13.14
	386.252	B5	9.85	9.94
	389.752	B6	8.78	8.20
	393.252	B7	6.63	6.31
	395.702	B8	3.78	3.92
平台段	402.012	B9	3.33	4.25
	405.512	B10	0.00	1.63
局部陡坡段	408.952	B11	1.05	1.34
	411.052	B12	8.93	9.91
局部陡坡后原泄洪洞段	414.502	B13	15.23	16.85
	418.002	B14	10.43	11.97
	421.502	B15	10.85	9.96

表 7-6a　840m 水位 2# 掺气坎附近底板压力试验结果(靠近左边墙)

测　点			压　力(m)	
部　位	桩号(m)	编　号	试验值	计算值
挑坎段	588.044	A1	18.65	17.49
	589.094	A2	11.15	15.17
	591.544	A3	8.33	10.38
	596.444	A4	4.03	7.08
	602.094	A5	2.10	3.25
局部陡坡段后原泄洪洞段	620.884	A6	16.80	17.98
	624.384	A7	11.90	12.27

表 7-6b　840m 水位 2# 掺气坎附近底板压力试验结果(底板中心线)

测　点			压　力(m)	
部　位	桩号(m)	编　号	试验值	计算值
挑坎段	586.994	B1	10.85	11.20
	588.044	B2	18.65	13.15
	589.094	B3	10.73	12.74
	591.544	B4	11.83	9.92
	596.444	B5	9.10	7.23
平台段	602.094	B6	1.96	2.95
	608.394	B7	0.00	2.74
	611.894	B8	0.00	−0.59
局部陡坡段	615.334	B9	−0.23	−1.05
	617.434	B10	5.60	8.47
局部陡坡段后原泄洪洞段	620.884	B11	12.95	16.81
	624.384	B12	9.98	12.01
	629.634	B13	10.05	8.62

表 7-6c　840m 水位 2# 掺气坎附近底板压力试验结果(梯形槽边坡中心线)

测　点			压　力(m)	
部　位	桩号(m)	编　号	试验值	计算值
挑坎段	594.034	C1	10.31	8.73
	597.354	C2	7.31	6.79
	602.094	C3	2.91	3.13

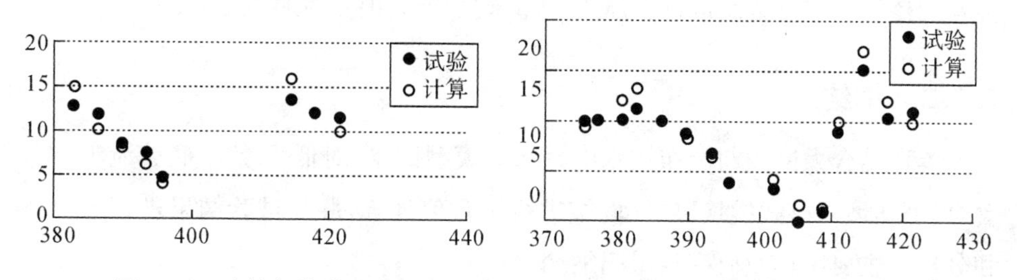

图 7-48　1# 掺气坎附近底板压力分布(左为靠近左边墙,右为底板中心线)

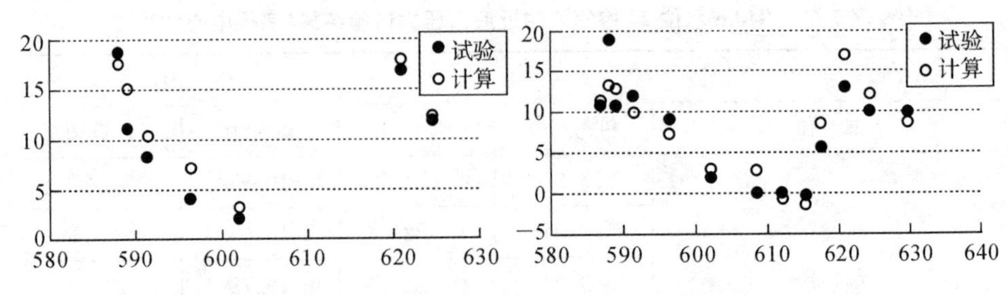

图 7-49　2# 掺气坎附近底板压力分布(左为靠近左边墙,右为底板中心线)

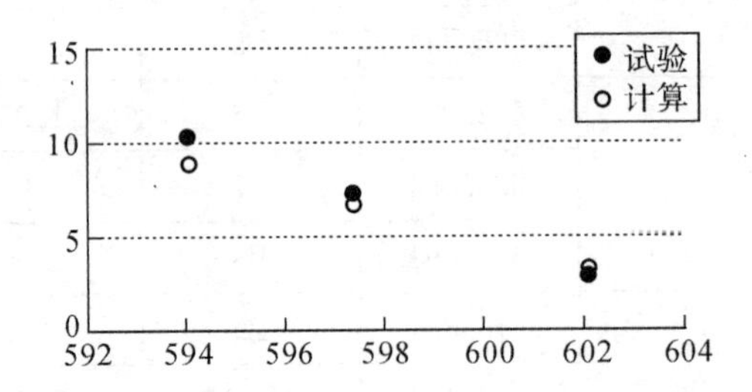

图 7-50　2# 掺气坎附近底板压力分布(梯形槽边坡中心线)

梯形槽槽身部分的底板压力沿程分布与挑坎上压力分布规律基本一致,数值上稍小,最小压力值亦发生在其出口处;梯形槽边坡实测压力未见有负压,最小出现在其出口处。

推荐掺气坎体型的缓坡平台段其左右两侧由于处于外空腔区域,没有实测其压力;中部为梯形槽水舌落水区,水舌落水冲击处压力最大值约为 3.5×9.8kPa,后部因掺了气,压力接近于 0。

局部陡坡段后的原泄洪洞底板冲击区压力最大,坎上梯形槽身段及边墙上均没有出现负压,最小压力位于出口处;缓坡平台段大部分区域处于空腔区,中部冲击区处压力最大,后部压力接近 0。从试验与数值模拟的结果都可以看出,推荐的掺气坎体型各组成部分压力分布未见异常,其特性良好。

7.2.3　小结

本章结合大岗山与瀑布沟水电站水工模型试验,对低 F_r 数小底坡泄洪洞布置"局部陡坡+槽式挑坎"掺气设施进行了数值计算,并与试验结果进行了对比和分析。主要工作及研究成果归纳如下:

(1)数值计算不仅能够得到物理模型所得到的数据,还能够更为详细地模拟水流运动的细节,获得复杂的水流内部结构等各方面更为详细的数据。对提出的新型的“局部陡坡＋槽式挑坎”掺气设施进行数值计算得到的结果表明，这种型式的掺气坎能够在低F_r数、大单宽流量、缓底坡情况下，形成稳定、干净的空腔；数值计算得到的流态、水力特性、空腔形态与试验结果吻合良好，说明了采用数值计算方法可以很好地模拟复杂的掺气设施水流特性，特别是回溯水流的流态。

(2)在“局部陡坡＋连续式掺气坎”体型方案中，数值模拟可提供详尽的空腔流态：尽管空腔形态较连续挑坎的好，但数值模拟结果清楚地给出了此体型的空腔内不稳定和紊乱的水气二相流流态以及空腔底部波动剧烈的积水，并可见回溯水流中存在较大的三维漩涡区，说明对于这种极低F_r数的流动，仅通过加设局部陡坡仍无法获得稳定和干净的空腔。

(3)在“局部陡坡＋U型掺气坎”体型中，空腔形态与模型试验观测结果吻合较好，数值模拟给出了该种掺气设施形成的完整三维立体空腔图像：在两侧形成了两个大的锲形体外空腔；在内部开槽部位形成了内空腔，三个空腔通过内空腔连贯一通，空腔稳定干净。同时，数值计算清晰地给出了槽式挑坎完整流态：中部射流先触地冲击回溯水流，然后向两侧扩散，进一步阻挡两侧回流；两侧挑坎水流形成一般挑流，越过缓坡平台，顺利落在局部陡坡末端；回流由于局部陡坡的存在，无法上爬和进入空腔。可见，数值模拟结果进一步清楚地揭示了该新体型挑坎中部槽形水股通过“冲击＋两侧扩散”作用和下游局部陡坡“坡陡难爬”的特点有机地抑制空腔的回溯水流的机理，为该类掺气坎设计和工程应用提供了理论指导。

(4)“局部陡坡＋U型掺气坎”新型掺气设施壁面压力由于掺气坎附近水气二相流流态较为明显，试验测量较为困难，通过数值模拟给出了该体型壁面压力的详尽分布及其特征：挑坎起挑部位及空腔末端水舌落水位置可见压力增加明显，中部射流再次附壁点处压力增加不大；空腔处及局部陡坡位置处压力最小，其范围与空腔形态吻合；计算结果表明，空腔内的负压最小值约为－1.0m水柱，其他位置不存在负压区，压力特性良好。

参考文献

[1] H. Kato, T. Meada, A. Magaion. 空蚀的机理与模拟. 高速水流译文选集，1983.

[2] W. Rodi. Recent Developments in Turbulence Modelling. Proc. 3rd Int.

Syp. On Refined Flow.

[3] 陈景仁. 湍流模型及有限分析法. 上海:上海交通大学出版社,1989.

[4] 中国科学院水工研究室译. 波达波夫论文集. 第二卷,北京:水利水电出版社,1958.

[5] E. H. Talor. Flow Characteristics at Rectangular Open Channel Junctions. Trans. ASCE, 1944,109:893—912.

[6] L. Prandtl. Angew,2. , Math. Mech. 1925,5:136.

[7] L. Prandtl. Uber Ein Neues Formel System Fur Die Ansgebildete Turbulenz. Nachr. Akad. wiss. Gottingen Math. Physik. Klasse, 1945:6.

[8] P. H. Harlow, P. Nakayama. Turbulent Transport Equations. Physics of Fluids,1967,10:2323.

[9] M. M. Gibson, B. E. Launder. Calculation of Coaxial Heated Water Discharge. J. Hydr. Engrg. , ASCE, 1983,125(2):126—140.

[10] V. Yakhot, S. A. Orszag. Renormalization Group Analysis of Turbulence: I. Basic Theory. Journal of Scientific Computing, 1986,1(1):1—51.

[11] C. G. Speziale, S. Thangam. Analysis of RNG Based Turbulence Model for Separated Flows. Int J Engng Sci, 1992(10): 1379—1388.

[12] 张庄,周同明. 溢流坝反弧段紊动水流的数值模拟. 水利学报. 1994(6):31—36.

[13] 何子干. 光滑及粗糙明槽湍流流动大涡模拟. 水动力学研究与进展(A 辑). 15(2):191—201.

[14] F. H. Harlow, J. F. Welch. Numerical Calculations of Time-dependent Viscous Incompressible Flow of Fluid with Free Surface. Physics of Fluids,1965,8:2182—2189.

[15] F. H. Harlow, J. F. Welch. Numerical Study of Large-amplitude Free-surface Motions. Physics of Fluids,1966(9):842—851.

[16] C. W. Hirt, B. D. Nichols. Volume of Fluid(VOF) Method for the Dynamics of Free Boundary. Journal of Comp. Physics,1981(39):201—225.

[17] 袁德奎,陶建华. 用 Level Set 方法求解具有自由面的流动问题. 力学学报, 2000,32(3).

[18] 苑明顺. 计算流体动力学. 清华大学水利水电工程系研究生课讲稿,2003 年 2 月.

[19] Fluent Inca Fluent 6.1 User's Guide February, 2003.

[20] H. K. Versteeg, W. Malalasekera. An Introduction to Computational Fluid Dynamics: The Finite Volume Method. New York: Wiley, 1995.

[21] 王福军. 计算流体动力学分析. 北京:清华大学出版社,2004.

[22] 陶文铨. 数值传热学. 西安:西安交通大学出版社,2001.

[23] 张延忠. 电站取水口复杂冲沙廊道系统运行方式优化试验及数值研究. 四川大学硕士学位论文,2008.

[24] S. V. Patanker, D. B. Spalding. A Calculation Pressure for Heat, Mass and Momentum Transfer in Three-dimensional Parabolic Flows . Int J Heat Mass Transfer, 1972(15): 1787—1806.

[25] S. V. Patanker. Numerical Heat Transfer and Fluid Flow. Washington, 1980.

[26] J. P. van Doormal, G. D. Raithby. Enhancement of the SIMPLE Method for Predicting Incompressible Fluid Flows. Numerical Heat Transfer, 1984(7): 147—163.

[27] R. I. Issa. Solution of the Implicitly Discretised Fluid Flow Equations by Operator Splitting. J. Comput. Phys. , 1986(62): 40—65.

8

“局部陡坡＋槽式挑坎”体型优化设计

通过设置掺气设施防止水工建筑物的空化与空蚀是一种行之有效的方法，虽然传统掺气设施已经在工程实际运行中取得了显著的效果，但是仍存在一定的局限性。在低 F_r 数、泄洪洞底坡较缓的情况下，传统掺气设施往往会在空腔内出现回溯积水，影响到掺气减蚀的效果，因此需要进行改进并研究一些新型的掺气设施，以提高掺气效率。

在一些改进的掺气设施中，通过改变掺气设施的体型参数达到掺气减蚀的目的是一种较为普遍的做法。在掺气坎体型设计中，不同的体型参数势必对掺气坎的空腔特性造成一定的影响，但是要对各个体型参数进行准确可靠的定量分析并用于设计比较困难，因此，进行不同体型参数不同条件下空腔特性的敏感性分析十分必要。掺气空腔的形成受很多因素的影响，掺气坎体型的选择不仅与流速、单宽流量和过流面底坡有关，也受来流条件的影响。因此，为了在不同工况下均能保证形成通气顺畅的稳定空腔，需根据不同的实际工程和水力条件，探索适合的掺气设施。

前述章节通过试验研究与数值模拟证实了“局部陡坡＋槽式挑坎”能够使得底空腔长度、掺气性能、减蚀保护长度都有明显的改善，也很好地减弱甚至消除了空腔回溯水流。但是这种体型掺气形式的主要控制参数的选择，主要由模型试验优化确定。本章试图从数学角度出发，通过探讨各体型参数对于空腔特性的敏感性，找出影响空腔形成的主要控制参数，从而为掺气坎的体型设计提供理论支持。

8.1 参数敏感性分析

8.1.1 敏感性分析

所谓敏感性分析，就是先设定一系统，系统特性为 $F=(x_1,x_2,\cdots,x_n)$(x_i 为参数)，给定某一基准状态 $X'=(x'_1,x'_2,\cdots,x'_n)$，系统特性为 $F'=f(X')$，令各参数在可能的范围内变化，分析参数的变化对 F 的影响程度。在实际系统中决定系统特性的各参数对系统特性的影响，需要对参数进行无量纲处理，绘制 $\Delta F/F\sim\Delta x_i/x_i(i=1,2,\cdots,n)$ 曲线，即敏感性曲线。该曲线斜率的绝对值定义为敏感性系数，其反映各参数对系统特性的影响程度。敏感系数越大，说明该参数对系统特性的影响越大。

进行敏感性分析时，首先选定指标，然后确定指标的影响因素及变动范围。在计算时，需假设其中一个因素变化(perturbation)而其他因素都保持不变，在二维坐标中绘出指标与这一因素变化的关系曲线，以此类推，直到把所有不确定因素计算完;并比较各指标随各因素的变化幅度，变化幅度大的为主要影响因素。这种分析方法需要一定的假设前提，只能大致算出各因素对指标影响的大小。但在实际中，单一因素发生变化的情况是很少的，大多是多因素共同变化，需要进行组合计算。

掺气坎体型的优化设计由于涉及体型参数较多，要进行体型参数对空腔特性的敏感性分析，利用传统的单因素敏感性分析方法需要大量计算工作，难以系统全面地进行分析，因此有必要采用科学合理的分析方法，以达到合理、经济、有效的目的。本书研究的新型掺气坎体型的空腔特性受每个体型参数影响，这些参数形成了一个有机的系统，综合影响其掺气特性。因此进行掺气坎体型参数敏感性分析的方法必须能考虑多因素共同变化的影响，计算量少且分析结果可靠。而正交设计分析方法正是这样的一种方法，将其应用于掺气坎体型参数敏感性分析中，仍属首次。

8.1.2 正交设计方法

在实际生产和科学研究中，往往需要通过一定的试验，获得一些试验数据。对这些数据进行科学分析或数学处理，可以帮助人们找出问题的主要矛盾方面及它们之间的相互关系，明确问题的内在规律，从而寻求问题的解决方法。对于单影响因素的试验，可以采用 0.618 法、对分法、平行线法、交替法、调优法等去解决，但对于多影响因素问题，上述方法就无能为力[1]。

可控因素的数量在三个以上的效应试验，特别是它们还具有多水平的试验时，其试点设计以及数据处理，宜采用正交试验设计的方法。这是因为在因素试验中，当因素较多时，如仍要类似双因素试验那样，采用多元排列全搭配组合设计的办法，工作量很大，甚至于不可能进行试验。例如某厂进行黏带试验，要考察的因素有九个，除其中两个因素取二水平外，其余七个因素全取三水平。这时，如用多元排列全搭配组合，所有可能的试验要进行到 $3^7 \times 2^2 = 8748$ 次试验。这样大的数目，要逐个进行试验，显然是不可能的。因此在多因素试验中，一个突出的问题即是如河减少试验次数，但还要不影响全面掌握其内在规律。

为了解决上述问题，在第二次世界大战以后，在一些国家，特别是日本的一些学者、专家如田口玄一博士等人[2]，着重研究了正交试验设计法，这是一个有效解决多因素效应试验的设计方法。这种设计方法，能以较少的试验次数，提供较正确的优选结论。采用这种试验设计方法，原需 8748 次黏带试验，现只要进行 27 或 36 次。根据国内外的经验，正交试验设计确是质量管理的一项重要工具，目前这种试验设计法已在冶金、化工、橡胶、纺织、医药卫生等各个方面得到有效的应用。

正交设计(orthogonal design)方法是处理多因素试验的最重要的一种科学试验设计方法。它是根据因子设计的分式原理，采用由组合理论推导而成的正交表来安排设计试验，并对结果进行统计分析的多因子试验方法。根据数理统计学观点利用正交性原理，制定一种规格化的表——“正交表”，合理安排试验，从大量的试验中挑选适量的有代表性、典型性的试验，用这种方法只做较少次数的试验便可判断出较优的条件，若对结果进行简单的统计分析，还可以更全面、更系统地掌握试验的结果，作出正确判断。

正交设计是基于方差分析模型的部分因子设计方法，可用于多因素试验的科学分析，是解决多因素试验问题的有效方法，在试验次数较少的情况下有较高的效率。对于掺气坎体型设计而言，在对掺气坎的水力特性分析中找出影响掺气坎空腔特性形成的敏感因素是非常有意义的，根据敏感性因素确定试验组数和取值，分析空腔特性与水力特性，以利于掺气坎体型设计，提高掺气坎的掺气效果，保护水工建筑物免受或少受空化与空蚀的破坏。

通过敏感性分析，找出掺气坎空腔形成的敏感因素，为体型设计提供指导，抓住问题的关键，舍弃一些次要因素。另一方面，由于掺气坎每一个体型参数的离散性较大，只能尽可能多地考虑变化区间才能理解各个参数对于研究结果的影响程度，而这正是正交试验设计的优势。

在目前掺气坎体型设计方面纯数学优化方法还不成熟的情况下，可结合已有经验利用正交设计方法，设计具有代表性的试验，从中找出各部分尺寸对空腔特性等方面的影响规律，从而合理选择结构尺寸，并且加深我们对掺气坎体型设计的认识。

在正交试验中，将需要达到的目标函数称为指标，要考虑的参数称为因素，每一因素要比较的各个条件称为因素的水平。明确指标、选好因素、恰当定出各因素的水平变化范围是正交设计的首要环节，它对得出正确的结论有着十分重要的意义。

现有针对掺气坎体型参数的确定大都是在选定因素的基础上，进行简单的单因素轮换，此时无法反映因素间交互作用对空腔特性和水力特性的影响。而实际中由于来流条件及空腔形成机理的复杂性，不仅使基本因素发生变化，而且基本因素的交互作用在一定条件下亦起到了决定性的作用。故本章针对模型试验优化中未涉及的参数交互作用，结合科学的正交试验设计以及正交试验设计直观分析法的特点，采用了多因素正交直观敏感性分析方法，利用标准正交表以及交互列表实现科学的模拟方案设计，减少了计算量，并对影响空腔形成的基本因素及基本因素的交互作用进行度量，实现了真正的多因素敏感性分析。

掺气坎体型的优化设计由于涉及体型参数较多，所以“试验”安排数量即使利用正交设计仍然较多，要进行体型参数对空腔特性的敏感性分析，利用模型试验的话实施工作量大、难以系统全面地实现全部试验方案。而数值模拟分析就成为一种省时省力、方便易行的方法，可以在某种程度上代替试验；同时，前一章建立了掺气坎的数学模型并对其进行了数值模拟计算分析，认为数值计算和实测结果吻合较好，计算结果是合理、可信的，所以本章利用数值计算代替“试验”进行“局部陡坡＋槽式挑坎”参数敏感性分析，以下所谓“试验”均指数值模拟计算。

8.2 正交试验设计分析方法

8.2.1 正交试验设计的基本原理

正交试验设计是一种安排多因素试验的数学方法。该方法是在 20 世纪 40

年代由芬尼(D. TFunne)、普莱凯特(R. L. Plackett)、伯曼(J. P. Burman)和罗(C. R. Rao)等人提出的多因素试验方法的基础上，在20世纪50年代初期由日本质量管理专家田口玄一进一步研究开发的一种试验设计技术[3]。采用正交表安排试验，具有方法简单、通俗易懂、计算工作量少、便于普及和推广等优点。其设计的本质为“均衡分散，整齐可比”，均衡分散使试验点有代表性，整齐可比便于试验数据的处理。由于这种方法可以通过较少的试验次数和比较简便的分析方法，获得较好的结果，因而在试验设计和多因素影响分析中得到广泛应用。

正交设计是根据因子设计的分式原理，采用由组合理论推导而成的正交表来安排设计试验，并对结果进行统计分析的多因子试验方法。在数学上，两向量$\{a_1,a_2,\cdots,a_n\}$和$\{b_1,b_2,\cdots,b_n\}$的内积之和为零，即

$$a_1b_1+a_2b_2+\cdots+a_nb_n=0 \tag{8-1}$$

则称这两个向量间正交，即它们在空间中夹角为90°。而在传统的科学试验设计中，如随机完全区组设计、拉丁方设计、因子设计等，都孕育着正交设计的思想。在多因子试验中，当因子及水平数目增加时，若进行全面试验，将全部处理在一次试验中安排，试验处理个数及试验单元数就会急剧增长，要在一次试验内安排全部处理常常是不可能的。为了解决多因子全面实施试验次数过多，条件难以控制的问题，有必要挑选出部分代表性很强的处理组合来做试验，这些具有代表性的部分处理组合，可以通过正交表处理，这些通常是线性空间的正交点。

正交表是正交设计中合理安排试验，并对数据进行统计分析的主要工具。一般的正交表具有以下性质：①每一列中，不同的数字出现的次数相等。②任意两列中，将同一行的两个数字看成一种排列时，每种排列出现的次数相等。

正交表的性质决定了正交设计有三个主要特点：①整齐可比；②均衡分散；③简单易行。利用正交表可以对试验结果作直观分析、极差分析、方差分析、回归分析和协方差分析等。在本研究中采用极差分析与方差分析对各因素进行敏感性分析。

在试验初期，正交设计可采用很少的试验单元筛选众多的因子。在试验中期，它可以进一步扩大试验规模进行各因子间交互作用的分析。在试验后期，它可进行各种模型优化试验设计，在实际试验中可以灵活应用，主要适用于：水平数相同或不相同的试验；考虑或不考虑交互作用的试验；单一指标或多指标的试验；计量指标或非计量指标的试验；分批或不分批试验；安排区组形成行列进行

试验设计；单一或联合的正交试验；利用正交表作序贯设计；利用正交表作配方设计；利用正交表可以对试验结果作直观分析、极差分析、方差分析、回归分析和协方差分析等。但是需要指出的是，由于正交设计来自分式设计，在分析中要特别注意因子互作间的各种混交关系，慎重分析结果；有条件时尽量设置重复，以获得对试验误差的一个直接估计。

8.2.2 安排试验的原则

以三个因素，每个因素三个水平为例，来说明安排试验的原则。如果对每个因素中的三个水平分别选取一个水平，组成所有可能的搭配进行试验，共有27种，显然对所有27种可能的搭配都进行试验，再对试验结果分析就可以使问题得到解决。但是能否只做其中一小部分试验，通过分析就可以使问题得到圆满解决呢？在比较复杂的多因素试验中这个问题就更为突出了。其主要问题反映在两个方面：①所有可能搭配的试验次数与实际进行的少数试验次数之间的矛盾。②实际上所做的少数试验与全面掌握内在规律之间的矛盾。

为了解决第一类问题，要求我们必须合理地设计和安排试验，这就是均衡搭配问题，以便通过尽量少的试验次数就可抓住主要矛盾。为了解决第二类问题，要求对试验结果进行科学的分析，即在均衡搭配的基础上，根据正交试验的综合可比性认识内在规律，为解决问题提供方便条件。

设三个因素为A、B、C，A的三个水平记为A1、A2、A3，B的三个水平记为B1、B2、B3，C的三个水平记为C1、C2、C3。如果按照它们可能的组合情况需做27次试验，而按照正交法原理，只需做9次试验。如表8-1所示，每一个因素的每一水平都有三个试验，正由于它们搭配得均衡，所以任一因素的任一水平与其他因素的每一水平相遇一次，且仅相遇一次，因此，才便于对试验结果进行科学分析。每一横行代表一个试验，如第三行(试验号为3)表示第3号试验，这个试验是由因素A取第一水平，因素B取第三水平，因素C取第三水平所组成。按这种方法对其他因素水平进行检查时，均为每一个因素的每一个水平与其他各因素的各水平正好相遇一次(或相遇次数相同)，这就是安排试验的均衡搭配原则。

上面的情况适合三因素三水平情况，对于因素水平较多的情况可选用已经编好的表格安排试验，这种表格就是正交表。

表 8-1　三因素水平表

试验号	因素		
	A	B	C
1	A1	B1	C1
2	A1	B2	C2
3	A1	B3	C3
4	A2	B1	C2
5	A2	B2	C3
6	A2	B3	C1
7	A3	B1	C3
8	A3	B2	C1
9	A3	B3	C2

正交试验设计是处理多因素试验的一种科学试验方法，在这种试验设计中，可以安排许多个因子，而试验次数远远小于完全试验所需的试验次数。假定设计一个试验，安排 k 个因子，作 n 次试验，因子的水平数分别为 $t_1,t_2,\cdots,t_k$。若此试验满足两个条件：① 每一因子的不同水平在试验中出现相同次数(均衡性)；② 任意两因子的不同水平组合在试验中出现相同次数(正交性)，则这个试验称为正交试验。显然，等重复的完全试验可以满足这两个条件，当然是正交试验，但是完全试验至少要进行 $N=t_1\times t_{2,}\times\cdots\times t_k$ 次，试验次数太多，实际上很难实施，而通常说的正交试验是满足条件次数 n 又远小于 N 的设计。

正交试验设计的关键是试验指标、因素及因素水平的选取和试验计算方案的确定。根据给定需要考察的因素及各因素的水平，选择与之相适应的正交表 $L_n(r_1\times r_2\times\cdots\times r_m)$。式中 L 表示正交表；$n$ 表示正交表行数(即可安排 n 次试验)，而 m 表示该正交列数(即试验最多可安排的因子数)，且第 j 个因素有 r_j 个水平。常用的是等水平正交表，即：$r_1=r_2=\cdots r_m=r$，简记为：$L_n(r^m)$。将选取的各因素随机地填入表的列上方，称之为表头设计。随后，即可在各因素给定水平下，通过正交表 $L_n(r^m)$ 安排计算方案。

设 A，B，…表示不同的因素；r 为各因素的水平数；A_i 表示因素 A 的第 i 个水平($i=1,2,\cdots,r$)；X_{ijk} 表示因素 j 的第 i 水平的值($i=1,2,\cdots,r$；$j=A$, B, …)。

在 X_{ijk} 下进行试验得到因素 j 第 i 水平的试验结果指标 Y_{ijk}，Y_{ijk} 是服从正态分布的随机变量。在 X_{ijk} 下进行 n 次试验可得到 n 个试验结果 $Y_{ijk}(k=1,2,\cdots,n)$。有关计算参数如下：

$$K_{ij}=\sum_{k=1}^{n}Y_{ijk} \tag{8-2}$$

对正交试验结果的分析，通常采用两种方法：一种是直观分析法或称极差分析法；另一种是方差分析法。以下标 i 表示因素水平号，下标 j 表示不同的因素。因素 j 的极差 R_i 计算公式如下：

$$R_j=\max\{K_{1j},K_{2j},\cdots,K_{rj}\}-\min\{K_{1j},K_{2j},\cdots,K_{rj}\} \tag{8-3}$$

式中：K_{ij} 为因素 j 水平号为 i 的各试验结果之和。

一般来说，各因素的极差是不相等的，这说明各因素的水平改变时对试验结果的影响是不相同的。极差越大，说明这个因素的水平改变对试验结果的影响也越大。极差最大的因素，就是因素的水平改变对试验结果影响最大的因素，也就是最主要的因素；极差次大的因素，也就是次主要的因素，以此类推。极差越小的因素虽然不能说是不重要的因素，但至少可以肯定当该因素在所选用的范围内变化时，对该指标影响较小。

极差分析方法只能得出各因素对试验指标影响的相对大小而不能确定每个因素对试验指标的影响是否显著及显著性的大小，其优点是方法简单、直观、计算量较少、便于普及和推广，缺点是不够精确。采用方差分析可以弥补极差分析的不足。本书还采用了方差分析方法对正交设计的计算结果进行分析，它一方面既能够弥补极差分析方法的不足，可以对影响因素进行显著性检验，同时还可以与极差分析的结果进行对比。

一个正交试验设计可以用一张 n 行 m 列的表来表示，每行对应一次试验，每列对应一个因子，若某个因子有 r 个水平，则在表中对应列上的元素为 $1,2,\cdots,t$，每个数字对应该因子的一个水平。但不是任意的 n,m 和 $r_1,r_2,\cdots,r_m$ 都能构成正交试验，需要较深的数学理论与技巧，为此统计学家和数学家按照正交原理构造了各种各样的正交表(见表 8-2)。

可供设计试验的正交表有多种，如 $L_8(2^7)$ 表，用它安排试验需做 8 次，最多考查 7 个因素，每个因素都要求 2 水平。各因素的水平数相同的正交表，我们称之为普通正交表。另外，还有一类混合型的正交表，如 $L_8(4\times2^4)$，用它来安排试验需做 8 次，最多可考查 1 个 4 水平的因素和 4 个 2 水平的因素。试验时所需的正交表，可直接从相关书上查找套用。使用这些表可以恰当地设计试验方案和有效地分析试验结果，提出最优配方和工艺条件，进而设计出可能更优秀的试验方案。本章使用的正交表是通过专业统计软件“正交设计助手Ⅱ v3.1 专业版”而生成的。

表 8-2 正交表 $L_9(3^4)$

试验号 \ 列号	1	2	3	4
1	1	1	1	1
2	1	2	2	2
3	1	3	3	3
4	2	1	2	3
5	2	2	3	1
6	2	3	1	2
7	3	1	3	2
8	3	2	1	3
9	3	3	2	1

8.2.3 正交设计的特点

正交设计主要表现在“均衡搭配性”和“整齐可比性”两个方面。

1. 均衡搭配性

均衡搭配是指正交表所安排的试验方案，能均匀地分散在水平搭配的各种组合方案之中，因而其试验组合条件具有代表性，容易选出最优方案。

现要安排三个因素(A,B,C)，每个因素取三个水平的试验。如果要通过全面试验来选择优秀方案，则需要做 $3^3=27$ 次试验，其全部水平搭配的组合方案可用图 8-1 形象地说明(这里还未计算为抵消误差所进行的重复试验次数)。以 A、B、C 为相互垂直的三个坐标轴，对应于 A 因素的三个水平 A1，A2，A3 是左、中、右三个竖平面；对应于 B 因素的三个水平 B1，B2，B3 是下、中、上三个平面；对应于 C 因素的三个水平 C1，C2，C3 是前、中、后三个竖平面；共有九个平面。整个立方体内共有 27 个交点，正好是全面试验的 27 个组合条件。

如果条件所限只允许做 9 次试验，就需从这 27 个完全组合条件中，选出 9 个有代表性的试验条件。显然，选择图 8-1b 的 9 个点就不太合适，因为各因素的每个水平分散不均匀，对因素 C 而言，C1 出现了 3 次，C2 出现 4 次，C3 仅出现 2 次。同样，A1 因素出现 2 次，A2 出现 5 次，A3 出现 2 次。

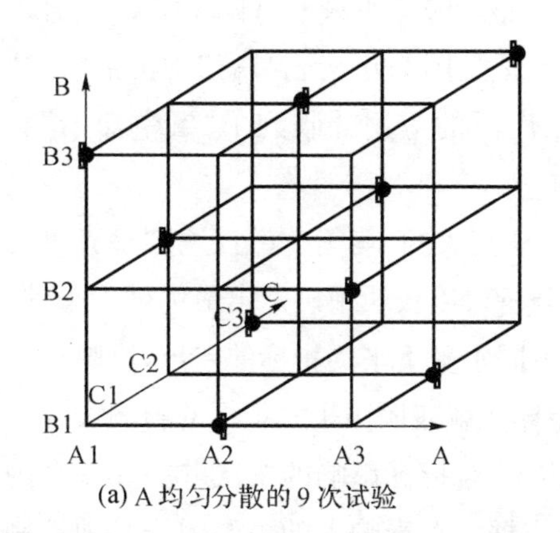

(a) A 均匀分散的 9 次试验

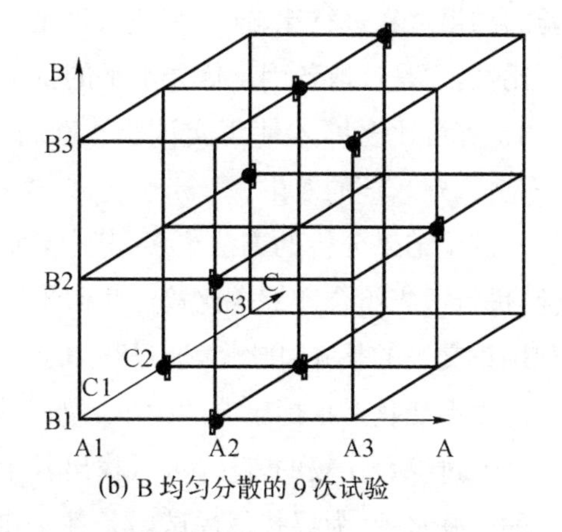

(b) B 均匀分散的 9 次试验

图 8-1　正交设计原理示意图

如果我们按表 6-2 所示的正交表 $L_9(3^4)$来选择 9 次试验，则其试验条件就如图 8-1(a)中 9 个点所示，此时所设计出的 9 个点在每个平面上都恰有 3 个，在每条线上都恰有 1 个，也就是说每一因素的每个水平都有 3 次试验，水平的搭配是均匀的。也就是说，用正交表所安排的试验方案，其各因素水平的搭配是“均衡的”，或者说方案是均衡地分散在一切水平搭配的组合之中。

正是由于正交表的均衡搭配性，从 9 个试验条件中所选出的优秀结果，其代表性是很充分的。再通过对试验结果的分析，就能选出可能更优的水平组合方案。

2. 整齐可比性

为了对某一因素(如 A)比较其各水平(A，A2，A3)的作用，从中找出优秀水平时，其余因素的各水平(B1，B2，B3；C1，C2，C3)出现的次数应该相同，以便最大限度地排除其他因素的干扰，使这一因素的 9 个水平之间具有可比性。如将 $L_9(3^4)$正交表中列号 1，2，3 带入相应的因素 A，B，C，则 A 列下面的 1，2，3 就代表相应的水平 A1，A2，A3。从下表中可以看出，包含水平 A 者有三个试验；包含水平 A2，A3 者也各有三个试验；它们的试验组和方案为：

$$A_1\begin{Bmatrix}B_1,C_3\\B_2,C_2\\B_3,C_1\end{Bmatrix}\quad A_2\begin{Bmatrix}B_1,C_1\\B_2,C_3\\B_3,C_2\end{Bmatrix}\quad A_3\begin{Bmatrix}B_1,C_2\\B_2,C_1\\B_3,C_3\end{Bmatrix}$$

在这三组试验里，对因素 A 的各水平 A1，A2，A3 来说，其因素 B 和 C 的 2 个水平各出现了 1 次。相对来说，当对表内同一水平(A1，A2 或 A3)所导致试验的结果之和进行比较时，其他条件是固定的。这就使水平A1,A2,A3具有了可比性，它是选取各因素优秀水平的依据。正是因为正交表具有“均衡搭配”性和“整齐可比”性，才使正交试验法获得了广泛的应用并收到了“事半功倍”和“多、快、好、省”的效果。

试验结果分析的方法很多，其中，利用正交表的“均衡分散性”和“整齐可比性”进行适当组合和综合比较这些初步的分析可以较快地确定出最优试验条件。利用正交表的整齐可比性，通过某因子在不同水平下平均指标的差异，反映该因子的水平变化对指标影响的大小。如果差异大就表明因子多指标的影响大。

通过综合比较的方法，可以找出各个因子对指标影响的主次顺序和各个因子的较好水平，为寻找最优试验条件提供依据。对影响大的主要因子必须控制在好水平上。而对于影响小的次要因子，因为它们水平的取法对指标影响不大，因而可结合节约、方便等项考虑来选取水平。选出对指标影响比较大的因素和水平后，为了得到好的结果，可用部分追加法重点考虑主要的因素和水平。最后可通过进一步做对比试验由生产实际确定最优条件。

需要说明的是，这里的最优条件是对正交表所考察的因子水平而言的，不一定是实际试验的全部条件中最优的。有时可能有更好的因子水平被漏掉，如果要进一步改善指标，还可以在上批试验的基础上确定因子水平再安排第二批正交试验。特别是抓住影响大的因子，再优选水平。

8.2.4 正交试验设计的基本步骤

1.确定试验指标、因素和水平

首先针对试验欲解决的主要问题确定试验指标。再根据实践经验和有关的专业知识，分析找出对指标有影响的一切可能因素，排除其中对指标影响不大或已掌握得较好的因素(即把它们固定在适当的水平上)，选择那些对指标可能影响较大，但又没有掌握的因素来考查。因素确定之后，根据试验的要求定出因素的水平。若仅仅是为了解该因素是否有影响，水平数可设为2；如果是为了寻找最优试验条件，选用的水平数可多一些。水平的上、下限，可根据有关文献值或经验估计，水平间隔要适当，最后列出因素水平表。

2.正交试验方案设计与正交表的选用

设计任何一项正交试验，都必须首先明确目的，定出质量指标，然后再根据实际情况及时限等，确定了要考察的因素水平以及需要同时考虑的交互作用以后，正交试验才能进一步选取一张适当的正交表，并把各因素和要考虑的交互作用，合理地安排到正交表的表头上去。所谓正交试验方案设计，即根据给定条件进行选表及表头设计。

(1)选表

在正交试验中，正确选用正交表，是一个重要问题。正交表的选择一般是根据因素和水平的多少及试验工作量的大小而定。如果要考查的因素都要进行优化，可选择因素水平都相同的普通正交表，一般选择能够容纳下全部因素和水平而试验次数最少的正交表。如果要考查的各因素水平数不同，则应选用混合正交表，实际安排试验时，挑选因素、水平和选用正交表应是结合进行的。

表选得太小，要考虑的因素和交互作用就可能放不下；表选得太大，试验次数就多，这常常受到实际条件的限制，也不符合经济的原则。正交表的选用是比较灵活的，没有严格的规定。一般的原则为：待考察因素及其交互作用自由度的总和须小于或至多等于所选正交表的自由度。

自由度可按以下规定计算：①正交表的总自由度 $f_{总}$＝试验总次数－1，正交表列的自由度 $f_{列}$＝各列水平数－1。②各因素的自由度，以因素 A 为例，f_{A}＝因素 A 的水平数－1，对 B，C，D 等因素的自由度，可以此类推，至于交互作用如因素 A，B 间交互作用的自由度 $f_{A*B}=f_{A}*f_{B}$。

(2)表头设计

在正交试验的方案设计中，选表以后接着就是表头设计。表头设计是指在已选定的正交表上，怎样合理安排各列因素的问题。一般它可按下列原则进行：①首先考虑有交互作用(包括一时不知能否忽略)的因素，按不可混杂的原则，即同一列只安排一个因素的原则进行安排。②再将其余可以忽略交互作用的那些因素安排在剩下的各列上。

需要指出的是，有交互作用的因素要两两配对安排，只有在排完一对因素及其交互列以后，才能进一步考虑另一对因素。

选定正交表后，将各因素顺序排入正交表的各列上(一般按由主到次排列，每个因素只占表中一列)，无因素排入的列可删去。排好表头后，再将表中各列的数字，代表各因素的三个水平序号依次换成该因素的实际水平，便得到试验方案表。根据试验方案进行试验或计算，并将测定结果填入表中。

3. 按正交设计方案进行试验

按设计方案进行试验，这是正交试验的第三阶段。在这一阶段中，根据所选正交表及表头设计，首先要列出试验计划表，然后按照计划表的组合条件进行试验。在试验中，计划表不能随意更改，而且还要严格控制条件，准确记录试验结果，否则，试验安排得再好，也得不出有意义的结论。关于各号试验进行的顺序，应按随机化原则安排，但也可以是同时的。或挑选认为有希望的先做，而不宜拘泥于试验号的先后。试验结果必须逐一加以记录。

4. 正交试验数据的分析和处理

正交试验数据的综合分析与比较，有两种方法：一个是直观分析法(极差分析)；另一个是方差分析法。具体的分析方法将在后面结合试验情况给予详细论述。

在试验结果的基础上，通过直观分析法可达到四个目的：

(1)分析各因素与考察指标的关系，即当各因素水平变化时，考察指标如何变化；

(2)分析各因素影响程度的主次顺序，即各因素中的主要与次要因素；

(3)确定最优方案；

(4)为进一步试验指出方向。

直观分析法虽然比较简单，但它不能充分利用得到的信息估计试验中误差的大小，也就不能区分某因素各水平对应的试验结果差异，是由于因素水平的不同引起的，还是由于试验误差引起的，也无法估计因素影响的相对大小，方差分析法可弥补这种缺陷，该法将在后面介绍。

5. 验证试验

这是正交试验的最后阶段。通过正交试验所确定的最优方案，还应进行一次验证性试验。

8.3 “局部陡坡＋槽式挑坎”的正交设计

8.3.1 影响因素和考核指标的选择

要想确定一个“局部陡坡＋槽式挑坎”的体型，其体型参数包括：挑坎坡度、挑坎高度、U 型槽宽度、U 型槽高度、槽边倾斜角度、U 型槽槽底坡度、坎后缓坡平台坡度、坎后缓坡平台长度、局部陡坡坡度等多项参数。而各因素影响程度与作用机理都异常复杂，在这些因素的不同组合条件下，对空腔特性的敏感性影响是不同的。

1. 影响因素

(1)挑坎高度与挑坎坡度

坎高和坎坡是影响水舌下部空腔长度和稳定性的重要因素。一般认为,坎越高,空腔长度越长且掺气愈多。气水比亦随之增大。

挑坎高与流速等的关系大概满足式(8-4):

$$\Delta = 23.5R_1\left(\frac{V_1}{\sqrt{gR_1}}\cdot\frac{1}{\cos\alpha\cos\theta}\right)^3 \tag{8-4}$$

式中:Δ 为挑坎下限高度,R_1 为坎上水流的水力半径,v_1 为坎上平均流速,α 为坎前底坡角度,θ 为挑坎角度。

可见,影响坎高的因素并非单一。通常挑坎高 Δ 采用最大水深的 1/15～1/12为宜,挑坎斜面的坡比约为 1∶10。一般随单宽流量增大而加大坎高。

(2)U 型槽高度、U 型槽宽度、槽边倾斜角度、槽底坡度

在挑坎中部设置一 U 型槽,槽口形成的水舌冲击坎下空腔中的回水并将其带走,它和挑坎一起形成了坎后复杂的三维水流结构,由于坎、槽水股速度和扩散程度不一,落水点的距离差异较大,中间近,靠边墙的远,形成两个连通的稳定掺气空腔;利用中间 U 型槽水流收缩而使速度增大形成射流的冲击作用,将流向空腔的回溯水流推向主流,并随着射流的拖曳作用往下流动,基本上消除了空腔内的积水现象,形成稳定的进气空腔。

U 型槽的高度是影响空腔形成的重要因素。U 型槽高度太高,则槽深较浅,阻止回水作用较弱,太低则形成内空腔太小,甚至形不成空腔,所以需要确定合适的槽高。

槽宽也是影响空腔形成的一个重要因素,槽宽较小时,横向扩散则会很小,其内空腔横向范围最小,整体空腔的范围有可能会较大;但如果槽宽过小,则冲水作用减弱,易在两边墙处形成回流和空腔积水。因此,槽底宽并非愈小愈好。加大槽宽,则内空腔横向宽度增加,整体空腔变小。

槽边倾斜角的不同,影响到过流断面的收缩比,因此会通过影响水流的出流速度与出射角的改变对空腔的形成造成一定的影响。

槽底坡度影响到槽口出射水流的方向,对内空腔的形成及大小有一定的影响作用。

(3)坎后缓坡平台坡度与长度

局部陡坡段前设置一小坡度平台,目的是保持泄洪洞“一坡到底”的布置格

局基本不变，以使设计方案避免大的调整，并保证局部陡坡段在有限长度内获得较陡的坡度，同时可节省开挖量。平台长度的选择需要结合挑坎射流的特征来确定，平台的坡度影响到后面局部陡坡的衔接，也是需要考虑的因素。

(4)局部陡坡坡度

试验观测结果表明局部陡坡的作用是，减小水舌底缘与底坡夹角(理论上二者相切为最佳)来抑制回流，坎后的陡坡能够衔接坎后的水流，使水流方向与坡面相切或者与坡面角度很小，这样就可以使水流对底面冲击小，并且不易产生回水。

局部陡坡段的坡度影响到与下游原泄洪洞的顺利衔接，因加设了局部陡坡，水流与底板接触时的夹角减小，反旋滚的强度也得以减弱；水流在陡坡上回溯到上游需要更大的能量。可见，局部陡坡促使空腔形成的作用非常明显，同时，局部陡坡的设置减少了水流在落水点的冲击力。

结合以上分析，本研究选取了挑坎坡度、挑坎高度、U 型槽宽度、U 型槽高度、槽边倾斜角度、U 型槽槽底坡度、坎后缓坡平台坡度、坎后缓坡平台长度、局部陡坡坡度等 9 个影响因素来做正交试验分析。在这 9 种因素的基础上，针对泄洪洞第 1 级掺气坎在校核洪水位工况下形成的空腔与水力特性进行正交化数值试验设计，以分析各因素对空腔特性与水力特性的影响以及各自所占的比重。参数取值范围参考前述试验结果确定，并将其概化为三个因素水平。为了列表整齐，分别用 A、B、C、D、E、F、G、H、I 9 个字母代替坎坡、坎高、槽宽、槽高、槽边倾斜角、槽底坡度、缓坡平台坡度、缓坡平台长度与局部陡坡坡度，其中坎坡与缓坡平台坡度取角度的正切值，坎高、槽宽、槽高、缓坡平台长度的单位取 m，槽边倾斜角与局部陡坡坡度的单位取角度(°)，槽底坡度取相对于对应坎坡的相对坡度。参数取值范围和因素水平次序如表 8-3 所示。

表 8-3　影响因素水平表

试验号	A	B	C	D	E	F	G	H	I
水平 1	1/16	1.0	3	0.4	5	1	0	7	14
水平 2	1/20	1.2	4	0.6	8	0.9	1	10	16
水平 3	1/24	1.4	5	0.8	11	0.8	2	13	18

2. 考核指标

空腔长度是描述掺气坎空腔特性非常重要的指标，同时空腔长度也是最容易准确测量的参数，由于“局部陡坡＋槽式挑坎”掺气设施形成的内外空腔差别较大，因此本研究分别选用内外空腔长度作为考察掺气坎空腔特性的主要考核指标。其次，通气孔进水程度影响到空腔稳定与否，因此也需要作为一个主要考核指标。对其衡量标准可根据流态图的结果，人为地进行分级取值：干净—4，极少量水—3，一些水—2，较多水—1，极多—0。另外，洞顶余幅也是一个重要指标，洞顶余幅的大小直接影响到泄洪洞的运行安全。此外，槽口出流速度在本研究中也作为考察指标。据此，掺气坎空腔特性的敏感性分析转化为以外空腔长度、内空腔长度、通气孔进气指标、坎顶最小洞顶余幅，槽口出流速度为考察对象的多指标多因素显著分析。

8.3.2　数值试验安排

假设各因素间无交互作用，对所选择的 9 个因素按正交分析表安排计算试验，则 3 水平 9 因素的正交试验最少计算试验次数为 27 次，即为 $L_{27}(3^9)$。根据正交表 $L_{27}(3^9)$表 8-3 的要求，共做 27 次数值试验(根据不同的体型参数，建立 27 个网格模型，然后进行数值计算，简称数值试验)，建立数值试验表头(见表 8-4)。

表 8-4　正交试验表头 $L_{27}(3^9)$

因素 试验号	1	2	3	4	5	6	7	8	9
	A	B	C	D	E	F	G	H	I
数值试验 1	1/16	1.0	3	0.4	5	1	0	7	14
数值试验 2	1/16	1.0	3	0.4	8	0.9	1	10	16
数值试验 3	1/16	1.0	3	0.4	11	0.8	2	13	18
数值试验 4	1/16	1.2	4	0.6	5	1	0	10	16
数值试验 5	1/16	1.2	4	0.6	8	0.9	1	13	18
数值试验 6	1/16	1.2	4	0.6	11	0.8	2	7	14
数值试验 7	1/16	1.4	5	0.8	5	1	0	13	18
数值试验 8	1/16	1.4	5	0.8	8	0.9	1	7	14
数值试验 9	1/16	1.4	5	0.8	11	0.8	2	10	16

续表

因素 / 试验号	1	2	3	4	5	6	7	8	9
	A	B	C	D	E	F	G	H	I
数值试验 10	1/20	1.0	4	0.8	5	0.9	2	7	16
数值试验 11	1/20	1.0	4	0.8	8	0.8	0	10	18
数值试验 12	1/20	1.0	4	0.8	11	1	1	13	14
数值试验 13	1/20	1.2	5	0.4	5	0.9	2	10	18
数值试验 14	1/20	1.2	5	0.4	8	0.8	0	13	14
数值试验 15	1/20	1.2	5	0.4	11	1	1	7	16
数值试验 16	1/20	1.4	3	0.6	5	0.9	2	13	14
数值试验 17	1/20	1.4	3	0.6	8	0.8	0	7	16
数值试验 18	1/20	1.4	3	0.6	11	1	1	10	18
数值试验 19	1/24	1.0	5	0.6	5	0.8	1	7	18
数值试验 20	1/24	1.0	5	0.6	8	1	2	10	14
数值试验 21	1/24	1.0	5	0.6	11	0.9	0	13	16
数值试验 22	1/24	1.2	3	0.8	5	0.8	1	10	14
数值试验 23	1/24	1.2	3	0.8	8	1	2	13	16
数值试验 24	1/24	1.2	3	0.8	11	0.9	0	7	18
数值试验 25	1/24	1.4	4	0.4	5	0.8	1	13	16
数值试验 26	1/24	1.4	4	0.4	8	1	2	7	18
数值试验 27	1/24	1.4	4	0.4	11	0.9	0	10	14

正交试验设计的基础是经过特殊设计的、规格化的正交表。不同正交表分别适用于具有不同因素、不同的因素水平级数及试验次数的情况，因而要根据不同的试验要求决定正交表的选取。正交表结构上除了具有前述的对称、均匀、分散和各列之间相互正交等特点外，各列排列顺序上有一定规律。这里我们选取的参数变化范围主要是参考模型试验的结果来确定的，正交试验表头与各参数具体的变化范围如表 8-4 所示。

8.3.3 “局部陡坡＋槽式挑坎”各数值试验方案的水力特性分析

1. 流态及空腔形态

在相同计算工况下，各数值试验的掺气坎处的流态见图 8-2。

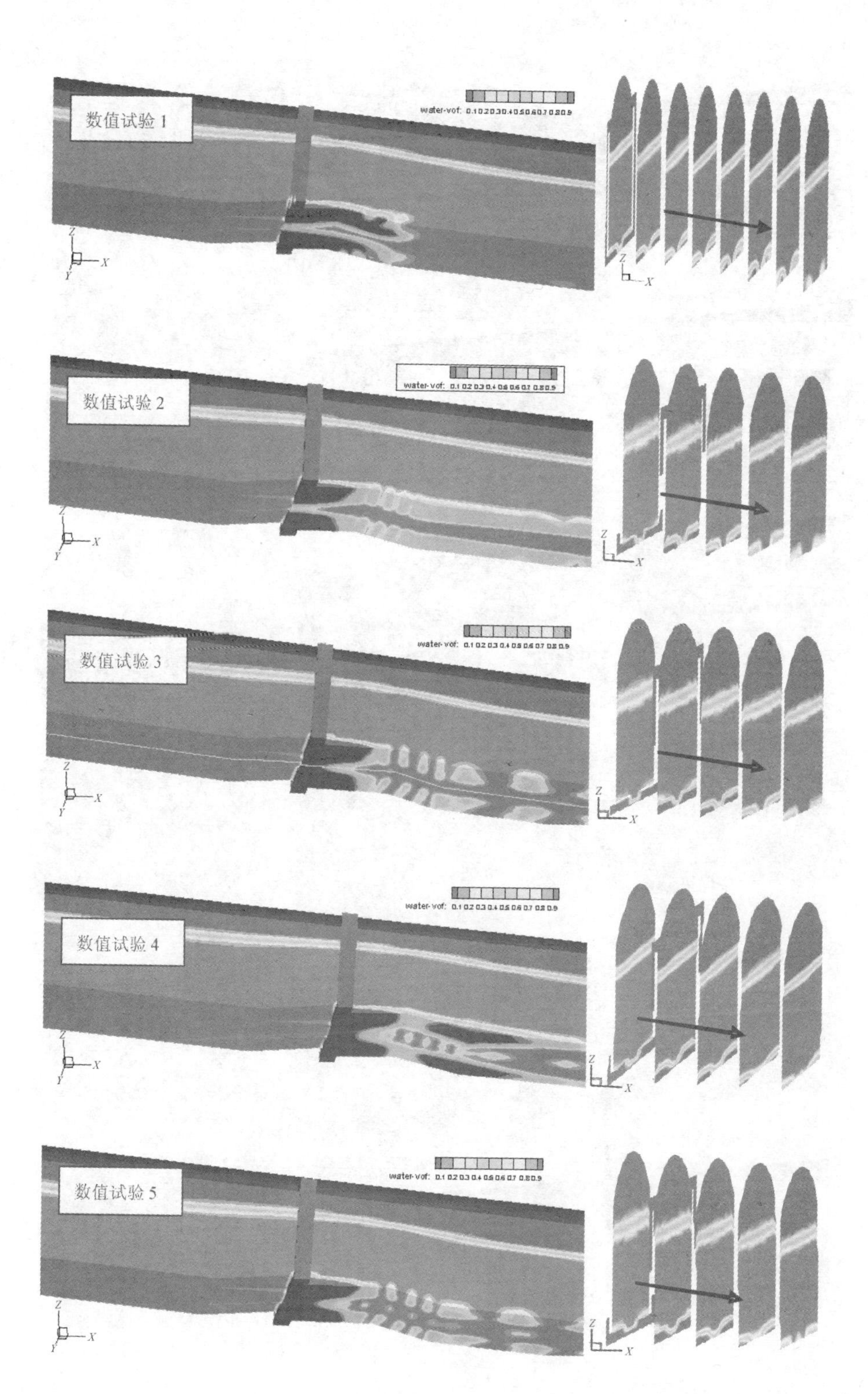
数值试验 1
water-vof: 0.1 0.2 0.3 0.4 0.5 0.6 0.7 0.8 0.9
数值试验 2
water-vof: 0.1 0.2 0.3 0.4 0.5 0.6 0.7 0.8 0.9
数值试验 3
water-vof: 0.1 0.2 0.3 0.4 0.5 0.6 0.7 0.8 0.9
数值试验 4
water-vof: 0.1 0.2 0.3 0.4 0.5 0.6 0.7 0.8 0.9
数值试验 5
water-vof: 0.1 0.2 0.3 0.4 0.5 0.6 0.7 0.8 0.9

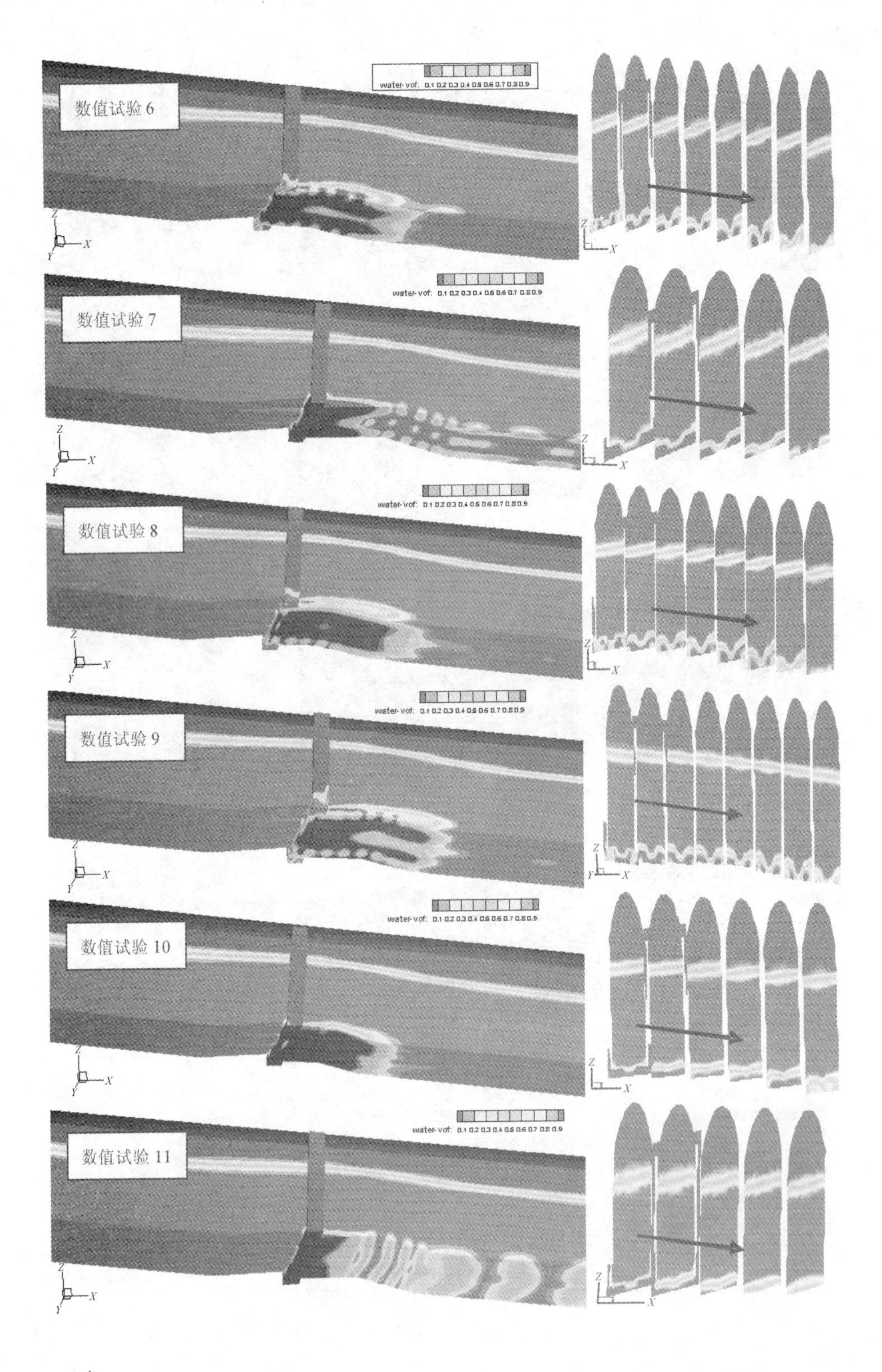
数值试验 6
数值试验 7
数值试验 8
数值试验 9
数值试验 10
数值试验 11
water-vof: 0.1 0.2 0.3 0.4 0.5 0.6 0.7 0.8 0.9

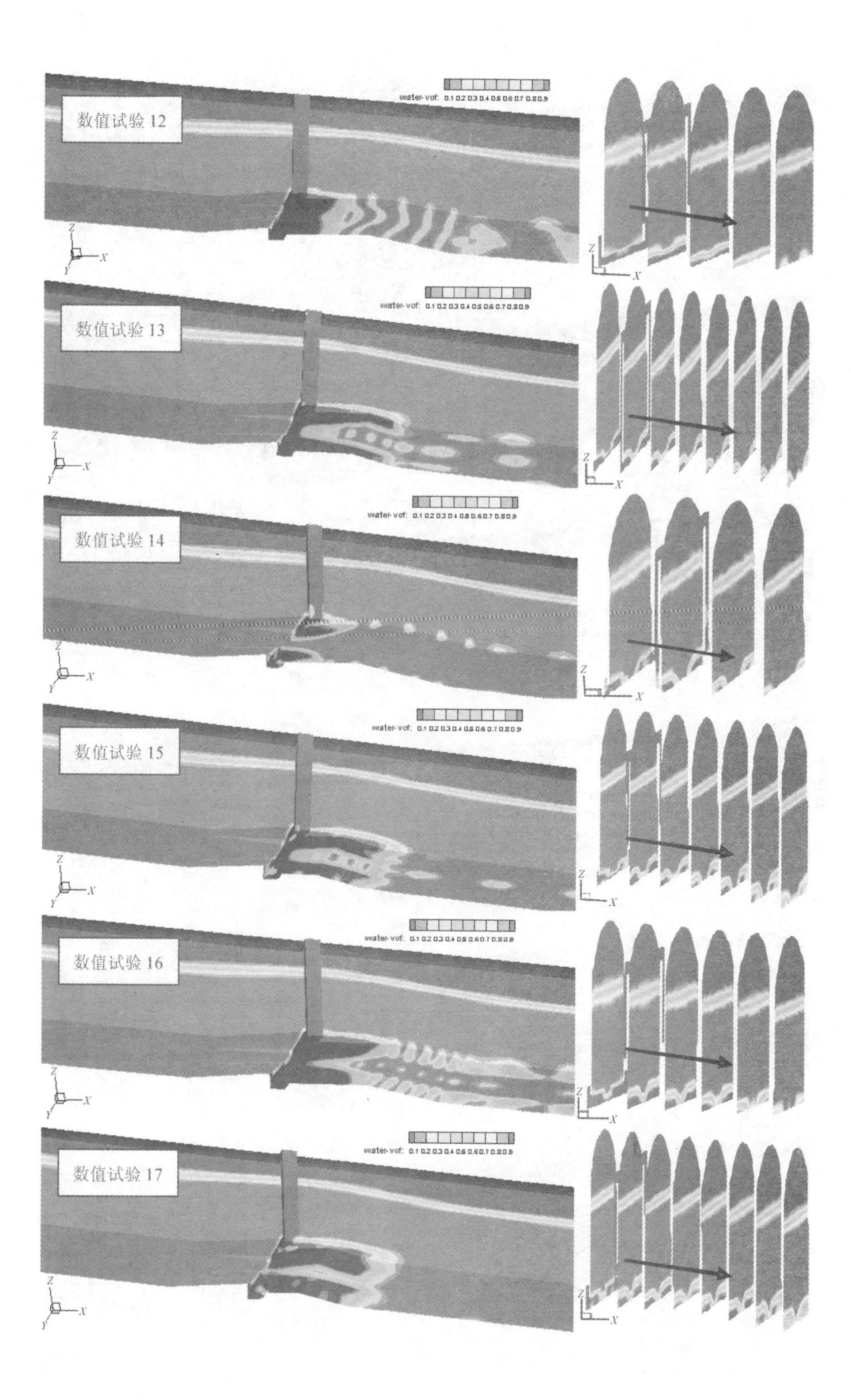
数值试验 12
water-vof: 0.1 0.2 0.3 0.4 0.5 0.6 0.7 0.8 0.9
数值试验 13
数值试验 14
数值试验 15
数值试验 16
数值试验 17

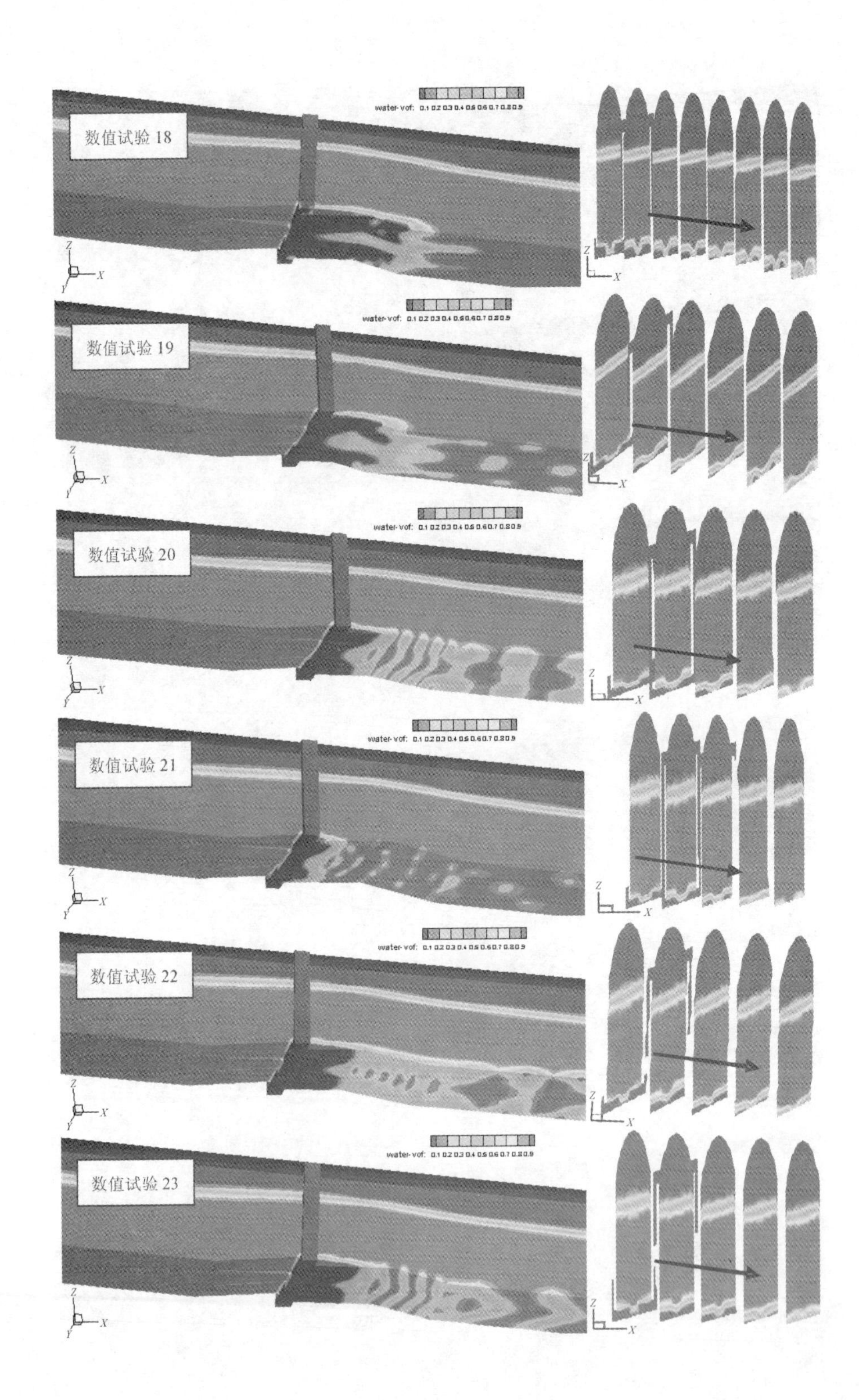
数值试验 18
water-vof: 0.1 0.2 0.3 0.4 0.5 0.6 0.7 0.8 0.9
数值试验 19
数值试验 20
数值试验 21
数值试验 22
数值试验 23
Z
X
Y

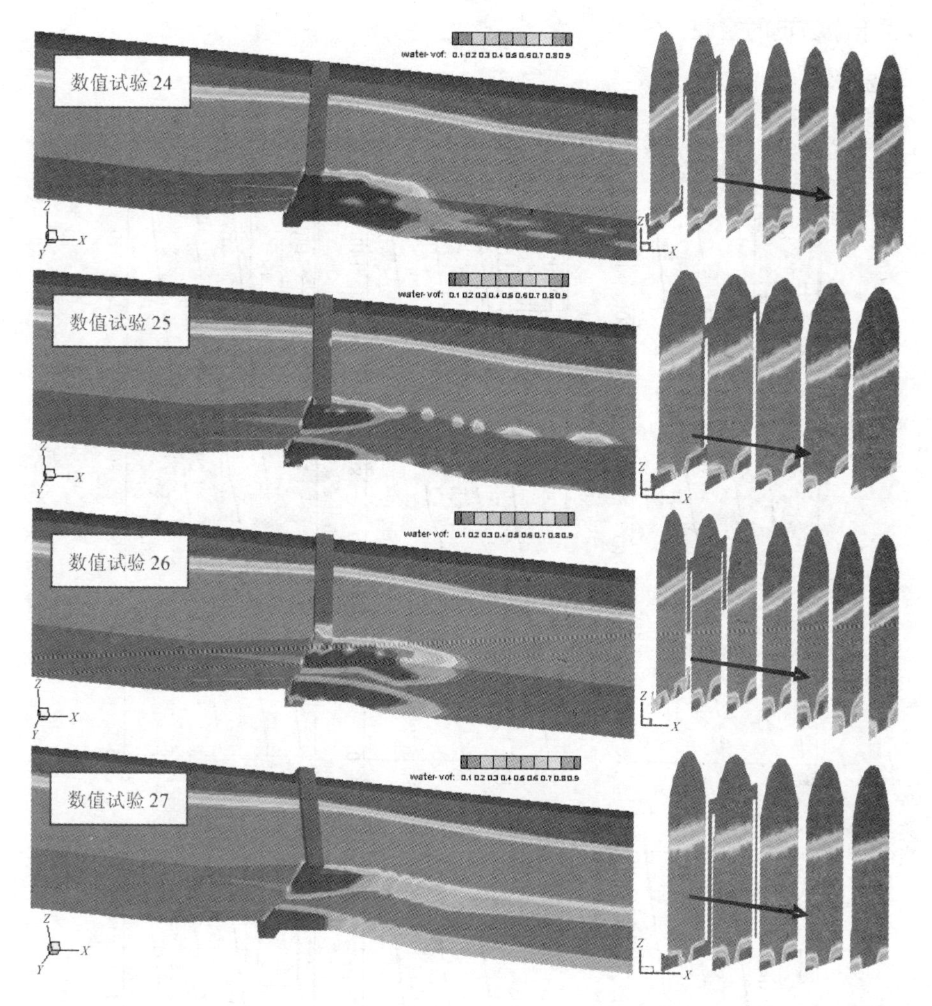

图 8-2　参加正交数值试验的各体型空腔与流态图(左为三维空腔图,右为沿轴线空腔截面)

由图 8-2 可见,所有的 27 种体型在整个泄洪洞内,水面平稳,水深均匀。在各级掺气坎处,水面没有明显的隆起,在高度上看,边墙有足够的余幅。

所有的体型都可以形成足够的外空腔,但是体型 1、2、14、17、25、26、27 没有形成内空腔。其余的体型则形成了大小不一的整体空腔,其中,体型 3、4、5、7、10、11、12、13、16、18、19、20、21、22、23 能够形成干净稳定的整体空腔,而体型 6、8、9、15、24 形成的空腔不够干净,结合体型参数进行分析可以看出,槽高过低的时候不容易形成内空腔,因为槽高太小的话,从槽口出射的水流射程较小,水流落点离坎太近,从而导致缓坡平台和局部陡坡不能发挥作用。另外,缓坡平台过短的话,容易导致后接的局部陡坡坡长较小,所以下游水流容易回溯,而不能够形成干净稳定的空腔。

2. 水深分布

图 8-3 为同等条件下 27 种不同体型的掺气坎附近的沿程水面线分布。

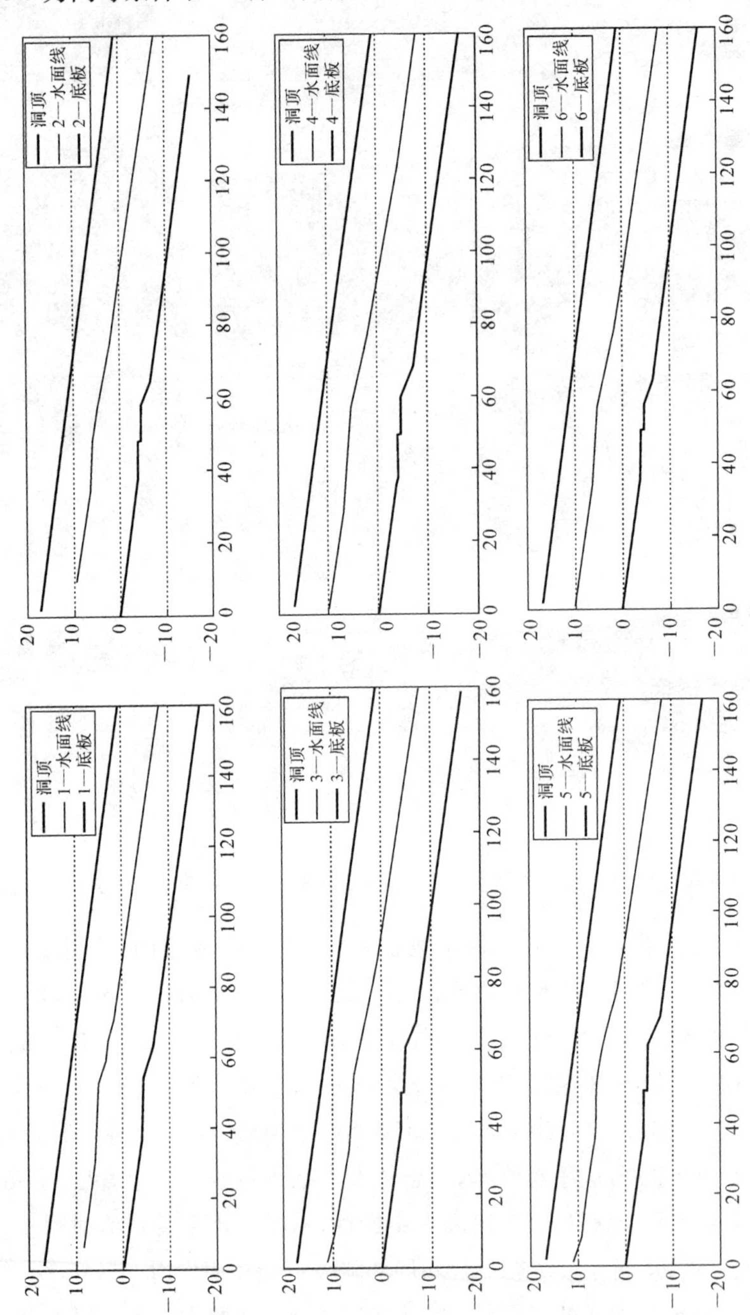

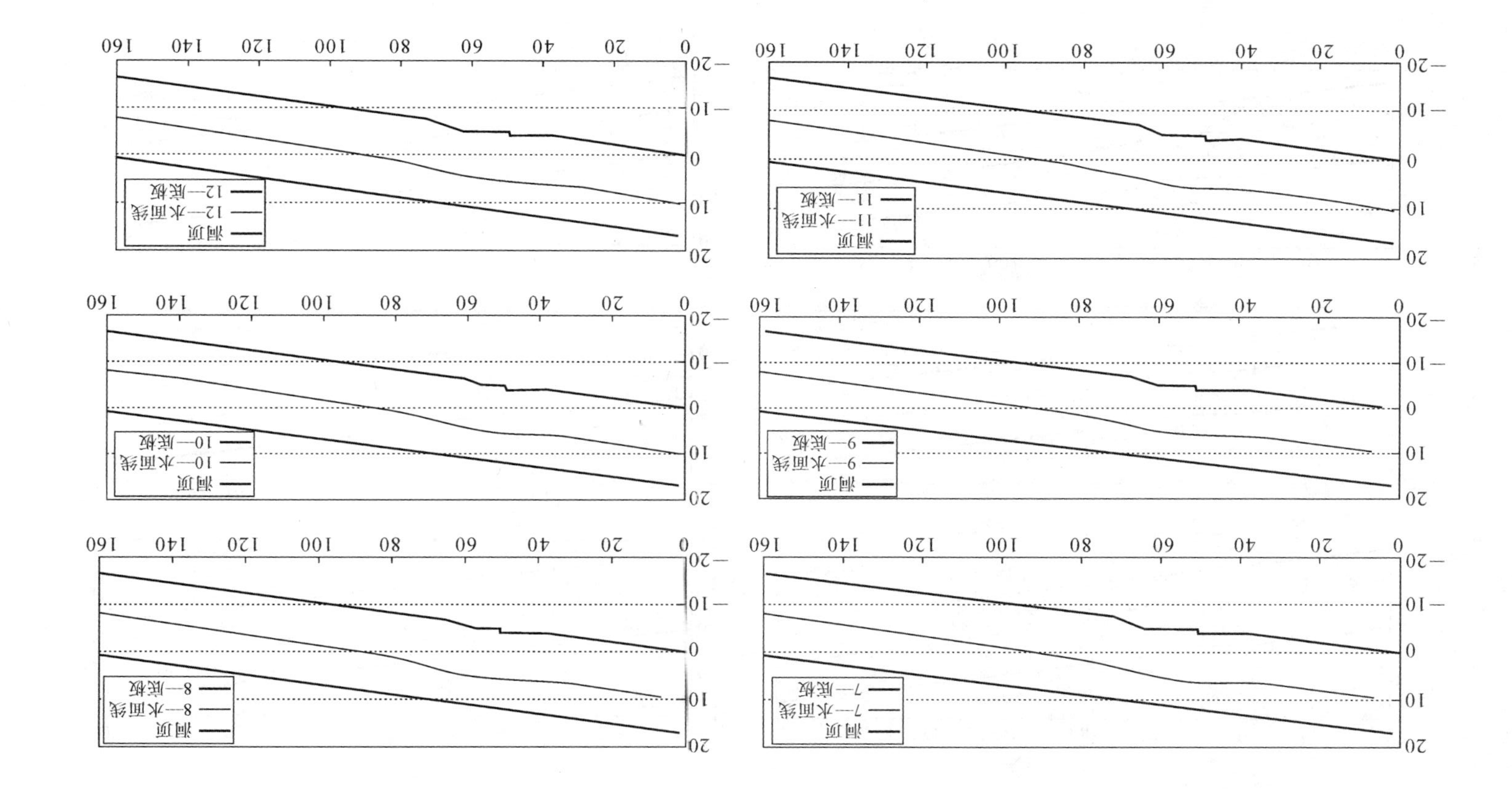
洞顶
7—水面线
7—底板
洞顶
8—水面线
8—底板
洞顶
9—水面线
9—底板
洞顶
10—水面线
10—底板
洞顶
11—水面线
11—底板
洞顶
12—水面线
12—底板
0
20
40
60
80
100
120
140
160
20
10
0
−10
−20

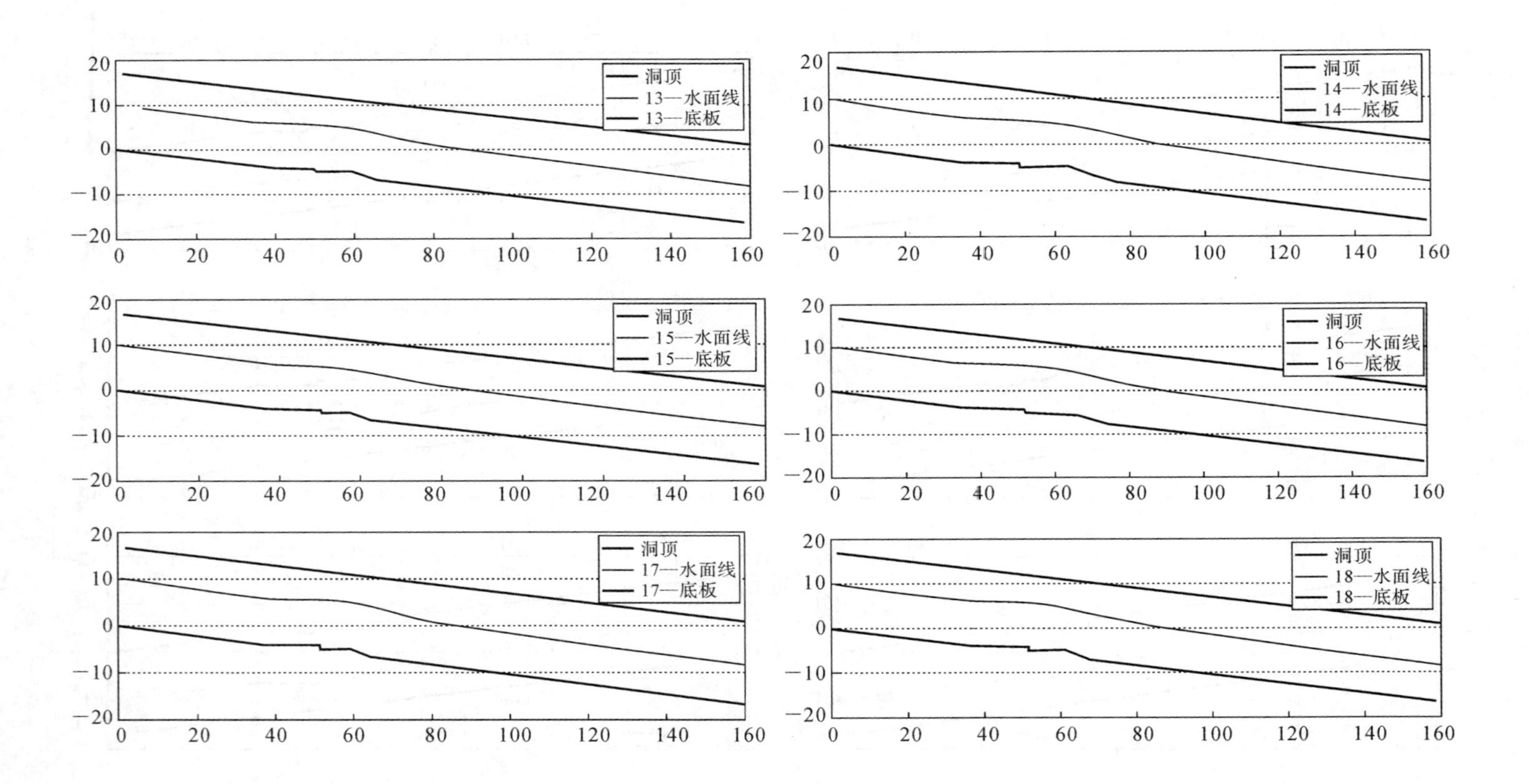
洞顶
13—水面线
13—底板
洞顶
14—水面线
14—底板
洞顶
15—水面线
15—底板
洞顶
16—水面线
16—底板
洞顶
17—水面线
17—底板
洞顶
18—水面线
18—底板
20
10
0
−10
−20
0
20
40
60
80
100
120
140
160

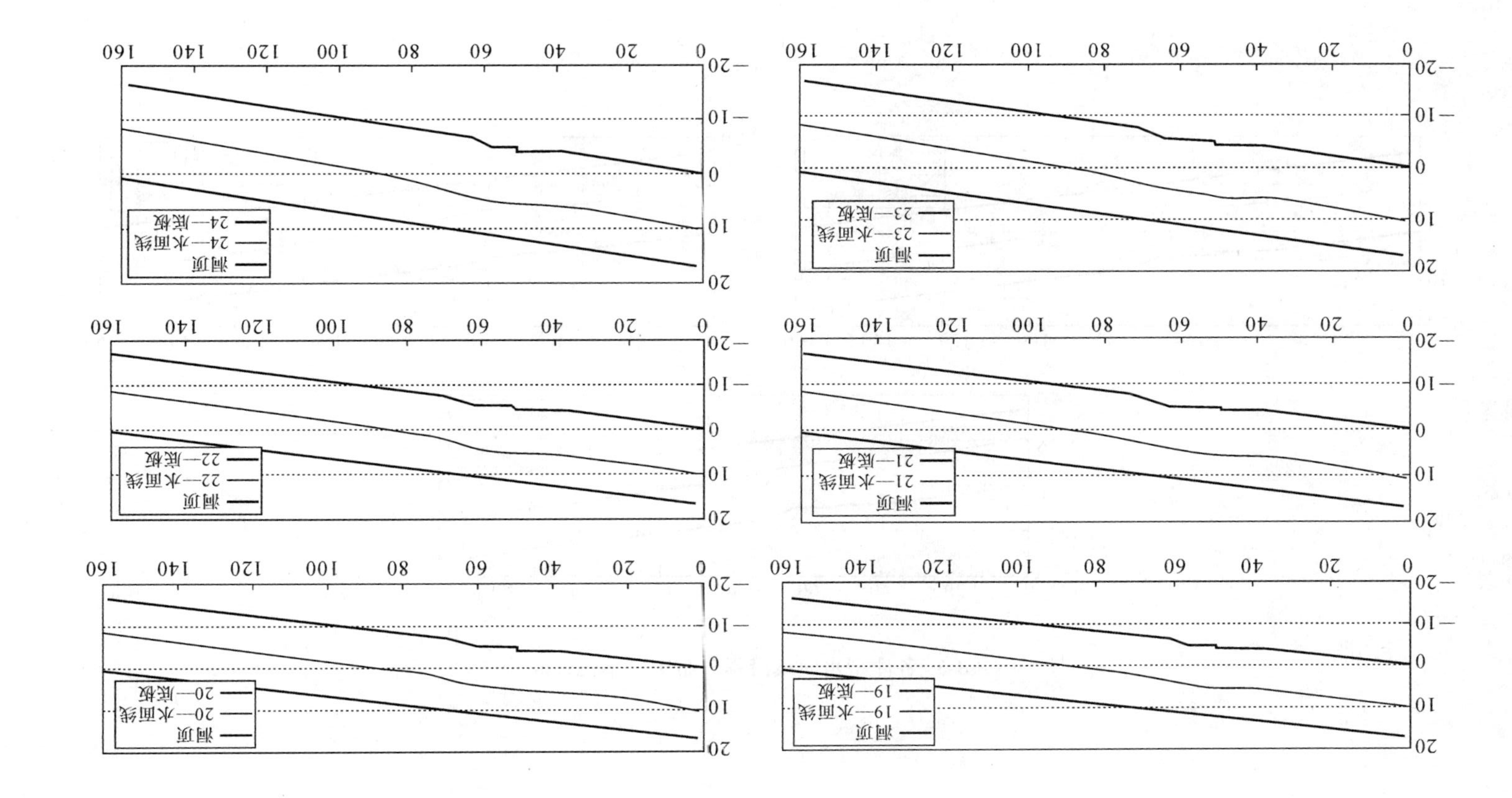
洞顶
19—水面线
19—底板
洞顶
20—水面线
20—底板
洞顶
21—水面线
21—底板
洞顶
22—水面线
22—底板
洞顶
23—水面线
23—底板
洞顶
24—水面线
24—底板
20
10
0
−10
−20
0
20
40
60
80
100
120
140
160

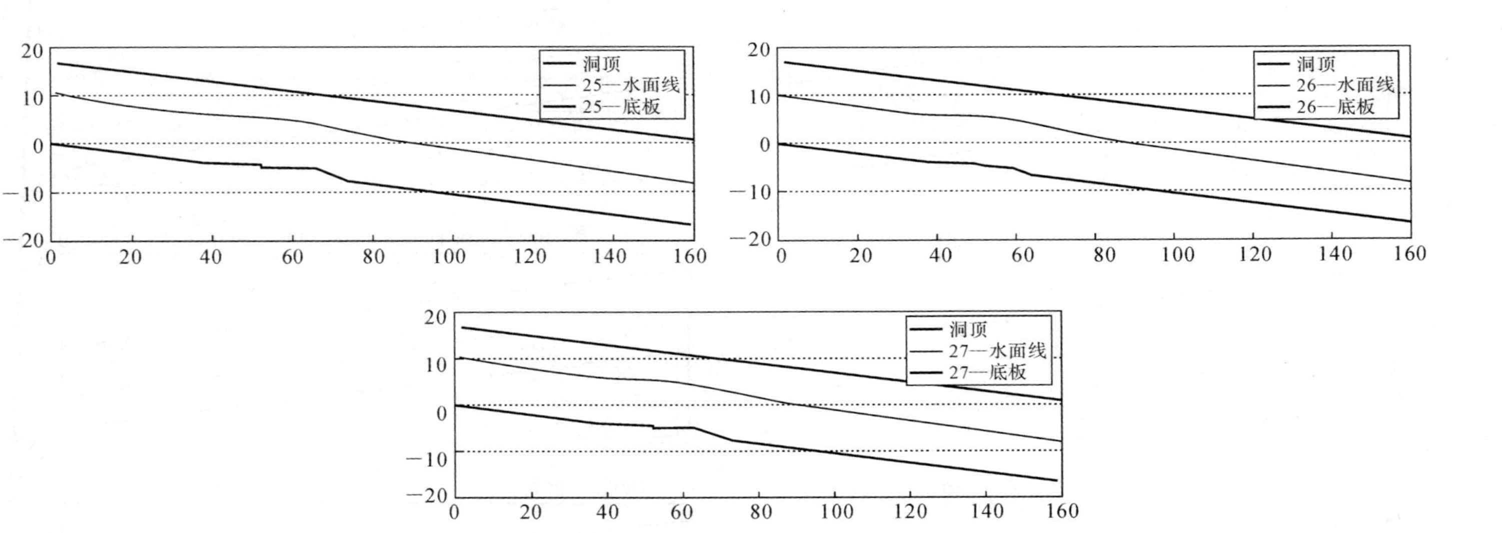

图 8-3 各体型水面线沿程分布图（单位：m）

由图 8-3 可见，虽然 27 组试验掺气坎体型不同，但各个体型计算的水面线在掺气坎处均较为平顺，只是在掺气坎处有轻微的隆起。图 8-4 和图 8-5 是把 27 种体型的水深与掺气坎处洞顶余幅全部点绘于同一张表中，虽然不同的体型沿程水深不同，但各体型的沿程水深呈现相同的变化趋势，即在沿程的水深分布中，水深沿程呈现下降的趋势。

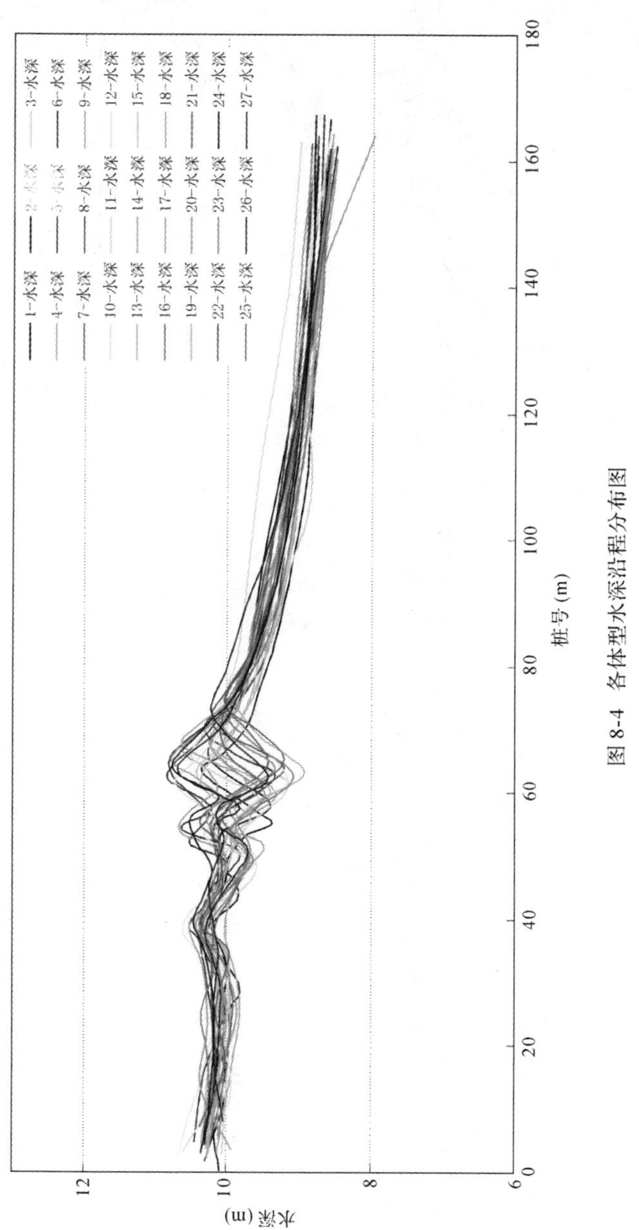

图 8-4　各体型水深沿程分布图

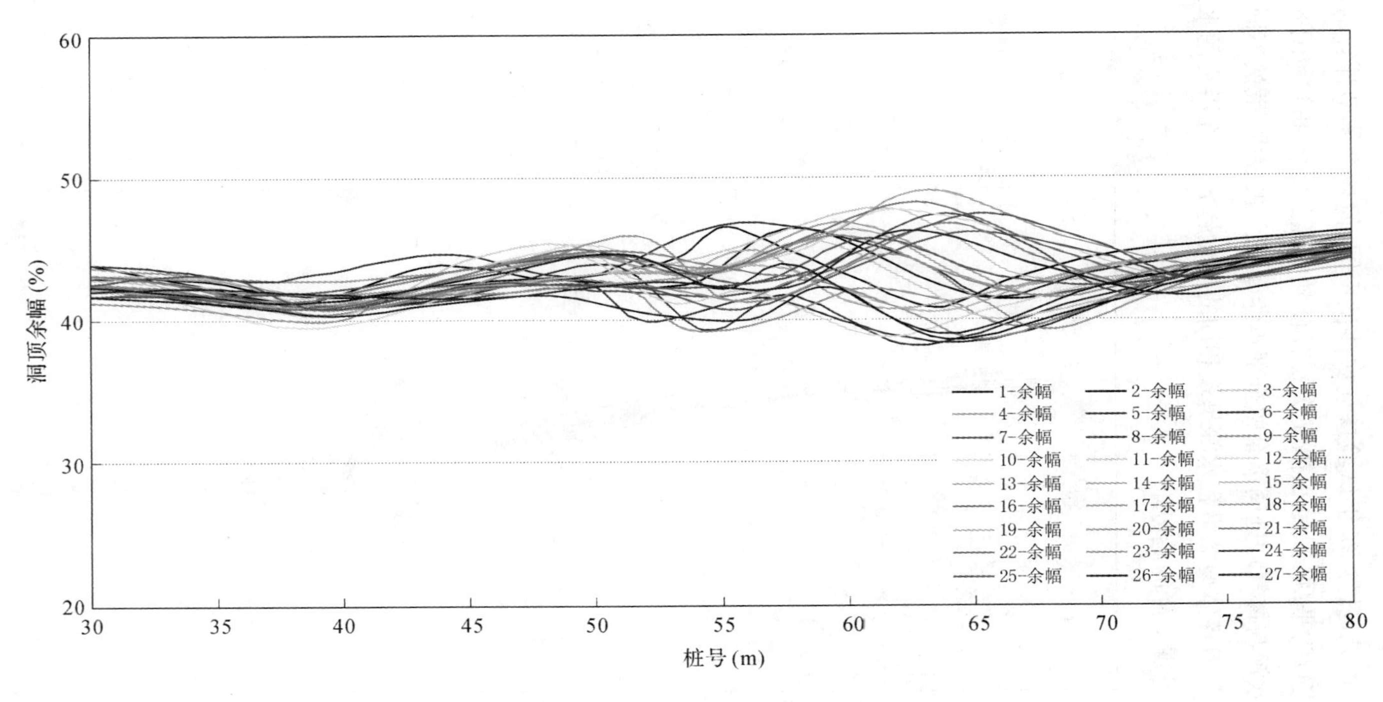

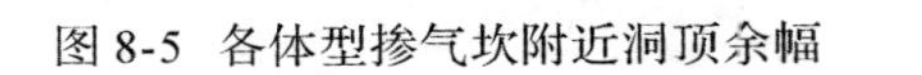

图 8-5 各体型掺气坎附近洞顶余幅

从数值计算的结果看，最大水深小于10.9m，掺气坎附近水深余幅最小值在35%以上，完全满足洞顶余幅的要求。

8.3.3.3 压力特性

图8-6为在各体型掺气坎位置的压力分布图。由图8-6可见，虽然各个体型在同等来流条件下压力有所不同，但总体趋势是一致的。即在洞的底板上，掺气坎位置的压力分布变化很大。在水流起挑点的位置，压力为最大值，沿着挑坎，压力逐渐减小。在U型槽内没有出现明显的负压。缓坡平台大部分是空腔范围，在缓坡平台和陡坡转折处出现负压，为水流脱壁所致。此后，在陡坡与长直段的转折处压力上升。

8.3.4 空腔特性的敏感度分析

对正交试验表中的各数值试验方案进行数值计算，数值模拟区域和计算内容与第四章数值验证的设定相同，即：库水位为校核洪水位▽1132.35m($P=0.2\%$)时的泄洪工况，数值模拟的范围为第1级掺气坎上游50m至其下游120m处，模拟泄洪洞总长度为170m。

根据数值计算结果，得到内外空腔长度、通气孔进气情况指标、坎顶最小洞顶余幅与槽口出流速度作为试验指标，其计算结果如表8-5所示。

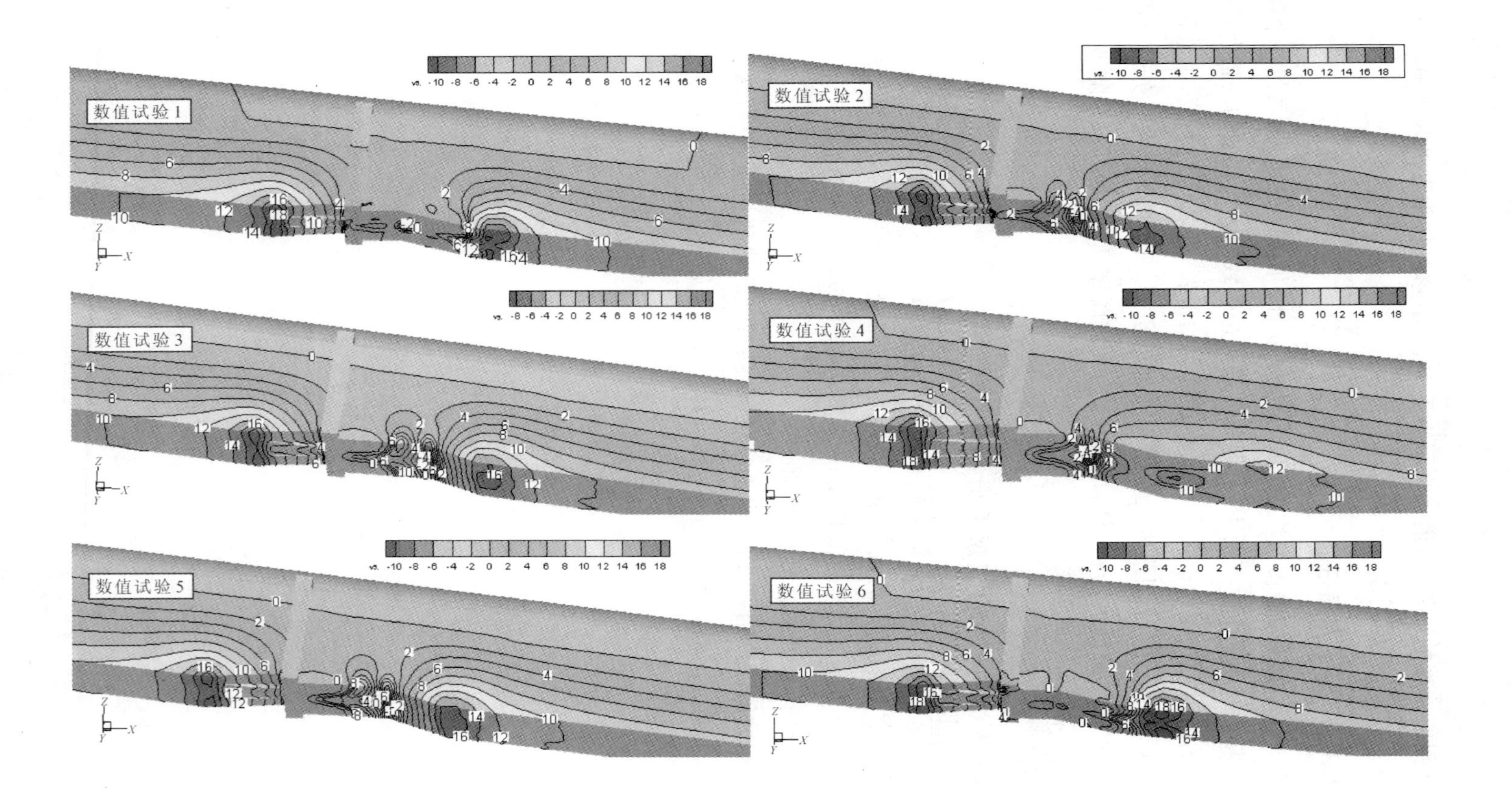

数值试验 1
数值试验 2
数值试验 3
数值试验 4
数值试验 5
数值试验 6
vs. -10 -8 -6 -4 -2 0 2 4 6 8 10 12 14 16 18
vs. -8 -6 -4 -2 0 2 4 6 8 10 12 14 16 18
Z
Y
X

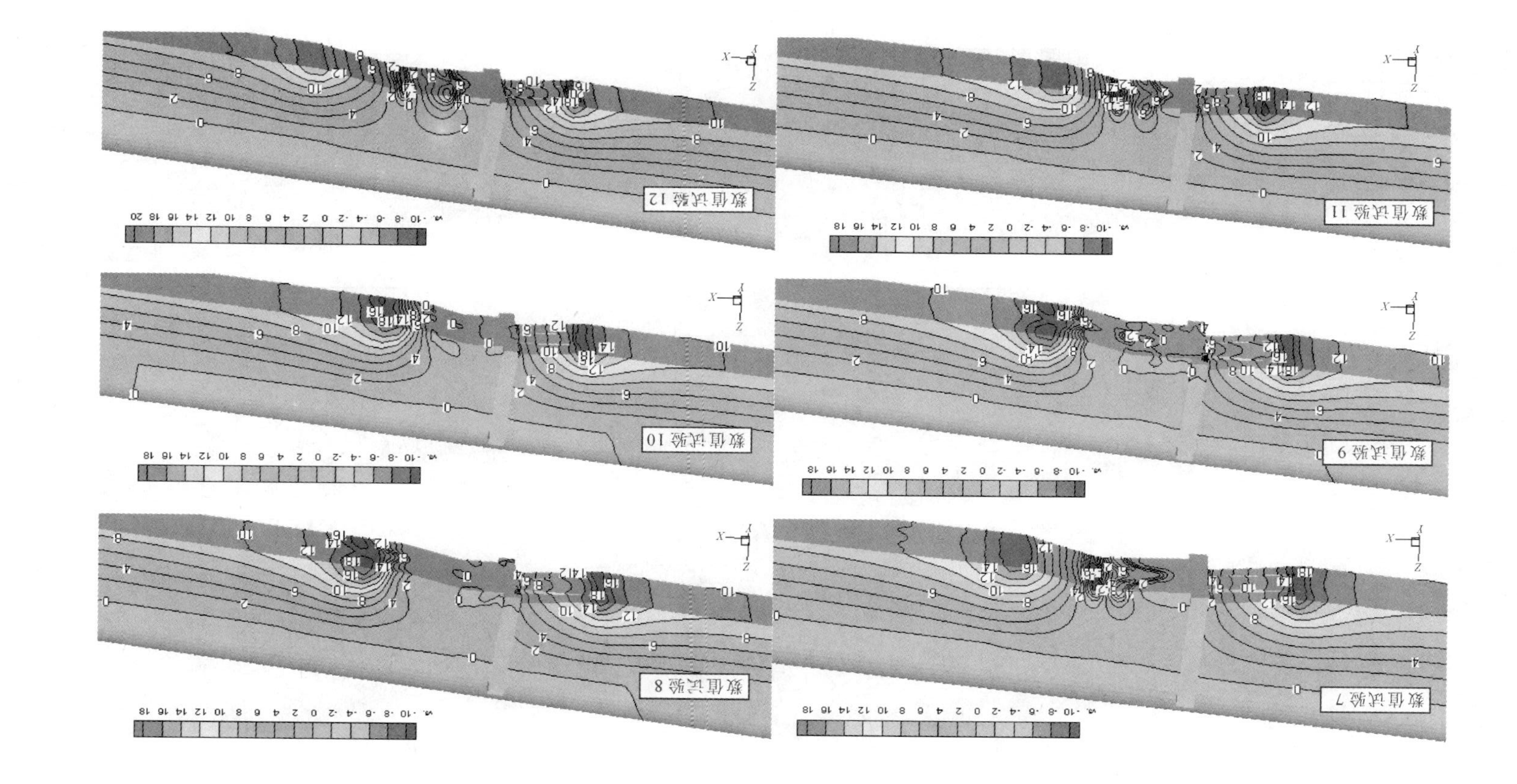
数值试验 7
数值试验 8
数值试验 9
数值试验 10
数值试验 11
数值试验 12

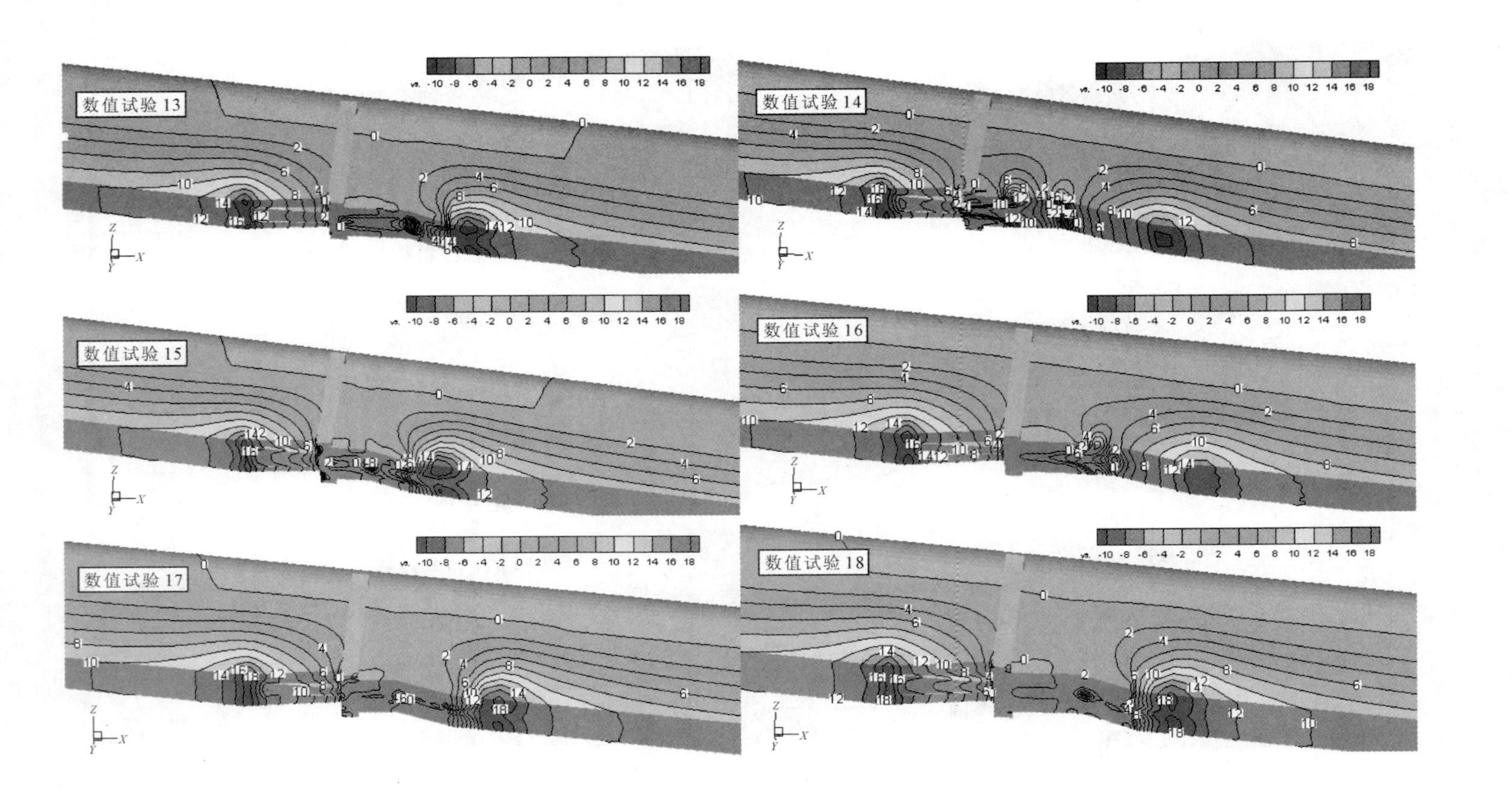

数值试验 13
数值试验 14
数值试验 15
数值试验 16
数值试验 17
数值试验 18

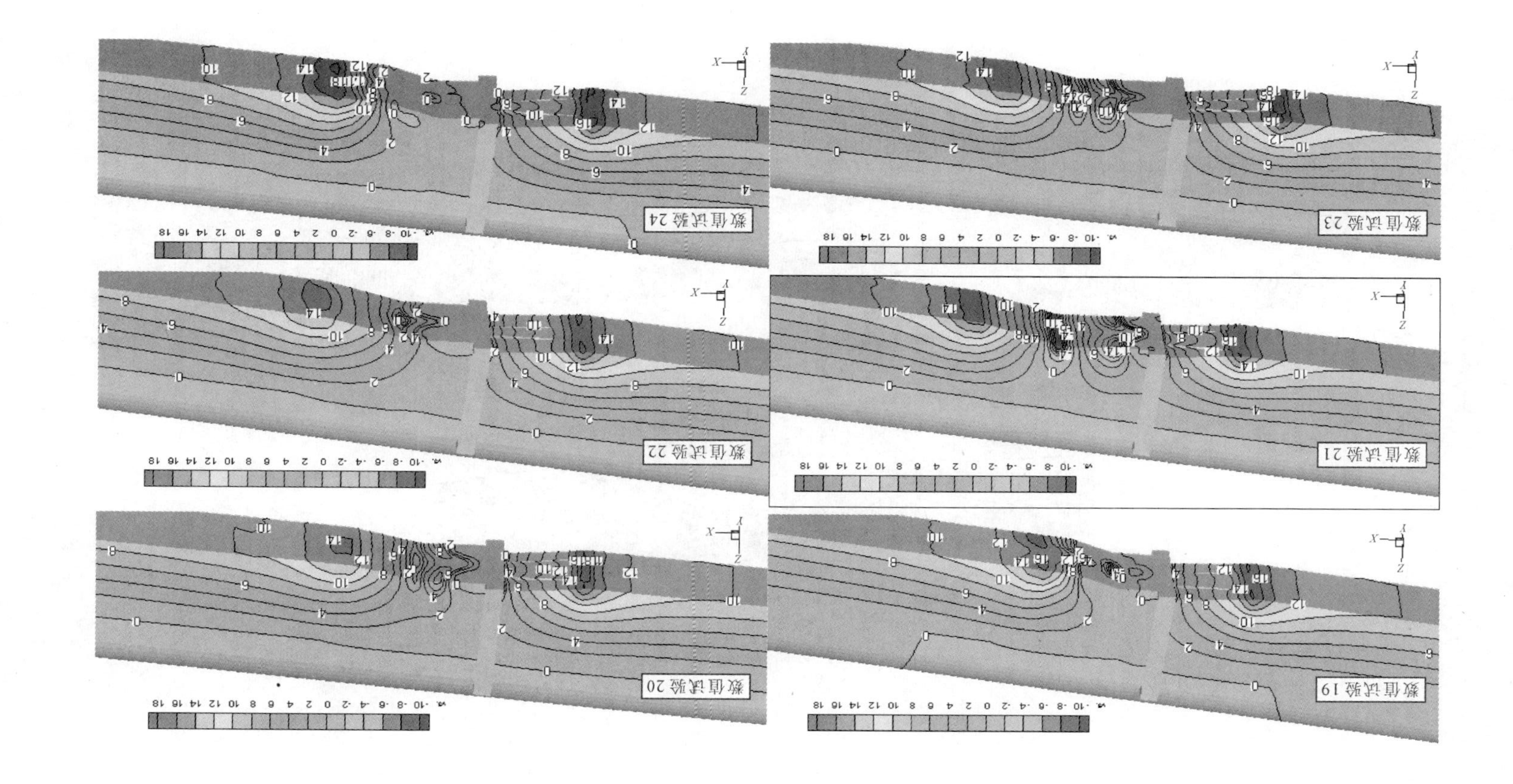
数值试验 19
数值试验 20
数值试验 21
数值试验 22
数值试验 23
数值试验 24

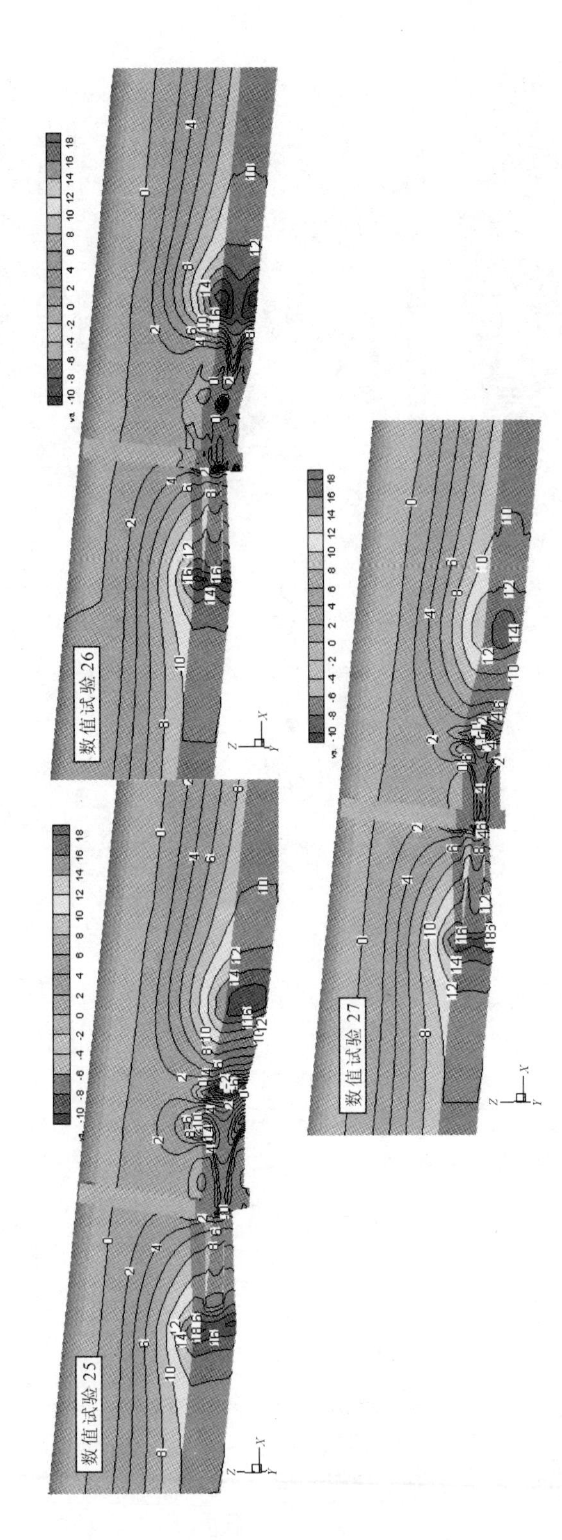

图 8-6 各体型三维压力分布（单位：m）

表 8-5　正交试验计算结果

	1	2	3	4	5	6	7	8	9	10	11	12	13	14
	A	B	C	D	E	F	G	H	I	Lout	Lin	Wduct	Min	Vs
数值试验 1	1/16	1.0	3	0.4	5	1	0	7	14	15.87	0.00	3	40.80	29.65
数值试验 2	1/16	1.0	3	0.4	8	0.9	1	10	16	7.46	0.00	4	35.45	29.77
数值试验 3	1/16	1.0	3	0.4	11	0.8	2	13	18	8.76	3.34	4	38.52	28.71
数值试验 4	1/16	1.2	4	0.6	5	1	0	10	16	9.05	3.99	4	41.48	28.71
数值试验 5	1/16	1.2	4	0.6	8	0.9	1	13	18	9.87	4.28	4	38.03	28.76
数值试验 6	1/16	1.2	4	0.6	11	0.8	2	7	14	16.20	4.93	1	38.09	28.52
数值试验 7	1/16	1.4	5	0.8	5	1	0	13	18	9.52	5.49	4	37.79	28.84
数值试验 8	1/16	1.4	5	0.8	8	0.9	1	7	14	16.93	15.60	0	38.46	28.63
数值试验 9	1/16	1.4	5	0.8	11	0.8	2	10	16	17.47	7.35	0	39.18	28.54
数值试验 10	1/20	1.0	4	0.8	5	0.9	2	7	16	13.23	11.53	3	38.72	28.29
数值试验 11	1/20	1.0	4	0.8	8	0.8	0	10	18	6.04	4.18	4	39.32	28.63
数值试验 12	1/20	1.0	4	0.8	11	1	1	13	14	6.53	5.61	4	38.99	28.47
数值试验 13	1/20	1.2	5	0.4	5	0.9	2	10	18	13.50	1.68	3	41.30	21.76
数值试验 14	1/20	1.2	5	0.4	8	0.8	0	13	14	5.26	0.00	2	40.85	21.49
数值试验 15	1/20	1.2	5	0.4	11	1	1	7	16	13.50	1.62	2	40.45	21.53
数值试验 16	1/20	1.4	3	0.6	5	0.9	2	13	14	10.55	3.36	4	40.72	21.78
数值试验 17	1/20	1.4	3	0.6	8	0.8	0	7	16	13.43	0.00	2	38.45	21.64
数值试验 18	1/20	1.4	3	0.6	11	1	1	10	18	15.37	4.59	3	39.26	28.20
数值试验 19	1/24	1.0	5	0.6	5	0.8	1	7	18	12.73	4.11	4	40.69	28.80
数值试验 20	1/24	1.0	5	0.6	8	1	2	10	14	7.17	4.00	4	39.87	28.68
数值试验 21	1/24	1.0	5	0.6	11	0.9	0	13	16	4.70	2.76	4	40.80	28.58
数值试验 22	1/24	1.2	3	0.8	5	0.8	1	10	14	9.22	6.24	4	41.38	28.66
数值试验 23	1/24	1.2	3	0.8	8	1	2	13	16	8.52	6.16	4	41.32	28.46
数值试验 24	1/24	1.2	3	0.8	11	0.9	0	7	18	11.45	5.28	4	38.90	28.38
数值试验 25	1/24	1.4	4	0.4	5	0.8	1	13	16	8.09	0.00	3	40.75	23.29
数值试验 26	1/24	1.4	4	0.4	8	1	2	7	18	12.79	0.00	1	38.54	23.26
数值试验 27	1/24	1.4	4	0.4	11	0.9	0	10	14	8.16	0.00	4	41.47	23.02

注：Lout 代表外空腔长度(m)，Lin 代表内空腔长度(m)，Wduct 代表通气孔进气情况，Min 代表最小洞顶余幅(%)，Vs 代表槽口出流速度(m/s)。

8.3.4.1 外空腔长度的正交分析

通过对外空腔长度的正交设计分析，得到外空腔长度的计算结果。其极差的大小，反映了因素变化时对指标的变化幅度，因素的极差越大，就说明该因素的影响越大，这个因素越重要。

1.极差分析

由于正交表具有均衡搭配性和整齐可比性，在假设试验误差比较小的前提下，可以认为试验结果的波动是由于因子水平的变化引起的。通过比较某因子在不同水平下考核指标的差异，反映该因子的水平变化对指标影响的大小。

(1)分析方法

这里共进行了27次数值试验，若直接两两比较是不行的，因为在27次数值试验中没有任何两个是相同的，即没有比较的基础。但是把数值试验数据组合起来就会发现它们之间的可比性。例如挑坎坡度的1/16(A1)水平出现表8-5的1、2、3、4、5、6、7、8、9这9个数值试验中，9个数值试验的平均外空腔长度为A'_1，(同理120、124水平的平均值为A'_2、A'_3)。此时A1条件下的9次数值试验中，其余各因素取遍所有的水平，而且各水平出现的次数相同，因而A'_1具有可比性。

同理，A2、A3条件下也如此。所以$A'_i(i=1,2,3)$之间的差异反映了三水平之间的差异；同理可以计算出$B'_i(i=1,2,3)$、$C'_i(i=1,2,3)$…。

各因素对指标的影响平均值都列于表8-6中，A的极差为$A'_i(i=1,2,3)$中的最大值与最小值之差。它是评价因素对指标影响大小的重要指标。

表8-6 各因素对外空腔长度指标的影响

水 平	A	B	C	D	E	F	G	H	I
1	12.35	9.17	11.18	10.38	11.31	10.92	9.28	14.01	10.65
2	10.82	10.73	10	11.01	9.72	10.65	11.08	10.38	10.61
3	9.20	12.48	11.20	10.99	11.35	10.80	12.02	7.98	11.11
极 差	3.15	3.31	1.20	0.63	1.63	0.27	2.75	6.04	0.51
顺 序	3	2	6	7	5	9	4	1	8

(2)结果分析

按照表8-6各因素的最大值可以选取A1B3C3D2E3F1G3H1I3为外空腔长度是评价指标时的最优参数方案,该方案为坎坡1/16,坎高1.4m,槽宽5m,槽高0.6m,槽边倾斜角11°,槽底坡度1,缓坡平台坡度2°,缓坡平台长7m,局部陡坡坡度18°。这一方案是进行的27次计算数值试验中没有包括的,这也证明正交试验设计所得到的结果是全面的。

再从极差来看,9个因素的极差见表8-6。从表8-6中可以看出,缓坡平台长对计算结果(外空腔长度)的影响最大,而坎高和坎坡的大小对计算结果的影响位居第二与第三。再下来依次是缓坡平台坡度、槽边倾斜角、槽宽、槽高、局部陡坡坡度、槽底坡度。即缓坡平台长度是影响外空腔长度的主要因素。

图8-7为外空腔长度的效应曲线图。从图8-7可以看出,随着缓坡平台长度的增加,外空腔长度总体呈急剧下降趋势。当缓坡平台长度由水平一(7m)增加到水平二(10m)时外空腔长度减小幅度为3.63m,当缓坡平台长度由水平二(10m)增加到水平三(13m)时外空腔长度减小幅度较平缓,为1.94m。这表明当缓坡平台过长时并不能起到应有的作用,而且会影响水流的洞顶余幅。

挑坎高度对于外空腔长度的影响作用也很大,位居第二。随着挑坎高度的增加,外空腔长度呈线性增加的趋势。当坎高分别由水平一(1.0m)增加至水平二(1.2m),由水平二(1.2m)增加至水平三(1.4m)时,外空腔长度分别增加1.56m与1.75m。但受洞顶余幅的制约,坎高并不能无限制地增加。

挑坎坡度是影响外空腔长度的第三个重要因素,随着坎坡从水平一(1/16)下降到水平三(1/24),外空腔长度呈线性下降的趋势。坎坡在一定范围内的增加,可以增加出射水流的挑距,从而使得外空腔长度增加。

其他6个因素对外空腔长度影响相对较小,缓坡平台坡度位居第四,随着平台坡度的增加,外空腔长度呈增加的趋势,当缓坡平台坡度由水平一(0)增加到水平二(1)时外空腔长度增加幅度较大,当缓坡平台坡度由水平二(1)增加到水平三(2)时外空腔长度增加幅度减小。这表明当缓坡平台坡度过陡时并不能起到应有的作用。

槽边倾斜角对外空腔长度的影响列居第五,由图8-7可以看出,随着槽边倾斜角的增加,外空腔长度呈减小趋势,到水平二(8)后,外空腔长度又随着倾斜角的增加而增加。

槽宽、槽高、局部陡坡坡度与槽底坡度的变化对外空腔长度的影响均较小,其趋势如图8-7所示。

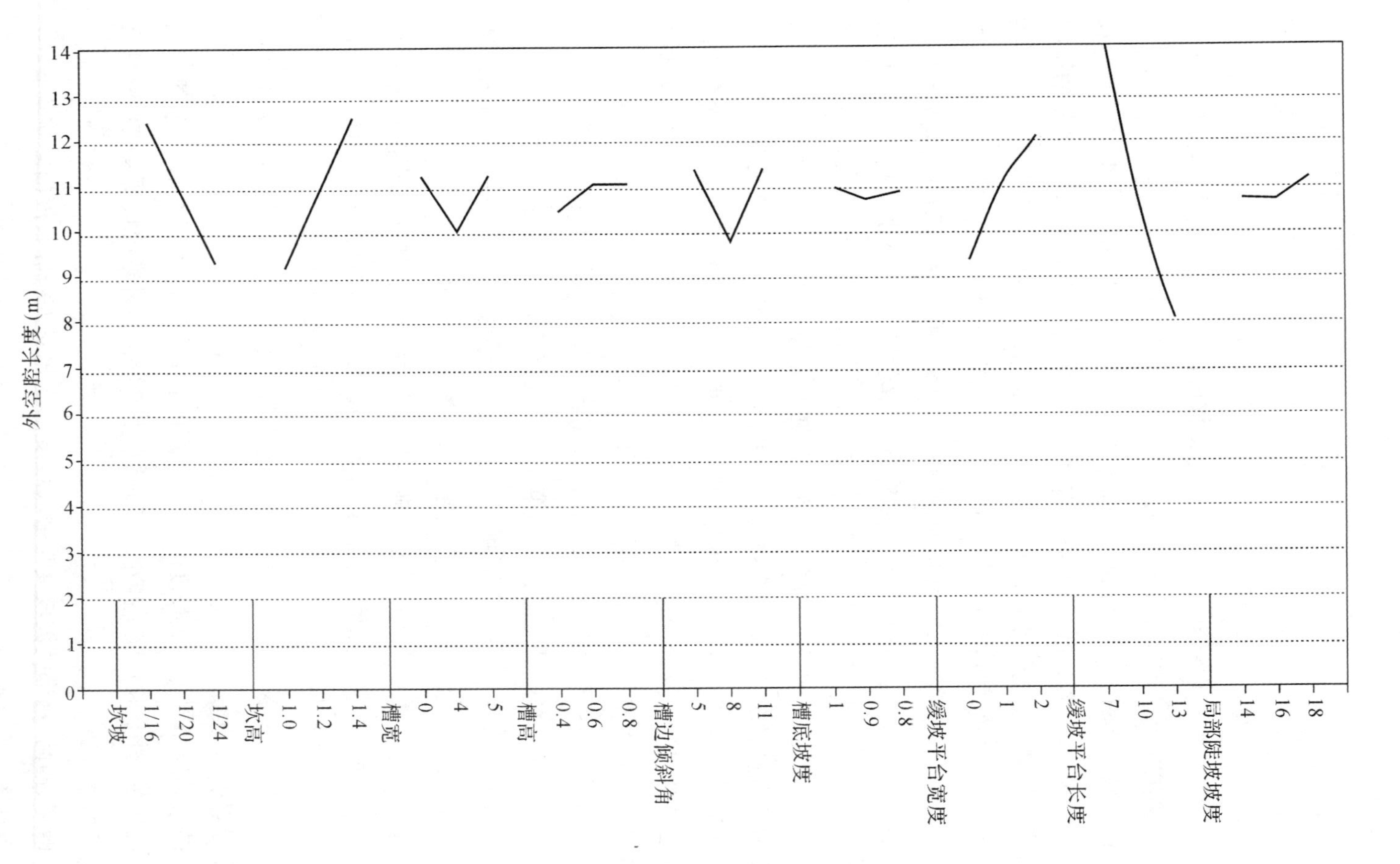

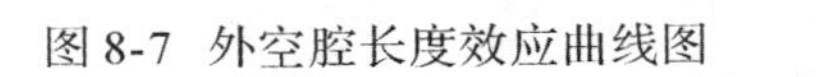
图 8-7 外空腔长度效应曲线图

2. *方差分析*

(1)分析方法

直观分析中采用的极差法计算量小，简单易懂。但是没有把试验过程中由于试验条件的改变所引起的数据波动与试验误差所引起的数据波动严格地区分开来；也没有提供一个标准，用来判断所考察因素的作用是否显著。为了弥补这些不足，进一步采用方差分析对各因素的影响程度进行分析，间接评价最优方案的选取是否恰当。

设正交表的水平数为 r，每个水平有 t 次试验，总试验次数为 n(无重复试验)，则 $n = r \times t$，yl 表示各次试验结果($l = 1,2,\cdots,n$)，$\bar{y} = \frac{1}{n} y_l = \frac{T}{n}$。

根据方差分析，某一列因子的离差平方和 S_j(包括空列)为：

$$S_j = \sum_{i=1}^{r} (m_{ij} - \bar{y})^2 \tag{8-5}$$

引入 $M_{ij} = t \times m_{ij}$，将式(8-5)化为便于计算的 S_j 表达式：

$$S_j = \frac{1}{t} \sum_{i=1}^{r} M_{ij}^2 - \frac{1}{n} T^2 \tag{8-6}$$

所有空列的离差平方和的总和就是误差平方和，即 $S_E = \sum S_{空}$(右端表示所有空列的 S_j 之和)。

总离差平方和 S_T 为：

$$S_T = \sum_{i=1}^{n} (y_l - \bar{y})^2 = \sum_{i=1}^{n} y_l^2 - \frac{1}{n} (\sum_{i=1}^{n} y_l)^2 = \sum_{i=1}^{n} S_j \tag{8-7}$$

S_T 的自由度 f_T 为 $n-1$，即 $f_T = n-1$。

各列 S_j 的自由度 f_j 为 $r-1$，即 $f_j = r-1$。

空列自由度之和就是误差的自由度 f_E，即 $f_E = \sum f_{空}$。

为了分析某个因子的水平变化对考核指标影响的显著性，由方差分析，引入均方 $\overline{S_j}$，其计算方法如下：

$$\overline{S_j} = \frac{S_j}{f_j}, \overline{S_E} = \frac{S_E}{f_E}, \tag{8-8}$$

则 $\frac{\overline{S_j}}{\overline{S_E}}$ 服从自由度为 f_j，f_E 的 F 分布。对于一给定的检验水平，查 F 分布表就可以判断 j 因子的作用是否显著。

在一般工程中，$F_i > F_{0.99}$ 时，为影响特别显著，用“* *”标记，$F_{0.99} > F_i >$

$F_{0.95}$ 时，为影响显著，用“ * ”标记，$F_{0.95} > F_i > F_{0.90}$ 时，为有影响，用“(*)”标记；$F_i < F_{0.90}$ 时，为影响不显著，不作标记。本次数值试验取 $\alpha = 0.05$ ，具体的计算结果见方差分析表 8-7。

表 8-7　外空腔方差分析表

因　素	偏差平方和	自由度	F 比	F 临界值	显著性	顺　序
A	44.508	2	1.239	3.550		3
B	49.453	2	1.376	3.550		2
C	8.553	2	0.238	3.550		6
D	2.324	2	0.065	3.550		7
E	15.539	2	0.432	3.550		5
F	0.340	2	0.009	3.550		9
G	35.028	2	0.975	3.550		4
H	166.247	2	4.626	3.550	*	1
I	1.419	2	0.039	3.550		8
误差	323.41	18				

注：检验水平：$\alpha = 0.05$。

(2)结果分析

从表 8-7 可以看出缓坡平台长度对外空腔长度的影响显著，坎高和坎坡的影响分别位居第二与第三，后面的顺序分别是缓坡平台坡度、槽边倾斜角、槽宽、槽高、局部陡坡坡度与槽底坡度。分析结果的排列顺序与极差分析结果相一致。

3. 各因素交互作用分析

前面介绍的数值试验方案的设计和数值试验结果的分析方法，都是指因素间没有(或不考虑)交互作用的情况。实际上，在许多试验中，不仅因素对指标有影响，而且因素之间还会联合搭配起来对指标产生作用。因素对试验总效果由每一个因素对试验的单独作用再加上各个因素之间的搭配作用决定，这种联合搭配作用叫做交互作用。

根据软件正交设计助手 v3.1 所提供的交互作用表对影响外空腔长度的三个主要因素，下面对缓坡平台长、坎高和坎坡之间的交互作用作一简单直观的分析。

把交互作用表绘制成图，如图 8-8 所示。由图 8-8 可以看出，坎高、坎坡、缓坡平台长度之间，一个因素水平的好坏不依赖于另一个因素的水平，说明上述三个因素两两之间交互作用很弱甚至没有交互作用。因此在进行设计时可不考虑这些因素之间的交互作用。

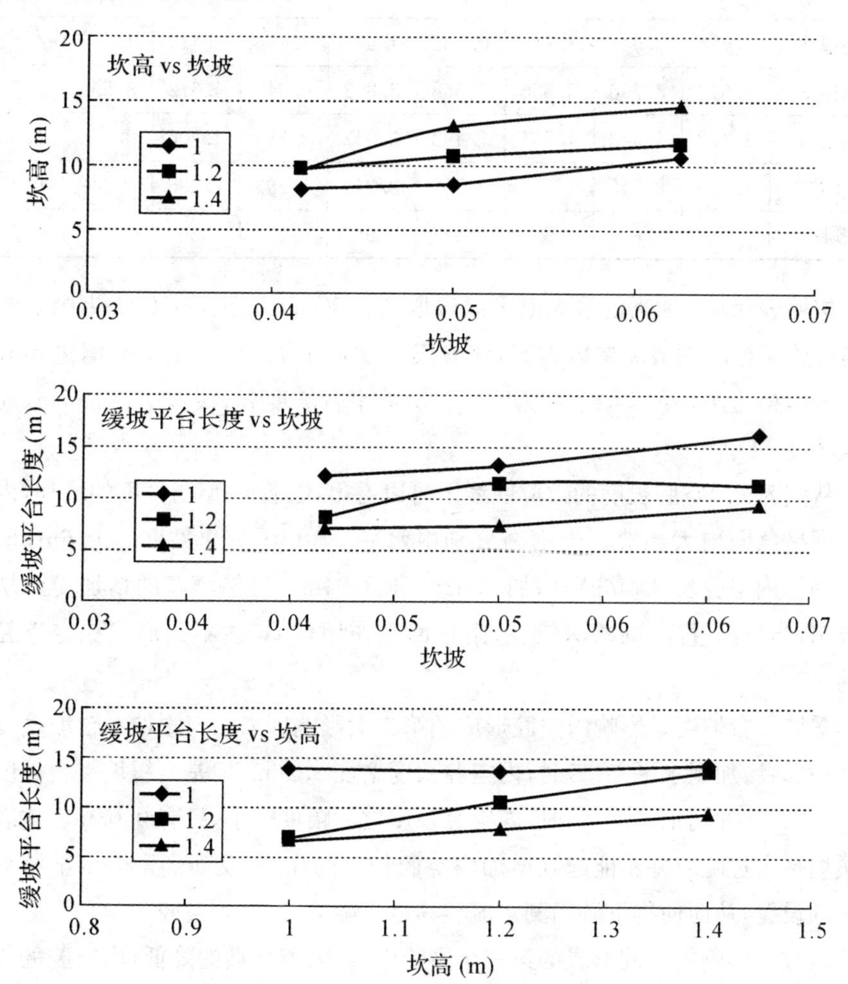

图 8-8 坎坡、坎高与缓坡平台长的交互作用

8.3.4.2 内空腔长度的正交分析

1. 极差分析

表 8-8 给出了内空腔长度的均值及极差，可以看出各个因素对内空腔长度贡献的主次顺序为：槽高＞缓坡平台坡度＞坎坡＞槽底坡度＞槽宽＞平台长度＞局部陡坡坡度＞坎高＞槽边倾斜角。总体上内空腔长度受槽高的影响最为明显，而其他因素对内空腔长度的影响则相对较小。

表 8-8 内空腔长度极差分析表

因　素	A	B	C	D	E	F	G	H	I
均值 1	4.998	3.948	3.219	0.738	4.044	3.496	2.411	4.786	4.416
均值 2	3.619	3.798	3.836	3.558	3.802	4.943	4.672	3.559	3.712
均值 3	3.172	4.043	4.734	7.493	3.942	3.350	4.706	3.444	3.661
极差	1.826	0.245	1.515	6.755	0.242	1.593	2.295	1.342	0.755
顺序	3	8	5	1	9	4	2	6	7

按照表 8-8 各因素的最大值可以选取 A1B3C3D3E1F2G3H1I1 为内空腔长度是评价指标时的最优参数方案，该方案为坎坡 1/16，坎高 1.4m，槽宽 5m，槽高 0.8m，槽边倾斜角 5°，槽底坡度 0.9，缓坡平台坡度 2°，缓坡平台长 7m，局部陡坡坡度 14°。

从图 8-9 内空腔长度的效应曲线图可以看出，随着 U 型槽高度的增加，内空腔长度呈急剧增大趋势。当槽高分别由水平一（0.4m）和水平二（0.6m）增加 0.2m 时，内空腔长度则分别增加 2.82m 和 3.94m。当然槽高的增加受到坎高的限制，当槽高过高，则槽深较浅，阻止回水作用较弱，达不到形成稳定空腔的目的。

缓坡平台坡度是影响内空腔形成的第二大影响因素。当缓坡平台坡度度由水平一(0)增加到水平二(1)时，内空腔长度增加 2.26m，但是当缓坡平台坡度由水平二(1)增加到水平三(2)时，内空腔长度增加幅度较小，只有 0.03m。这表明当缓坡平台过陡时并不能起到增加内空腔长度的作用，反而会影响到下游局部陡坡的设置，从而使得下游回溯水流容易越过陡坡，回流到空腔。

坎坡是影响内空腔形成的第三个影响因素，随着坎坡的降低，内空腔的长度呈减小的趋势，射流入水点提前，从而使得内空腔长度减小。

其他 6 个因素对内空腔长度的影响相对较弱。影响内空腔长度的第四个主要因素是槽底坡度。当槽底坡度由水平一（1）增加到水平二（0.9）时，内空腔长度增加 1.45m，但是当槽底坡度由水平二（0.9）增加到水平三（0.8）时，内空腔长度反而下降 1.59m。这表明槽底对于挑坎相对坡度较小时，水流的差动作用较弱，不能形成足够的内空腔，但相对坡度过大时，水流的入射角过大，落水点反而靠近挑坎，不易形成有效的内空腔。

槽宽是仅次于槽底坡度的一个影响因素，随着槽宽的增加，内空腔长度呈略微增加的趋势。加大槽宽，则内空腔横向宽度增加，整体空腔变小。要保持一定的整体空腔的体积，就需要适当控制槽宽。

缓坡平台长度与局部陡坡坡度对与内空腔长度的影响呈现相同的趋势，都与内空腔长度呈负相关作用，但缓坡平台长度的影响要甚于陡坡坡度，随着水平的增加，内空腔长度呈现减小的态势。

坎高与槽边倾斜角对内空腔长度的影响较小，可以忽略不计，其趋势如图 8-9 所示。

2. 方差分析

表 8-9 给出了内空腔长度的方差分析，从表 8-9 可以看出槽高对内空腔长度的影响最为显著，与极差分析的结果基本一致。

表 8-9　内空腔长度方差分析表

因　素	偏差平方和	自由度	F 比	F 临界值	显著性	顺　序
A	16.300	2	0.546	3.490		3
B	0.276	2	0.009	3.490		8
C	10.456	2	0.350	3.490		5
D	207.236	2	6.936	3.490	*	1
E	0.266	2	0.009	3.490		9
F	13.968	2	0.468	3.490		4
G	31.135	2	1.042	3.490		2
H	9.949	2	0.333	3.490		6
I	3.199	2	0.107	3.490		7
误　差	298.78	20				

注：检验水平：$\alpha = 0.05$。

8.3.4.3　通气孔进气情况的正交分析

1. 极差分析

表 8-10 给出了通气孔进气情况指标值的均值及极差，可以看出各个因素对通气孔进气情况贡献的主次顺序为：缓坡平台长＝坎高＞槽宽＞坎坡＞槽边倾斜角＞缓坡平台坡度＞槽底坡度＞局部陡坡坡度＞槽高。总体来说，通气孔进气情况受缓坡平台长与坎高的影响最为明显，且影响相当，极差均为 1.445。而其他因素对通气孔进气情况的影响则相对较小。

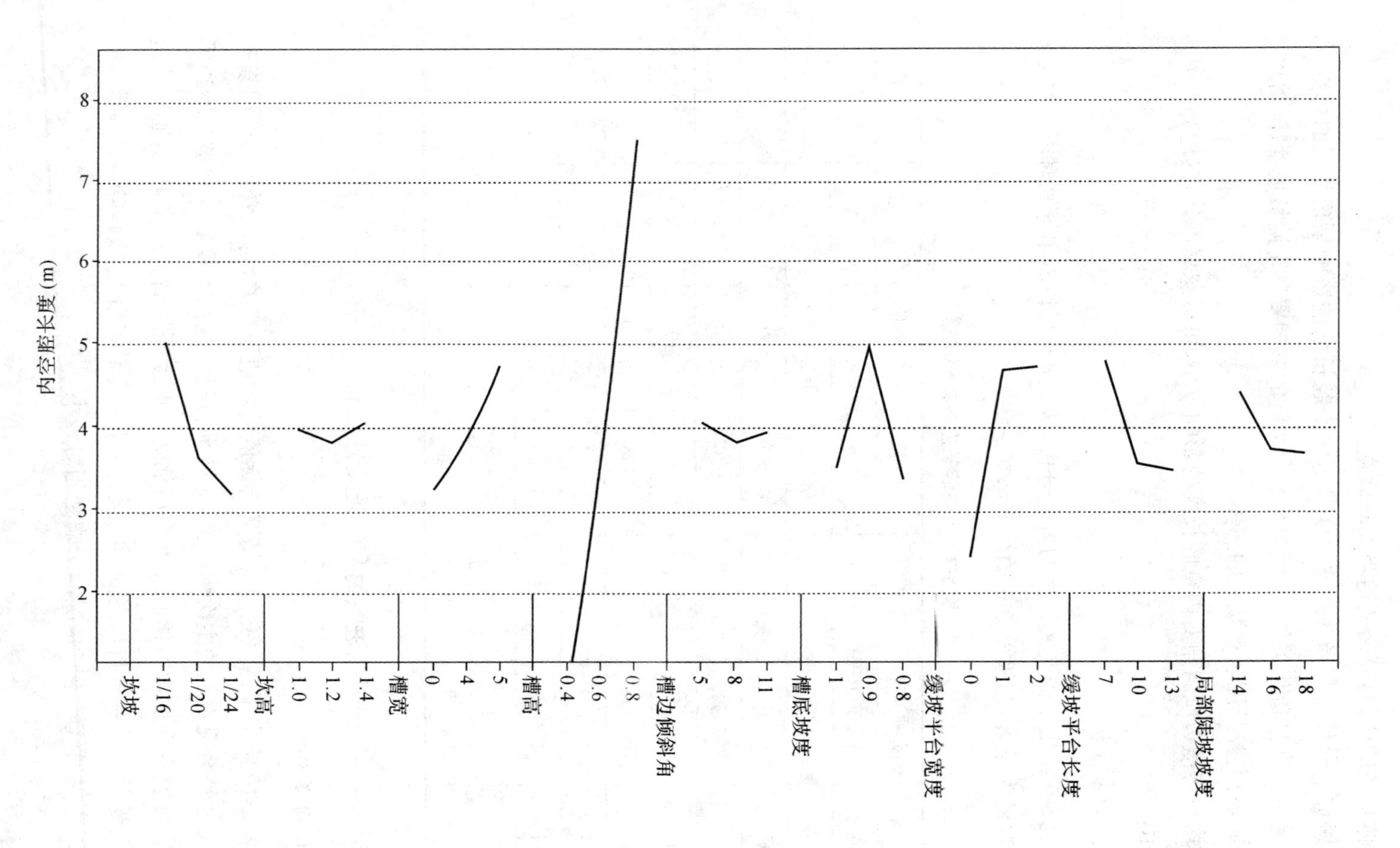

图 8-9 内空腔长度效应曲线图

表 8-10 通气孔进气情况极差分析表

因 素	A	B	C	D	E	F	G	H	I
均值 1	2.667	3.778	3.556	2.889	3.556	3.222	3.444	2.222	2.889
均值 2	3.000	3.111	3.111	3.333	2.778	3.333	3.111	3.333	2.889
均值 3	3.556	2.333	2.556	3.000	2.889	2.667	2.667	3.667	3.444
极 差	0.889	1.445	1.000	0.444	0.778	0.666	0.777	1.445	0.555
顺 序	4	1	3	9	5	7	6	1	8

按照表 8-10 各因素的最大值，可以选取 A3B1C1D2E1F2G1H3I3 为通气孔进气情况是评价指标时的最优参数方案，该方案为坎坡 1/24，坎高 1m，槽宽 3m，槽高 0.6m，槽边倾斜角 5°，槽底坡度 0.9，缓坡平台坡度 0°，缓坡平台长 13m，局部陡坡坡度 18°。

极差分析的结果表明，坎高与缓坡平台长度对于通气孔进气的影响是相同的，但是从图 8-10 的效应曲线图可以看出，两者的变换趋势与变化率是不同的，对于坎高来说，随着坎高的增加，通气孔进气情况指标值直线下降，通气孔进气情况呈现恶化的趋势，即坎高越高，通气效果越差，这是由于坎高的增加导致水流的入射角与底板夹角增加，水流容易回溯，进而影响通气孔通气。而对于缓坡平台长度来说则相反，随着平台长度的增加，通气孔的进气效果趋于更加良好的态势，但由效应曲线图可以看出，缓坡平台长度由水平一(7m)增加至水平二(10m)时，通气孔进气情况指标值增加 1.111，而当缓坡平台坡度由水平二(10m)增加至水平三(13m)时，通气孔进气情况指标值只增加了 0.334，说明缓坡平台长度并不是越长越好，太长对通气孔进气情况反而起不到应有的改善作用。

槽宽是通气孔进气情况指标值的第三个影响因素，随着槽宽的增加，通气孔进气情况指标值呈直线下降的趋势，槽宽分别从水平一(3m)增加至水平二(4m)，从水平二(4m)增加至水平三(5m)时，通气孔进气情况指标值分别下降 0.445 和 0.555。这是因为槽宽增加，势必导致内空腔加大，总体空腔体积减小，空腔内容易形成回流，从而影响通气孔进气效果。

影响内通气孔进气指标值的第四个因素是坎坡，坎坡与通气孔进气指标值呈负相关关系。即随着坎坡的降低，通气孔进气情况往良好的方向发展。由图 8-10 可以看出，当坎坡由水平一(1/16)降低至水平二(1/20)时，通气孔进气指标值由 2.667 增加至 3，增加了 0.333，而当坎坡由水平二(1/20)降低至水平三

(1/24)时，通气孔进气指标值增加 0.556，这是因为随着坎坡的降低，水流角度与底板夹角减小，从而使得水流不容易回流，增强通气孔进气效果。

影响内通气孔进气指标值的第五个因素是槽边倾斜角。即随着坎坡的增大，通气孔进气情况指标值呈下降的趋势，但到一定程度后，变化率趋于减小。由图 8-10 可以看出，当槽边倾斜角由水平一(5°)增加至水平二(8°)时，通气孔进气指标值由 3.556 降低至 2.778，降低 0.778，而当槽边倾斜角由水平二(8°)增加至水平二(11°)时，通气孔进气指标值反而略微增加，增加值为 0.111。

缓坡平台坡度是次于槽边倾斜角的一个影响因素。随着平台坡度的增加，通气孔进气指标值呈下降的趋势。当缓坡平台坡度由水平一(0°)增加到水平二(1°)时，通气孔进气情况指标值降低 0.333，而当缓坡平台坡度由水平二(1°)增加到水平三(2°)时，通气孔进气指标值减低 0.444，变化率不大。这是因为随着缓坡平台坡度的增加，局部陡坡的作用减小，使得越过平台的水流容易爬上平台，从而形成回水，影响通气孔进气。

槽底坡度、局部陡坡坡度和槽高对通气孔进气情况影响较小，其极差分别是 0.666，0.555，0.444。在此不作详细分析。

2. 方差分析

因为通气孔进气指标值取的是一个相对的定性指标值，所以为了真实显示各因素的显著情况，检验水平取 $\alpha = 0.1$ 进行方差分析。

表 8-11 给出了通气孔进气情况的方差分析，从表 8-11 可以看出，缓坡平台长度与坎高都是影响通气孔进气情况的显著因素，但方差分析结果显示，缓坡平台长度对通气孔进气情况的影响要大于坎高的影响，这与极差分析的结果是不同的，方差分析更能真实地反映各因素的影响水平。而其他 7 个因素的方差分析结果与极差分析的结果基本一致。

表 8-11　通气孔进气情况方差分析表

因　素	偏差平方和	自由度	F 比	F 临界值	显著性	顺　序
A	3.630	2	1.076	2.520		4
B	9.407	2	2.789	2.520	*	2
C	4.519	2	1.340	2.520		3
D	0.963	2	0.285	2.520		9
E	3.185	2	0.944	2.520		5
F	2.296	2	0.681	2.520		7

续表

因　素	偏差平方和	自由度	F 比	F 临界值	显著性	顺　序
G	2.741	2	0.813	2.520		6
H	10.296	2	3.052	2.520	*	1
I	1.852	2	0.549	2.520		8
因素	43.85	26				

注：检验水平 $\alpha=0.1$。

8.3.4.4　最小洞顶余幅的正交分析

1. 极差分析

为了考察不同体型的掺气坎布置后对洞顶余幅的影响，现选取掺气坎附近最小洞顶余幅作为考核指标来进行分析评价。

表 8-12 给出了掺气坎附近最小洞顶余幅的均值及极差。由表 8-12 可以看出，各个因素对最小洞顶余幅的影响均较小。因为从所选的因素水平看，坎高的范围没有超过 2m，这与图 8-11 效应曲线的结果是一致的。

在此基础上，各个因素对最小洞顶余幅贡献的主次顺序为：坎坡>槽边倾斜角>坎高>局部陡坡坡度>缓坡平台坡度>平台长度>槽底坡度>槽宽>槽高。即最小洞顶余幅受坎坡的影响最为明显，其次是槽边倾斜角与坎高，其他因素对最小洞顶余幅的影响相对较小。

表 8-12　最小洞顶余幅极差分析表

因　素	A	B	C	D	E	F	G	H	I
均值 1	38.644	39.240	39.422	39.792	40.403	39.833	39.984	39.233	40.070
均值 2	39.784	40.200	39.488	39.710	38.921	39.317	39.273	39.857	39.622
均值 3	40.413	39.402	39.932	39.340	39.518	39.692	39.584	39.752	39.150
极　差	1.769	0.960	0.510	0.452	1.482	0.516	0.711	0.624	0.920
顺　序	1	3	8	9	2	7	5	6	4

按照表 8-12 各因素的最大值可以选取 A3B2C3D1E1F1G1H2I1 为最小洞顶余幅是评价指标时的最优参数方案，该方案为坎坡 1/24，坎高 1.2m，槽宽 5m，槽高 0.4m，槽边倾斜角 5°，槽底坡度 1，缓坡平台坡度 0°，缓坡平台长 10m，局部陡坡坡度 14°。

从图 8-11 的最小洞顶余幅效应曲线图也可以看出，各个因素对洞顶余幅的影响甚微，对于坎坡来说，不同的坎坡决定了射流出射的角度，也就势必影响到

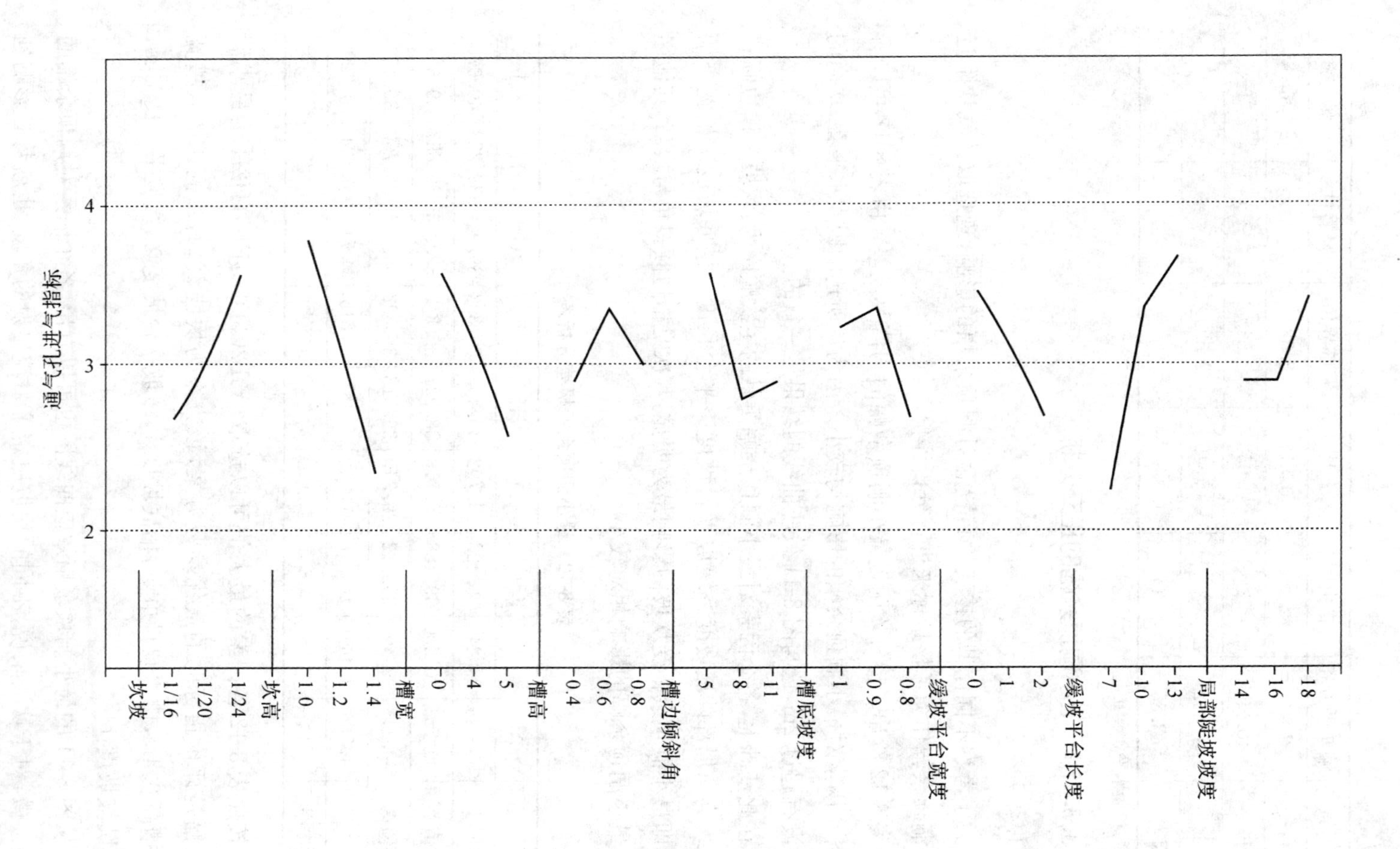

图 8-10 通气孔进气情况效应曲线图

洞顶余幅的大小。随着坎坡的减小，最小洞顶余幅呈增加趋势，坎坡由水平一(1/16)降低为水平二(1/20)时，洞顶余幅增加1.14%，而坎坡由水平二(1/20)降低至水平三(1/24)时，洞顶余幅增加0.63%。

槽边倾斜角是影响最小洞顶余幅的第二个因素，槽边倾斜角的不同影响到起挑部位与出射部位的断面比，出射断面的形状与大小就会影响到出流速度与方向，从而影响到洞顶余幅的大小。从图8-11可以看出，槽边倾斜角对最小洞顶余幅的影响并不是单一的，槽边倾斜角由水平一(5°)增加至水平二(8°)时，最小洞顶余幅减小1.48%，而当槽边倾斜角由水平二(8°)增加至水平三(11°)时，最小洞顶余幅反而增加0.6%。

坎高对最小洞顶余幅的影响位居第三，由图8-11可以看出，当坎高由水平一(1m)增加至水平二(1.2m)时，洞顶余幅由39.24%增加至40.20%，而坎坡由水平二(1.2m)增加至水平三(1.4m)时，洞顶余幅反而下降0.8%。

其他6个因素对内空腔长度的影响相对甚弱。考虑到测量误差的影响，不对其进行分析。

2.方差分析

由于各个因素对洞顶余幅的影响较小，因此选取$\alpha=0.1$进行分析，数值试验结果的方差分析表如表8-13所示。

表8-13给出了内空腔长度的方差分析，从表8-13可以看出坎坡对内空腔长度的影响最为显著，与极差分析的结果基本一致。

表8-13　最小洞顶余幅方差分析表

因　素	偏差平方和	自由度	F比	F临界值	显著性	顺　序
A	14.472	2	3.173	2.620	*	1
B	4.753	2	1.042	2.620		3
C	1.386	2	0.304	2.620		7
D	1.044	2	0.229	2.620		9
E	10.012	2	2.195	2.620		2
F	1.284	2	0.281	2.620		8
G	2.287	2	0.501	2.620		5
H	2.006	2	0.440	2.620		6
I	3.810	2	0.835	2.620		4
误　差	41.05	18				

注：检验水平$\alpha=0.1$。

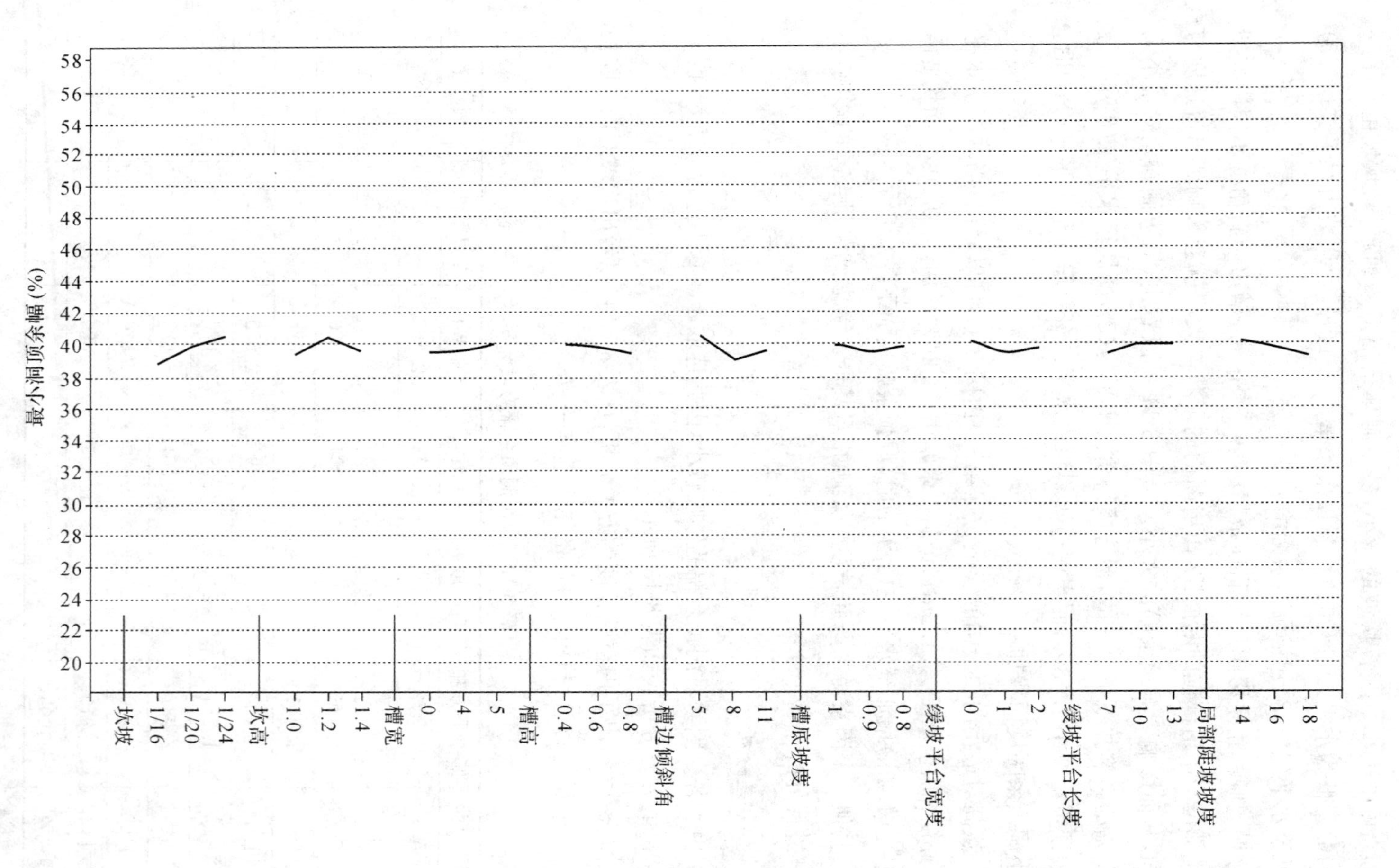

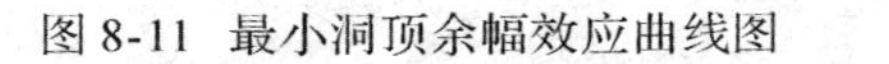
图 8-11 最小洞顶余幅效应曲线图

8.3.4.5 槽口出流速度的正交分析

1. 极差分析

槽口出流速度决定着槽内出流的冲散回溯水流效果。选取槽口底板中点垂直向上 0.2m 处的出流速度作为分析指标，表 8-14 给出了槽口出流速度的均值及极差，从中可以看出各个因素对内空腔长度贡献的主次顺序为：坎坡>槽高>坎高>槽宽>缓坡平台坡度>平台长度>槽底坡度>局部陡坡坡度>槽边倾斜角。槽口出流速度受坎坡的影响最为明显，槽高次之，坎高位居第三，而其他因素对槽口出流速度的影响则相对较小。

表 8-14 槽口出流速度极差分析

因 素	A	B	C	D	E	F	G	H	I
均值 1	28.903	28.842	27.250	24.720	26.642	27.311	26.549	26.522	26.544
均值 2	24.643	26.252	26.772	27.074	26.591	26.552	27.346	27.330	26.534
均值 3	26.792	25.244	26.317	28.544	27.106	26.476	26.444	26.487	27.260
极 差	4.260	3.598	0.933	3.824	0.515	0.835	0.902	0.843	0.726
顺 序	1	3	4	2	9	7	5	6	8

按照表 8-14 各因素的最大值可以选取 A1B1C1D3E3F1G2H2I3 为槽口出流速度是评价指标时的最优参数方案，该方案为坎坡 1/16，坎高 1m，槽宽 3m，槽高 0.8m，槽边倾斜角 11°，槽底坡度 1，缓坡平台坡度 1°，缓坡平台长 10m，局部陡坡坡度 18°。

从图 8-12 槽口出流速度的效应曲线图可以看出，当坎坡由水平一(1/16)降低至水平二(1/20)时，槽口出流速度降低 4.26m/s。而当坎坡由水平二(1/20)降低至水平三(1/24)时，槽口出流速度反而增加 2.15m/s。

槽高是影响内槽口出流速度的第二大影响因素，随着槽高的增加槽口出流速度呈现增加的趋势，当槽高由水平一(0.4m)增加到水平二(0.6m)时，槽口出流速度增加 2.35m/s，当槽高由水平二(0.6m)增加到水平三(0.8m)时，槽口出流速度增加幅度较小，为 1.47m/s，表明槽高过高时对槽口出流速度的影响减小，因为槽口过高，槽深减小，冲水作用减弱。

坎高是影响槽口出流速度的第三个影响因素，随着坎高的增加，槽口出流速度呈减小的趋势，当坎高由水平一(1.0m)增加到水平二(1.2m)时，槽口出流速度减小 2.59m/s，坎高由水平二(1.2m)增加到水平三(1.4m)时，槽口出流速度减小 1.01m/s。

其他 6 个因素对内空腔长度的影响相对较弱。其变化趋势如图 8-12 所示。

2. 方差分析

表 8-15 给出了槽口出流速度的方差分析，从表 8-15 可以看出坎坡对槽口出流速度的影响最为显著，与极差分析的结果基本一致。

表 8-15 槽口出流速度方差分析

因 素	偏差平方和	自由度	F 比	F 临界值	显著性	顺 序
A	81.666	2	3.176	2.620	*	1
B	62.003	2	2.411	2.620		3
C	3.921	2	0.152	2.620		6
D	66.992	2	2.605	2.620		2
E	1.446	2	0.056	2.620		9
F	3.840	2	0.149	2.620		7
G	4.373	2	0.170	2.620		4
H	4.095	2	0.159	2.620		5
I	3.116	2	0.121	2.620		8
误 差	231.45	18				

注：检验水平 $\alpha = 0.05$。

以上通过正交设计结果的直观分析得出了不同指标的体型参数的最优方案，也就是对该指标来说使各因素达到最优水平，但是这未必是最经济的水平。在进行掺气坎体型设计时，需要综合考虑各指标的作用，在分析掺气坎布置后泄洪洞内水流其他水力特性的影响，最终得出既经济又安全，且过流特性良好的设计方案。

8.4 正交优化的最优方案结果与试验建议方案比较

综合以上的分析结果，并结合泄洪洞施工开挖量的考虑，选取 A3B2C1D3E1F1G3H1I3 作为最优方案进行验证试验，即坎坡 1/24，坎高 1.2m，槽宽 3m，槽高 0.8m，槽边倾斜角 5°，槽底坡度 1，缓坡平台坡度 2°，平台长度 7m，局部陡坡坡度 18°。下面对计算试验结果与试验推荐方案进行比较，结果分述如下。

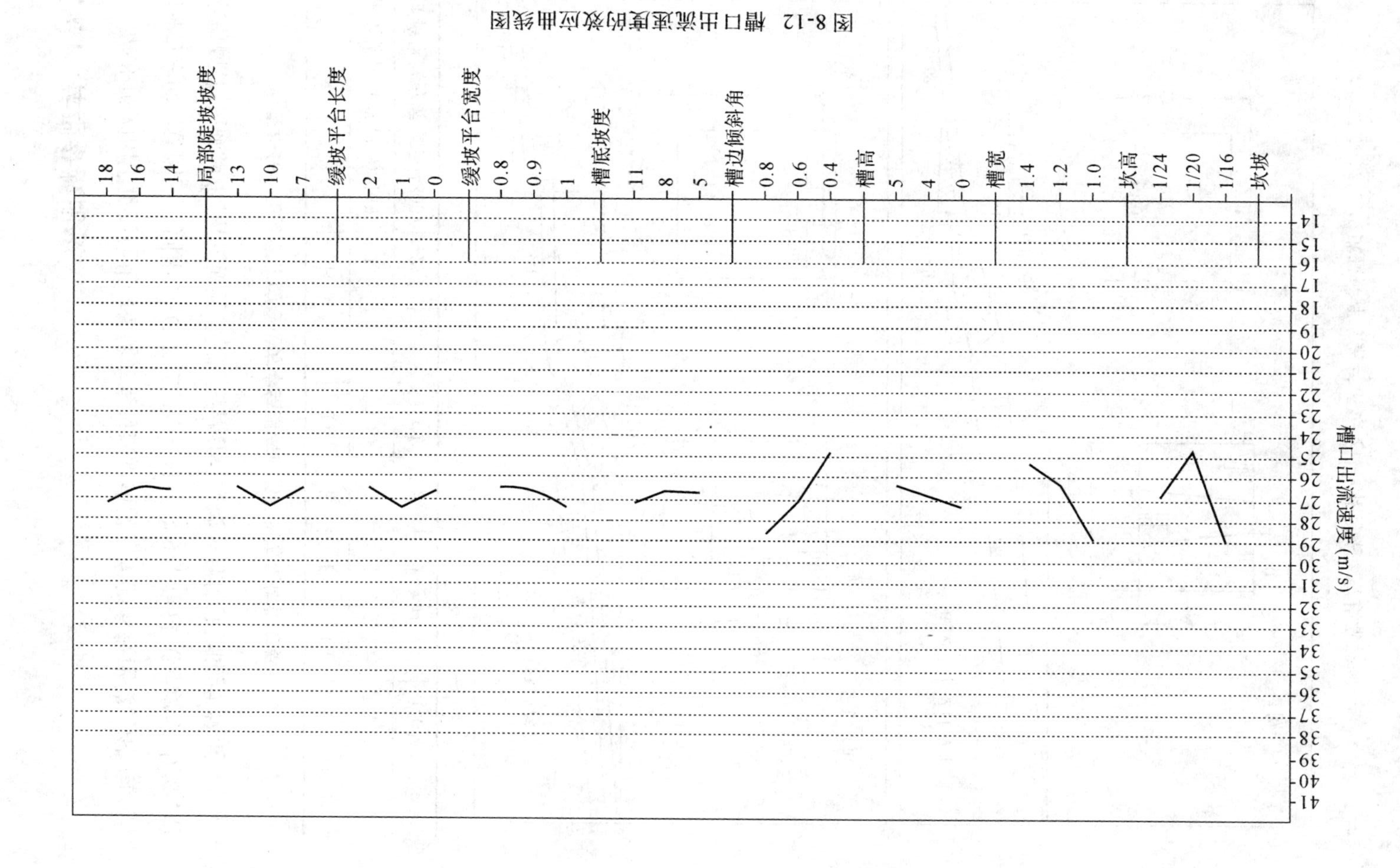

图 8-12　槽口出流速度的效应曲线图

8.4.1 体型参数比较

表 8-16 列出了正交优化的最优方案与试验建议方案的参数比较。图 8-13 为两种方案的示意图。分别用 A、C、D、E、F、G、H、I 这 9 个字母代替坎坡、坎高、槽宽、槽高、槽边倾斜角、槽底坡度、缓坡平台坡度、缓坡平台长、局部陡坡坡度。

表 8-16 正交优化的最优方案结果与试验建议方案体型参数比较

	A	B	C	D	E	F	G	H	I
正交优化方案	0.041667	1.2	3	0.8	5	1	3.49%	7	32.5%
试验建议方案	0.048097	2.7	3	1.04	5	1	4.13%	15.1	28%

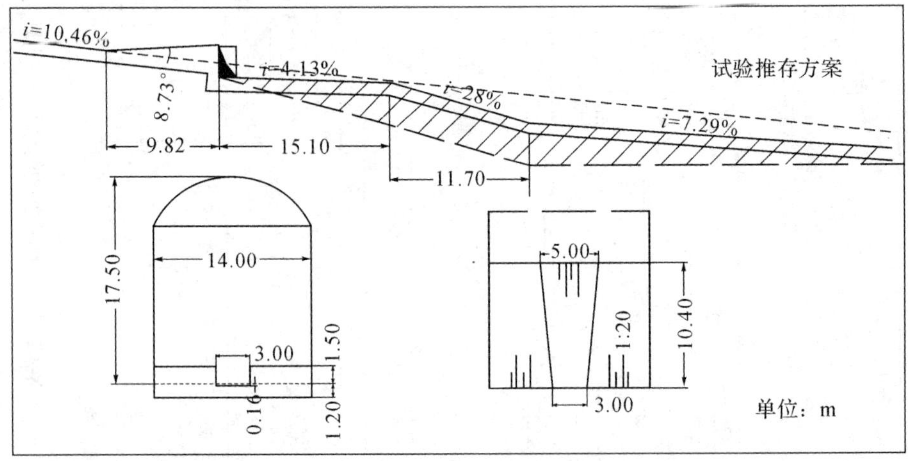

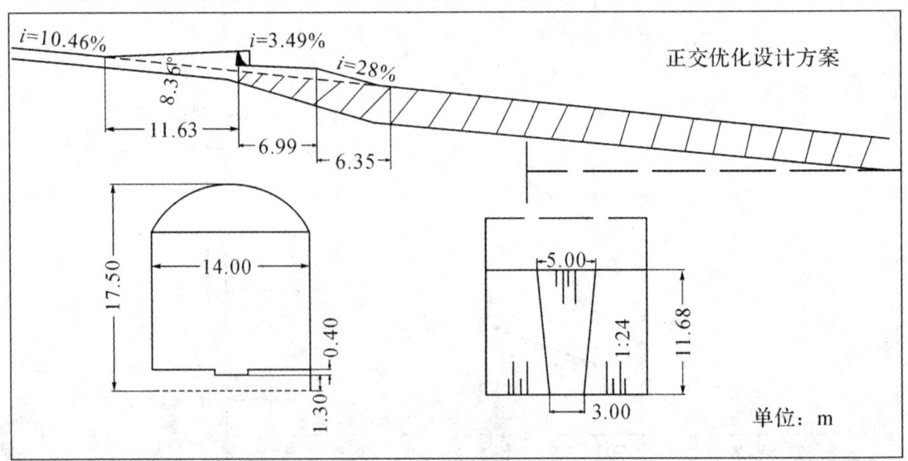

图 8-13 试验推荐方案与正交设计优化方案掺气坎布置图

由表 8-16 可以看出，同试验建议方案相比，坎高由 2.7m 降至 1.2m，缓坡平台段长度由 15.1m 降至 7.0m，不仅减小工程量，也降低了施工难度。正交设计得到的优化方案确实是一种比较经济可行的方案。

8.4.2 水力特性比较

1. 流态及空腔形态分析

由图 8-14 和图 8-15 空腔形态及流态可见，两种方案都形成了三维立体空腔，空腔稳定完整，试验推荐方案空腔长度由洞轴线处的 7.5m 左右逐渐增大边墙处约 19m。而正交优化方案内外空腔长度差别相对较小，最长处在洞轴线处，为 17.75m，最短处在靠近边墙处，大约 12m，正交优化设计的整体空腔较大，利于空腔稳定。

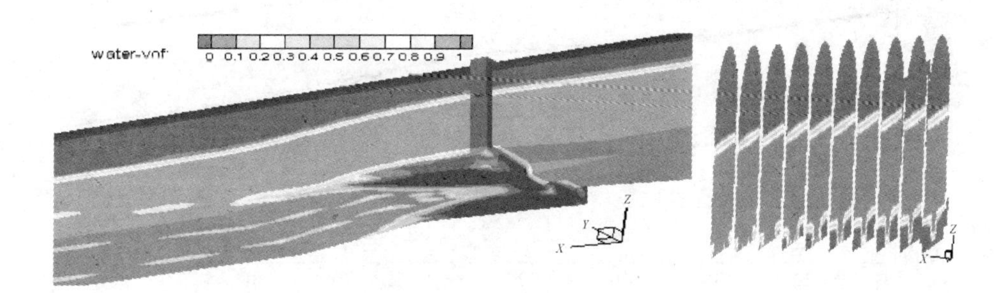

图 8-14 试验推荐方案空腔形态

（左为三维空腔图，右为轴向空腔截面，箭头所指为水流方向）

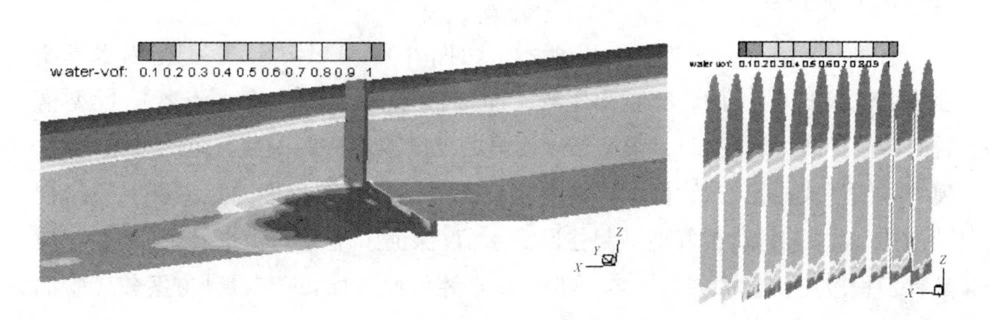

图 8-15 正交优化设计方案空腔形态

（左为三维空腔图，右为轴向空腔截面，箭头所指为水流方向）

2. 水面线及洞顶余幅分布

图 8-16 为试验推荐方案与正交优化方案掺气坎处的水面线对比结果。由图 8-16 可以看出，模型试验测得的水面线数据点与数值模拟的结果基本吻合；在掺气坎前与掺气坎处的水面线，两种方案水面线没有明显的差异，两种方案均比较平滑，且在水面最高点处均能保证有足够的洞顶余幅。只是在正交优化方案陡坡段过后，试验推荐方案水面线下降较多，这是因为试验推荐方案在陡坡段挖深较多，底板本身下降较多而导致的结果。

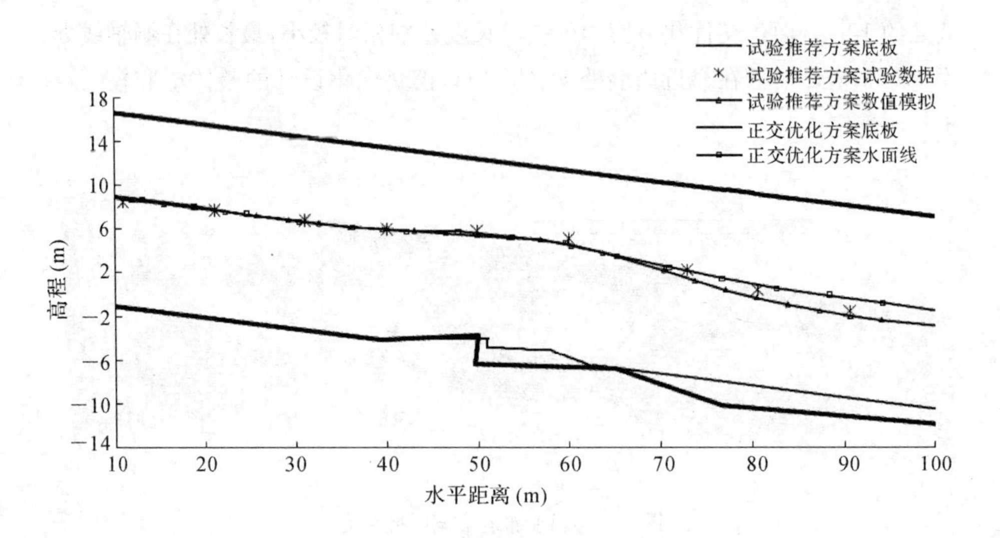

图 8-16　两种方案掺气坎处水面线分布比较

3. 流场特性

两种方案的流场图如图 8-17 所示。由图 8-17 可以看出，U 型槽内水流速度较掺气坎上的大，两者空腔都比较干净，但是试验推荐方案水流离开 U 型槽后向两侧扩散得厉害，只是没有出现明显的反向或者横向流速。由此可见，与常规的掺气型式相比，试验推荐方案与正交设计优化方案均能通过局部陡坡结合 U 型掺气坎的射流，很好地抑制住回溯水流，保证了空腔的稳定及干净，是一种具有工程应用价值的掺气设施；同时，在空腔特性方面，正交设计方案较试验优化方案更优一些。

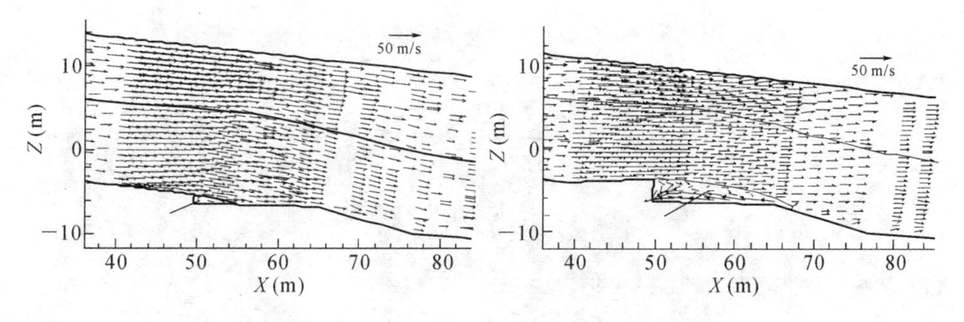

图 8-17a　试验推荐方案流速分布(左图为洞轴线处剖面,右图为边墙处)

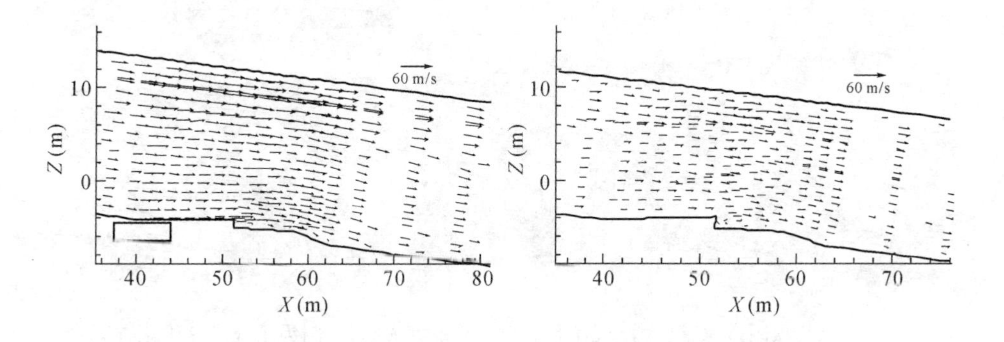

图 8-17b　正交优化设计流速分布(左图为洞轴线处剖面,右图为边墙处)

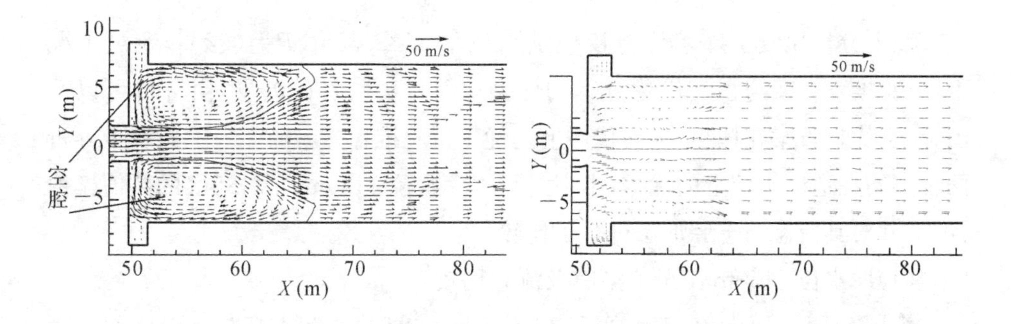

图 8-17c　距洞底部 0.5m 剖面流速分布(左为试验推荐方案,右为正交优化方案)

4. 压力分布

图 8-18 为两种方案掺气坎附近洞壁压力分布,可见两者空腔内的负压最小值均小于－1.0m 水柱,整个空腔内的压力变化不大。试验推荐方案射流再次附壁点处压力增加较正交优化设计方案大,其他位置不存在负压区,两种方案压力特性良好。

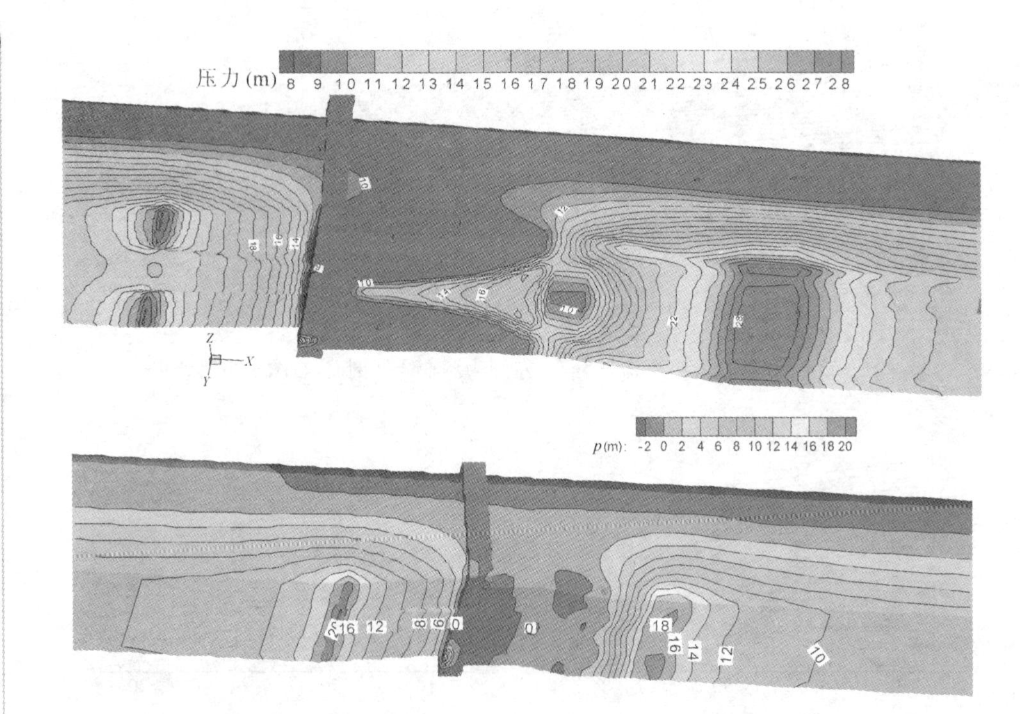

图 8-18　掺气坎附近洞壁压力分布(上图为试验推荐方案,下图为正交设计优化方案)

5. 低水位工况下空腔及流态比较

以上分析比较了库水位为校核洪水位▽ 1132.35m($P=0.2\%$)泄洪工况下,试验推荐方案与正交优化方案的体型以及水力特性的差异,由分析可以看出,正交优化方案在体型、水力特性上是优于试验推荐方案的。为了进一步分析两种方案在适应水位上的优劣,本书进行了库水位 1130m 与 1125m 的数值模拟计算,并对其流态与空腔形态进行了比较。

(1)库水位 1130m 工况下空腔及流态比较

由图 8-19 可以看出,库水位 1130m 工况下,试验推荐方案与正交优化方案均能形成干净稳定的空腔,其中试验推荐方案外空腔长度边墙处最长,约 14m,逐渐缩短至内空腔洞轴线处的 5m。正交优化方案内外空腔长度差别较小,最长处在洞轴线处,约 13.6m,最短处在距离边墙处 2.5m 左右的位置,长度约 10m。两种方案水流均比较平稳,且能满足洞底余幅的需要。

(2)库水位 1125m 工况下空腔及流态比较

由图 8-20a 可以看出,试验推荐方案在库水位 1125m 工况下通气井有进水,空腔不够干净。由图 8-20b 可以看出,库水位 1125m 工况下,正交优化方案能形

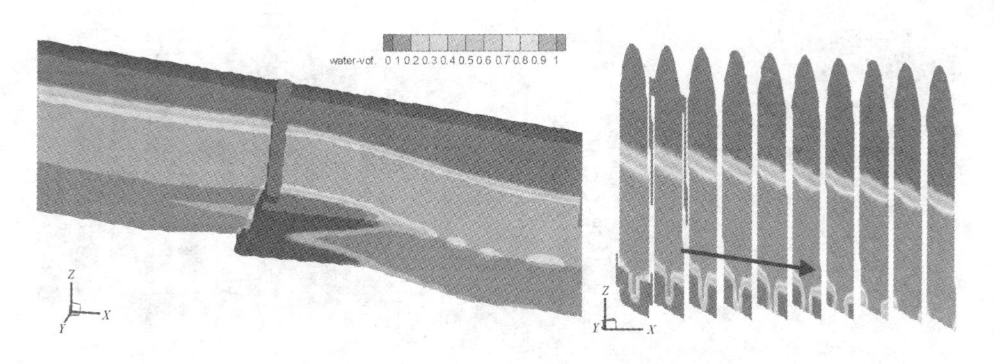

图 8-19a　库水位 1130m 试验推荐方案流态与空腔(左为三维空腔,右为轴向空腔截面)

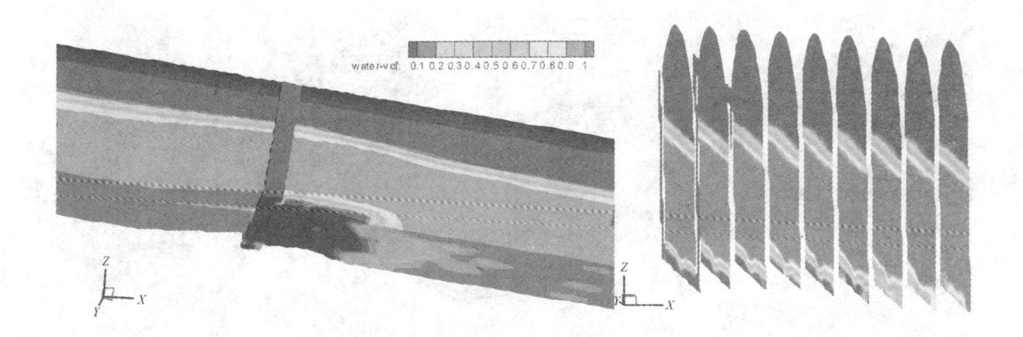

图 8-19b　库水位 1130m 正交优化方案流态与空腔(左为三维空腔,右为轴向空腔截面)

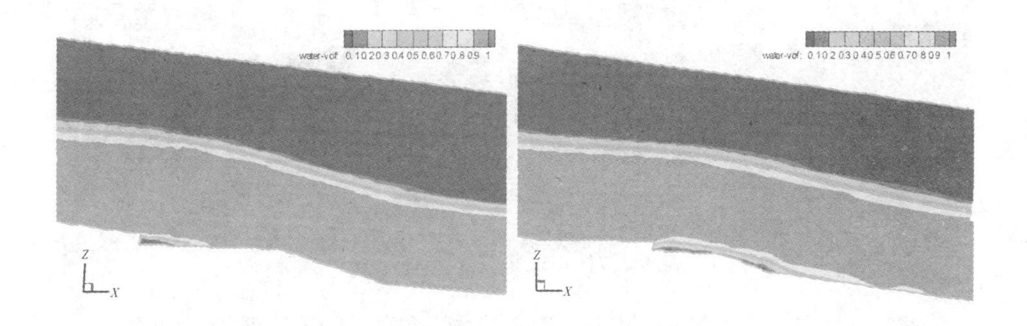

图 8-19c　库水位 1130m 立面轴线剖面水相图(左为试验推荐方案,右为正交优化方案)

成干净稳定的空腔,其内空腔长度洞轴线处最长,达到 13.5m,空腔长度最短处位于距边墙 3.5m 处,长约 9.8m。而试验推荐方案空腔长度由洞轴线处的 4m 左右逐渐增大边墙处约 13m。由图 8-20c 可以看出,两种方案水流均比较平稳,且能满足洞底余幅的需要。

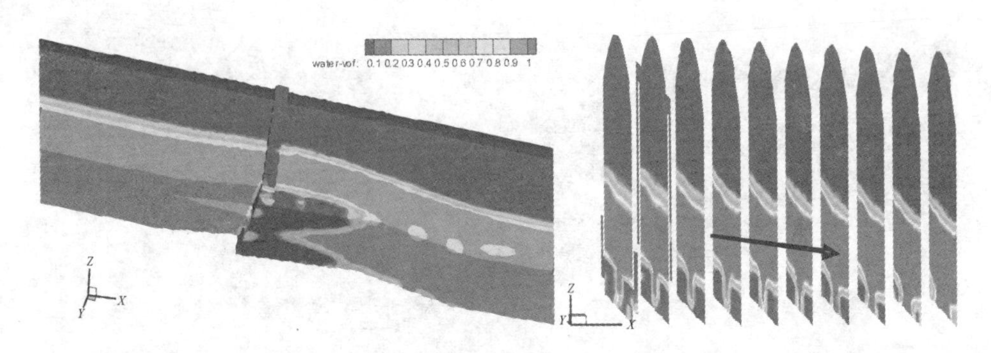

图 8-20a　库水位 1125m 试验推荐方案流态与空腔(左为三维空腔,右为轴向空腔截面)

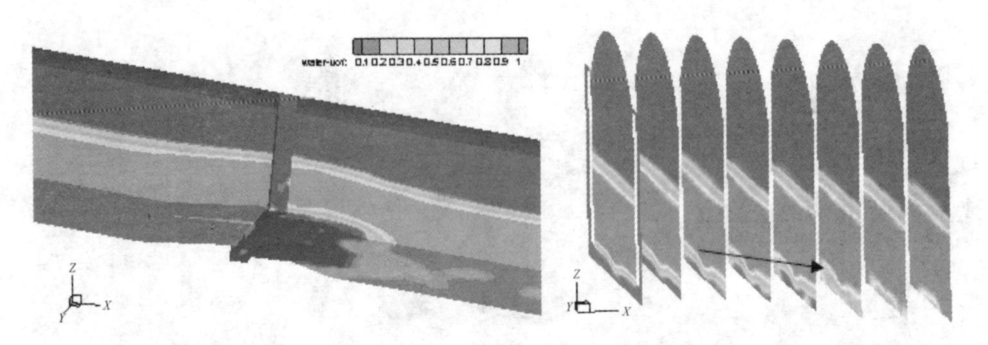

图 8-20b　库水位 1125m 正交优化方案流态与空腔(左为三维空腔,右为轴向空腔截面)

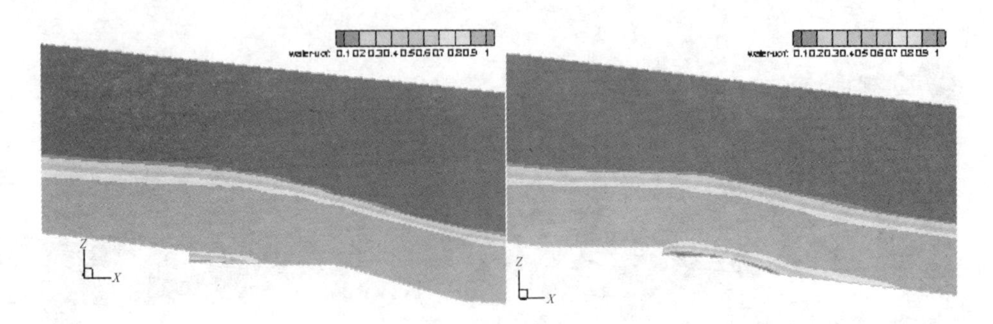

图 8-20c　1125m 立面轴线剖面水相图(左为试验推荐方案,右为正交优化方案)

以上分析表明,正交优化方案不仅在体型、水力特性上较优,在适应水位上也较优。

8.5　小　结

针对传统的单因素敏感性分析法只能进行单因素变化的特点,将正交试验设计首次应用到“局部陡坡+槽式挑坎”体型参数敏感性分析中，实现了多因素敏感性分析，通过正交设计分析方法，能够以较少的试验工况，获得较为全面的试验信息，以便对较多的体型参数进行较为综合的敏感性分析，更为全面地把握各体型参数对掺气坎空腔特性的影响，该成果具有理论和工程价值。

经过比较，证明其所得的结果与实际是相符的。同时，减少了试验次数，降低了计算工作量。针对具体掺气坎体型设计，上述各参数应结合实际的可能变化范围进行选取和分析。

传统掺气坎体型参数的确定通常是依靠经验大致确定一个参数值，然后在试验的基础上通过对单个因素的调整达到需要的目的。事实上，组成掺气坎的体型参数很多，很难一一进行试验，况且，变换某一单一因素的取值，只能在一定程度上反映掺气坎的空腔特性，但不能完全反映参数体系的复杂性，以及一定水流条件下各因素之间相互制约、彼此影响的内在联系。为此，本章采用正交设计分析方法，利用数值模拟计算的结果，分析了不同体型参数组合下掺气坎的空腔特性的变化特点，通过计算、分析和比较，得出主要结论如下：

采用正交数值试验计算模型，对 A(坎坡)、B(坎高)、C(槽宽)、D(槽高)、E(槽边倾斜角)、F(槽底坡度)、G(缓坡平台坡度)、H(缓坡平台长度)、I(局部陡坡坡度)这 9 种因素进行了空腔特性的敏感度分析。

缓坡平台长度的变化对外空腔长度的影响是非常显著的，而坎高的变化对内空腔长度有较大影响。对外空腔长度的影响顺序是：缓坡平台长度＞坎高＞坎坡＞缓坡平台坡度＞槽边倾斜角＞槽宽＞槽高＞局部陡坡坡度＞槽底坡度。对内空腔长度的影响顺序是：槽高＞缓坡平台坡度＞坎坡＞槽底坡度＞槽宽＞平台长度＞局部陡坡坡度＞坎高＞槽边倾斜角。各个因素对通气孔进气情况贡献的主次顺序为：缓坡平台长＞坎高＞槽宽＞坎坡＞槽边倾斜角＞缓坡平台坡度＞槽底坡度＞局部陡坡坡度＞槽高。对于最小洞顶余幅与槽口出流速度来说，所有的参数影响均较小，其中以坎坡为最大的影响因素。以上这些参数间的相互影响规律的研究成果为采用该款新型掺气设施类似工程的设计提供了理论指导。

根据正交数值试验计算，并结合泄洪洞开挖工作量的考虑，选取 A3B2C1D3E1F1G3H1I3 作为泄洪洞第一级掺气坎最优方案，即坎坡 1/24，坎高 1.2m，槽宽 3m，槽高 0.8m，槽边倾斜角 5°，槽底坡度 1，缓坡平台坡度 2°，平台长度 7m，局部陡坡坡度 18°。

数值试验结果表明，通过正交设计分析所选出的最优方案，空腔特性、流态、

压力等水力特性指标均优于其他方案，而且同试验推荐方案相比较，在流态、空腔特性、开挖量以及适应水位上等方面也是较优的。说明正交设计分析方法是合理、可行的。

试验在对各参数的变化取值时具有任意性，但因为各参数对空腔形成的影响程度是不同的，书中正交试验各因子水平的变化幅值尚需进行更深入的研究。另外，本方法对定性指标的概化（如流态、通气孔进水程度等）比较粗劣，对脉动压力及掺气浓度的影响，模型还无法反映，仍是数值模拟的难点。这些都是以后需要进一步开展的工作。

参考文献

[1] 何伟文，许志强. 均匀设计在电脑仿真试验中的应用. 中国统计学，2000，38：395－410.

[2]田口玄一. 实验设计法（上）. 北京：机械工业出版社，1987.

[3]成岳，夏光华. 科学研究与工程试验设计方法. 武汉理工大学出版社，2005.